JN029151

続々・わかりやすい

パターン認識

線形から非線形へ

石井 健一郎・前田 英作 共著

Ohmsha

本書に掲載されている会社名・製品名は，一般に各社の登録商標または商標です．

本書を発行するにあたって，内容に誤りのないようできる限りの注意を払いましたが，本書の内容を適用した結果生じたこと，また，適用できなかった結果について，著者，出版社とも一切の責任を負いませんのでご了承ください．

まえがき

　本書は，『わかりやすいパターン認識』(1998)（以下「初版」），『続・わかり
やすいパターン認識―教師なし学習入門―』(2014)（以下「続編」）に続く，
本シリーズ第三の書である．これらの書は，いずれもパターン認識を独学で学
びたいと考えておられる初学者を対象としている．初版は教師付き学習を，続
編は教師なし学習を主テーマとした．なお，"パターン認識" とは別に "機械学
習" という呼称があり，かつて両者はほとんど同義語として扱われていた．そ
の後2000年ごろより，機械学習は独自の発展を遂げ，活動範囲を広げてきた
ため，機械学習はパターン認識を含むより広い研究領域を指すようになった．
しかし，初学者が学ぶべき基礎事項に限定するならば，両分野の違いはほとん
どないといってよい．

　パターン認識が扱うテーマは膨大であり，しかも時代とともに新しい技術
や手法が開発され，その領域は拡大しつつある．初版ではそれらの中から，パ
ターン認識を理解するのに必要となる最小限の項目を厳選し解説した．

　その後，初版に具体例，実験例，演習問題を加えた改訂版を『わかりやすい
パターン認識（第2版）』(2019)（以下「改訂版」）として出版した．改訂版の
執筆時には，それまでに開発されたサポートベクトルマシンをはじめとする技
術を盛り込む案も浮上したが，あえてその策は採らなかった．その理由は，上
で述べたように，パターン認識の理解に必要な最小限の項目に限定するという
初版の姿勢を維持したかったからである．

　しかし，これらの技術も，すでに問題解決のための有力な手段として広く使
われるようになり，いずれ解説書の出版は必要とかねてより考えていた．改訂
版の「むすび」でも「サポートベクトルマシンをはじめとする技術については，
独立の書として別途出版を計画中である」と述べた．その計画を実行に移して
実現したのが本書である．

　本書は，これまで出版してきたシリーズの一環であることを示すため，タイ
トルに「続々」の語を付し，さらに初版，続編との関係を明らかにするため，

副題を「線形から非線形へ」とした．また，続々編ではあるが，本書だけでも独立して読めるようにした．本書は，教師付き学習を扱っている点では初版と同じであるが，非線形な識別処理を主テーマとし，サポートベクトルマシン，カーネル法，畳み込みニューラルネットワークを取り上げた．

　上述のテーマを学ぶには，それらを支える基礎的な概念や手法の理解が欠かせない．具体的には，マージンの概念，一般化線形識別関数，ポテンシャル関数法であり，これらはいずれもパターン認識の歴史の上では比較的初期に取り組まれた研究テーマである．サポートベクトルマシン，カーネル法の発案は，これら古典的な手法が巧妙に組み合わされ，統合された結果といえる．

　このような歴史的経緯を踏まえ，本書ではサポートベクトルマシンやカーネル法の解説の前に，一般化線形識別関数，ポテンシャル関数法の章を設け，実験を交えて紹介した．さらにそれらに先立って，初版と重複はするが，パーセプトロンについても，サポートベクトルマシンとの関わりという視点で新たな解説を試みた．本書の目次を眺めた読者は，これまで語り尽くされてきた古いテーマが並んでいるとの印象を持たれるかもしれない．本書でこれらのテーマを取り上げたのは，その後の画期的アイデアの誕生にこれらが果たした役割を明らかにするとともに，その貢献度が多大であることを強調したかったからである．

　このような構成にしたことで，サポートベクトルマシンやカーネル法の習得を急ぐ読者にはもどかしく感じられるかもしれない．しかし，古典的な手法や技術が，どのようにして新しい技術の発案に結びついたのか，その経緯を辿ってみることは有用であり，今後新しい技術を生み出すヒントが得られるかもしれない．また，新しい技術をより深く理解するためにこそ，古典的な手法や技術をしっかり学ぶことが重要である．

　もう一つ，非線形な識別処理として重要な地位を占めるのが，深層学習の分野である．本分野は今後の発展が期待されるが，未だ緒に就いたばかりであり，甚だ流動的である．当該分野の全貌を限られた紙数で紹介することはとてもできない．そこで本書では，深層学習の中でも特に注目を集めている畳み込みニューラルネットワークに話題を絞って解説することにした．畳み込みニューラルネットワークを理解するには，通常のニューラルネットワークの知識が必要となるので，これも初版と一部重複はするが，1章を割いて説明した．

ただし, 新しい手法や評価法も取り入れ, 完全な重複とならないよう注意した.

　執筆にあたって留意した点は, これまでの書と同様である. すなわち, 初学者にとってわかりやすい記述とし, 具体例, 実験例をできるだけ取り入れ, 息抜き用の coffee break と章末に演習問題を設けた. プログラミングが必要な演習問題には†印を付し, すべての演習問題の解答をオーム社のウェブページ*1 に掲載した. さらに本文を補足するための付録を設けたので, 適宜参照していただきたい. 表記法については, これまでの書をできるだけ踏襲し, 一貫性を保つよう努めた. なお, 本書の参考文献リストに掲載した [石井 19], [石井 14] を本文中で引用する際には, それぞれ [改訂版], [続編] と記したことをお断りしておく.

　これまで, 初版から続編を経て本書に至るまで, 『わかりやすいパターン認識』シリーズの執筆を続けてきた. これで初学者が学ぶべき主要なテーマはほぼ取り上げることができたのではないかと思う. 著者が初版を執筆した際には, これほど長きに渡って本シリーズの出版を重ねることは全く想定していなかった. これらをまとめて一冊の書にすれば重複もなく, より整理された形で出版できたかとも思う. しかし, それではあまりにも大部となり, 初学者にとっては使いづらい書になったに違いない. まずは基本的な内容を身に付け, 次により高度な内容へと, 段階を追って学びたいと願う読者にとっては, 本シリーズの進め方でよかったのではないかと思う.

　パターン認識を学び, 本分野の研究に取り組む読者にとって, 初版, 続編に加え本書が少しでもお役に立てるなら, 著者の喜びこれに勝るものはない.

2022 年 11 月

著者しるす

---

*1　https://www.ohmsha.co.jp/book/9784274229473/

目　次

coffee break一覧

記号一覧

c	クラス数
ω_i	i 番目のクラス（$i = 1, \ldots, c$）
n	パターン総数
d	特徴空間の次元数
x_j	j 番目の特徴（$j = 1, \ldots, d$）
$\boldsymbol{x} = (x_1, \ldots, x_j, \ldots, x_d)^t$	特徴ベクトル
$\boldsymbol{w} = (w_1, \ldots, w_d)^t$	重みベクトル
$\mathbf{x} = (1, x_1, \ldots, x_d)^t$	拡張特徴ベクトル
$\mathbf{w} = (w_0, w_1, \ldots, w_d)^t$	拡張重みベクトル
$\boldsymbol{x}_s$	サポートベクトル
$P(\omega_i)$	事前確率
$P(\omega_i \vert \boldsymbol{x})$	事後確率
$p(\boldsymbol{x} \vert \omega_i)$	条件付き確率密度
$p(\boldsymbol{x})$	$\boldsymbol{x}$ の確率密度
m	プロトタイプ数，寄与ベクトル数
$\mathbf{p}_k$	k 番目のプロトタイプ（$k = 1, \ldots, m$）
$g(\boldsymbol{x})$	識別関数
$g_i(\boldsymbol{x})$	クラス ω_i の識別関数
ρ	学習係数（$\rho > 0$）
$b_k = b(\boldsymbol{x}_k)$	パターン $\boldsymbol{x}_k$ の教師信号
$\mathbf{b} = (b_1, \ldots, b_n)^t$	全パターンの教師信号をまとめたベクトル
$\mathbf{t} = (b_1, \ldots, b_c)^t$	教師ベクトル（クラス ω_i のパターンの教師信号は b_i）
r_k	パターン $\boldsymbol{x}_k$ から決定境界 $g(\boldsymbol{x}) = 0$ までの距離
r^*	r_k の最小値
R	マージン
$\alpha_k \ (\geq 0)$	学習の過程で $\boldsymbol{x}_k$ を正しく識別できなかった回数

$\boldsymbol{\alpha} = (\alpha_1, \alpha_2, \ldots, \alpha_n)^t$	誤り計数ベクトル
$\mathbf{X} = (\mathbf{x}_1, \ldots, \mathbf{x}_n)^t$	パターン行列
D	Φ空間の次元数
$\phi_j(\boldsymbol{x})$	$\boldsymbol{x}$ を変数とするスカラー関数（$j = 1, \ldots, D$）
$\boldsymbol{\phi}(\boldsymbol{x}) = (\phi_1(\boldsymbol{x}), \ldots, \phi_D(\boldsymbol{x}))^t$	$\boldsymbol{x}$をΦ空間上に写像したベクトル
$\Phi(\boldsymbol{x}) = \sum_{j=1}^{D} w_j \phi_j(\boldsymbol{x})$	一般化線形識別関数（Φ関数）
$\mathbf{N}$	自然数全体
$\mathbf{R}$	実数全体
$\mathbf{R}^d$	要素が実数であるd次元列ベクトル全体
$\mathbf{R}^{l \times m}$	要素が実数である$l \times m$の行列全体
$\mathbf{I}_l$	l次単位行列
$\mathbf{1}_l = (1, \ldots, 1)^t$	すべての要素が1のl次元列ベクトル
$\mathbf{1}_{lm} = \mathbf{1}_l \mathbf{1}_m^t$	すべての要素が1の$l \times m$の行列
$\mathbf{0}_l = (0, \ldots, 0)^t$	すべての要素が0のl次元列ベクトル
$\mathbf{0}_{lm}$	すべての要素が0の$l \times m$の行列

（以上，混乱を招かないときは$\mathbf{I}_l$，$\mathbf{1}_l$，$\mathbf{1}_{lm}$，$\mathbf{0}_l$，$\mathbf{0}_{lm}$の次数l，mを省く）

$\mathbf{A} = (a_{ij})$	(i, j)成分がa_{ij}の行列
$K(\boldsymbol{x}, \boldsymbol{y})$	ポテンシャル関数
$k(\boldsymbol{x}_i, \boldsymbol{y}_j) = \boldsymbol{\phi}(\boldsymbol{x}_i)^t \boldsymbol{\phi}(\boldsymbol{y}_j)$	カーネル関数（$i = 1, \ldots, l, \quad j = 1, \ldots m$）
$\mathbf{K} = (k_{ij})$	カーネル行列（$k_{ij} = k(\boldsymbol{x}_i, \boldsymbol{y}_j)$）
$\mathbf{F} = (f_{ij})$	グラム行列（$f_{ij} = \boldsymbol{\phi}(\boldsymbol{x}_i)^t \boldsymbol{\phi}(\boldsymbol{x}_j)$）

第1章
線形識別関数とパーセプトロン

1.1 パターン認識系

「まえがき」でも述べたように，本書で取り上げる重要なテーマの一つがサポートベクトルマシンであり，この技術はそれまで知られている古典的な手法が巧みに組み合わされて結実した成果である．**パターン認識**（pattern recognition）に関する基本的内容については，すでに [改訂版] で紹介した．そこで本章では，特にその後サポートベクトルマシンへと発展することになるいくつかの技法や考え方に焦点を当て，一部重複するが [改訂版] とは異なった視点で基本的事項をまとめてみたい．

パターン認識とは，観測されたパターンを複数の**クラス**（class）の一つに対応させる処理である．この処理を実現するため，パターン認識の研究が目指すのは，認識・学習機能を持つ機械（コンピュータ）の実現である．そのような研究をより鮮明に表す呼称として**機械学習**（machine learning）があるが，初学者が学ぶべき基礎事項は，両分野でほとんど同じと考えてよい．二つの呼称があるのは，パターン認識は工学において，機械学習は計算機科学において，それぞれ使用されてきた歴史的な経緯があるからである．

本書ではクラス数を c，各クラスを $\omega_1, \ldots, \omega_c$ で表す．パターン認識系は，**図 1.1** に示すように，**前処理**（preprocessing）部，**特徴抽出**（feature extraction）部，**識別**（classification）部より構成される．パターンが入力されると，前処理部でノイズ除去，正規化などが施され，続いて特徴抽出部で識別に有効な**特徴**（feature）が抽出される．各特徴はスカラー値で表され，d 個の特徴が抽出されるとすると，パターンは次式のような d 次元ベクトル $\boldsymbol{x}$ として表される．

$$\boldsymbol{x} = (x_1, \ldots, x_d)^t \tag{1.1}$$

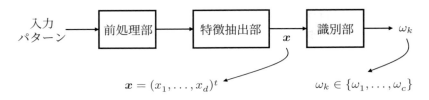

図1.1 パターン認識系

ここでx_j $(j = 1, \ldots, d)$はj番目の特徴であり，tは行ベクトルを列ベクトルに変換するための転置を表す．本書では，特に断りのない限り，ベクトルはすべて列ベクトルとする．上式の$\boldsymbol{x}$を**特徴ベクトル**（feature vector），特徴ベクトルによって張られるd次元空間を**特徴空間**（feature space）と呼ぶ．最後の識別部では，特徴ベクトル$\boldsymbol{x}$に対して識別演算処理を施し，その結果によって入力パターンがc個のクラス$\omega_1, \ldots, \omega_c$のいずれに属するかを判定する．一般に，$c \geq 3$の場合を**多クラス問題**（multi-class problem），特に$c = 2$の場合を**二クラス問題**（two-class problem）という．以下では，パターンはすべて特徴ベクトルに変換されていると仮定し，識別部の設計に限定して議論を進める[*1]．

特徴ベクトル$\boldsymbol{x}$は，特徴空間上で一定の**確率分布**（probability distribution）$p(\boldsymbol{x})$ に従うと考えられる．ここで$p(\boldsymbol{x})$は

$$p(\boldsymbol{x}) = \sum_{i=1}^{c} P(\omega_i)\, P(\boldsymbol{x} \mid \omega_i) \tag{1.2}$$

と書ける．上式で，$P(\omega_i)$はクラスω_iの**事前確率**（*a priori* probability）であり，$p(\boldsymbol{x} \mid \omega_i)$はクラス$\omega_i$に所属するパターンの確率分布である．しかし，上式の確率分布が既知であることは期待できない．我々が手にすることができるのは，あくまで上記確率分布に従って発生した具体的な個々のパターンである．そこで，まず上記確率分布に従って発生したパターンを大量に収集し，これを実際に起こりうるパターンの典型とみなし，これらを正しく識別できるよ

[*1] 深層学習の登場によって，**図1.1**で示した処理過程が必ずしも当てはまらない場面も増えつつある．詳細は234ページのcoffee break，[改訂版] の12ページを参照されたい．

う識別部の設計を行う．この処理を**学習**（learning）といい，学習に使用されるパターンを**学習パターン**（learning pattern）という．一方，識別部の評価は，学習パターンとは独立に用意された**テストパターン**（test pattern）によって行われる．テストパターンは，学習パターンに含まれず，所属クラスを未知とみなすパターンであることから，**未知パターン**（unknown pattern）と呼ぶこともある．

　本書では，学習パターンはその所属クラスを示す情報とともに与えられるものとする．このような学習法を**教師付き学習**（supervised learning）という．逆に，所属クラスの情報がない学習パターンを用いた学習を**教師なし学習**（unsupervised learning）という．教師なし学習については[続編]が詳しい．

1.2　最近傍決定則

　互いに類似した二つのパターンは，特徴空間上で近接していると考えられるので，パターンはクラスごとにまとまった塊，すなわち**クラスタ**（cluster）として観測されるはずである．この特性を利用した最も単純な識別法として，**最近傍決定則**（nearest neighbor rule）が知られている．最近傍決定則では，各クラスを代表するパターンを**プロトタイプ**（prototype）として登録する．プロトタイプの数をmとし，k番目のプロトタイプをd次元ベクトル$\mathbf{p}_k$，その所属クラスをθ_kで表す．すなわち

$$\mathbf{p}_k \in \theta_k, \quad \theta_k \in \{\omega_1, \ldots, \omega_c\} \qquad (k = 1, \ldots, m) \tag{1.3}$$

である．所属クラスが不明の未知パターン$\boldsymbol{x}$と，プロトタイプ$\mathbf{p}_k$との距離を$D(\boldsymbol{x}, \mathbf{p}_k)$で表すと，最近傍決定則は，下式で表される．

$$\min_{k=1,\ldots,m} \{D(\boldsymbol{x}, \mathbf{p}_k)\} = D(\boldsymbol{x}, \mathbf{p}_j) \implies \boldsymbol{x} \in \theta_j \tag{1.4}$$

すなわち，最近傍決定則とは，未知パターン$\boldsymbol{x}$に最も近いプロトタイプ$\mathbf{p}_j$を求め，その所属クラスθ_jを$\boldsymbol{x}$の所属クラスとみなす識別法である．

　最近傍決定則に基づく識別部の設計法としては，すべての学習パターンをそのままプロトタイプとして用いる方法が最も単純である．このような方法を**全**

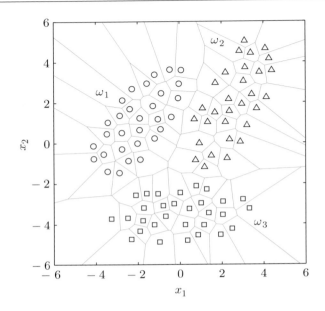

図 1.2 全学習パターンをプロトタイプとしたボロノイ図

数記憶方式（complete storage）という．**図 1.2**は，2次元（$d = 2$）特徴空間上に分布する三つのクラス ω_1, ω_2, ω_3 の学習パターンをそのままプロトタイプとして用いた例を示している．学習パターン，すなわちプロトタイプは各クラス30パターンずつで，合計90パターンであり，その所属クラス ω_1, ω_2, ω_3 を，それぞれ図中の記号○，△，□で区別している．図の細線で示すように，特徴空間は各プロトタイプを含む閉領域によって細かく分割されている．パターン x が，あるプロトタイプによって規定される閉領域に存在するなら，パターン x の最近傍となるのは当該プロトタイプであり，パターン x はこのプロトタイプと同じクラスに所属すると判定される．言い換えるなら，この閉領域は，当該プロトタイプを最近傍として持つパターンの存在範囲を示している．このような図を**ボロノイ図**（Voronoi diagram）という．

　隣接する二領域のプロトタイプが異なるクラスに属する場合，当該領域の境界はクラス間を分離する**決定境界**（decision boundary）となる．**図 1.2**の

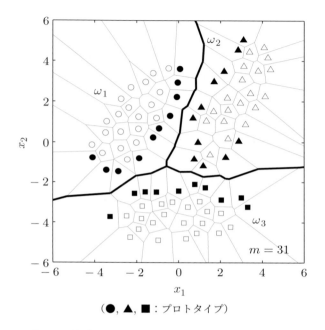

（●, ▲, ■：プロトタイプ）

図 1.3　決定境界とその決定に寄与するプロトタイプ

データに対して決定境界を示したのが，**図 1.3** である．図では，決定境界を太線で示している．図からわかるように，この決定境界により 3 クラスの学習パターンが完全に分離されている．

　図を見ると，この決定境界は境界付近に位置する少数のパターンによって決定されていることがわかる．**図 1.3** では，このようなパターンをクラスごとにそれぞれ●, ▲, ■で示しており，その数は全学習パターン 90 のうち合計 31 である．その数を図の右下に示した．したがって，最近傍決定則を適用する際，入力パターンとの距離計算は，全プロトタイプに対してではなく，これら一部のプロトタイプに対してのみ実行すればよい．すなわち，これらのプロトタイプは決定境界の決定に寄与しているので，本書 14 ページで述べる寄与ベクトルと同等の役割を果たしているといえる．

1.3　線形識別関数

　前節で述べた多数のプロトタイプを用いた最近傍決定則は，高い識別性能を発揮できる反面，記憶容量，計算量とも膨大になるという欠点を伴う．本手法が高い識別性能を備えているのは，多数のプロトタイプによって複雑な決定境界を設定できるためである．しかし，**図 1.2** のような単純な分布に対しては，複雑な決定境界は不要で，より単純な決定境界で十分である．その極端な例として，プロトタイプをクラス当たり1個とする場合を考えよう．

　すなわち，クラス ω_i のプロトタイプとして $\mathbf{p}_i$ を設定したとする（$i = 1, \ldots, c$）．式 (1.4) の距離としてユークリッド距離を用いると

$$
\begin{aligned}
D(\boldsymbol{x}, \mathbf{p}_i)^2 &= \|\boldsymbol{x} - \mathbf{p}_i\|^2 \\
&= \|\boldsymbol{x}\|^2 - 2\mathbf{p}_i^t \boldsymbol{x} + \|\mathbf{p}_i\|^2
\end{aligned}
\tag{1.5}
$$

となる．上式の $\|\boldsymbol{x}\|^2$ が i に依存しないことを用いると

$$
\min_{i=1,\ldots,c} \{D(\boldsymbol{x}, \mathbf{p}_i)\} = \max_{i=1,\ldots,c} \left\{ \mathbf{p}_i^t \boldsymbol{x} - \frac{1}{2}\|\mathbf{p}_i\|^2 \right\}
\tag{1.6}
$$

が成り立つ．ここで

$$
g_i(\boldsymbol{x}) \stackrel{\text{def}}{=} \mathbf{p}_i^t \boldsymbol{x} - \frac{1}{2}\|\mathbf{p}_i\|^2 \qquad (i = 1, \ldots, c)
\tag{1.7}
$$

と定義すると，クラス当たり1個のプロトタイプを用いた最近傍決定則は，式 (1.4) より

$$
\max_{i=1,\ldots,c} \{g_i(\boldsymbol{x})\} = g_k(\boldsymbol{x}) \quad \Longrightarrow \quad \boldsymbol{x} \in \omega_k
\tag{1.8}
$$

と書ける．ここで導入した $g_i(\boldsymbol{x})$ を，クラス ω_i の**識別関数**（discriminant function）という（$i = 1, \ldots, c$）．式 (1.8) は，未知パターン $\boldsymbol{x}$ に対して c 個の識別関数 $g_i(\boldsymbol{x})$ の値を求め，その中で最大値をとる識別関数に対応するクラスを識別結果とする処理である．このように，識別関数 $g_i(\boldsymbol{x})$ の値によって入力パターン $\boldsymbol{x}$ の所属クラスを判定する方法を**識別関数法**という．いうまでもなく，$g_i(\boldsymbol{x}) = g_j(\boldsymbol{x})$ は，特徴空間上でクラス ω_i と ω_j を分離するための決定境界であり，2次元特徴空間では直線，3次元特徴空間では平面，4次元以上の特徴

空間では**超平面**（hyper plane）をそれぞれ表している．

添字 i を省いて，式 (1.7) をより一般的な形で記すと

$$g(\boldsymbol{x}) = \mathbf{p}^t \boldsymbol{x} - \frac{1}{2}\|\mathbf{p}\|^2 \tag{1.9}$$

となる．上式の $g(\boldsymbol{x})$ は $\boldsymbol{x}$ に関して線形であり，このような識別関数を**線形識別関数**（linear discriminant function）という．線形識別関数 $g(\boldsymbol{x})$ の一般的な形は

$$g(\boldsymbol{x}) = w_0 + \boldsymbol{w}^t \boldsymbol{x} \tag{1.10}$$

$$= w_0 + \sum_{j=1}^{d} w_j x_j \tag{1.11}$$

と書ける．ここで $w_0, w_1, \ldots, w_d$ は**重み係数**（weight coefficient）であり，$\boldsymbol{w}$ は

$$\boldsymbol{w} = (w_1, w_2, \ldots, w_d)^t \tag{1.12}$$

で定義される**重みベクトル**（weight vector）である．また，重み係数 w_0 を**バイアス**（bias）と呼ぶ．式 (1.9) と式 (1.10) を比較することにより，下式が得られる．

$$w_0 = -\frac{1}{2}\|\mathbf{p}\|^2 \tag{1.13}$$

$$\boldsymbol{w} = \mathbf{p} \tag{1.14}$$

以上述べたように，クラス当たり 1 個のプロトタイプを用いた最近傍決定則は線形識別関数で実現でき，プロトタイプを設定することは，線形識別関数の重み係数を設定することと等価である．

図 1.4は，**図 1.2**で示した分布に対してクラス当たり 1 個のプロトタイプを用い，最近傍決定則を適用した際に設定される決定境界を示している．図では，各クラスのプロトタイプを黒く塗りつぶした●，▲，■によってそれぞれ示している．決定境界は二つのプロトタイプの垂直二等分線になっており，全学習パターンをクラスごとに正しく分離できていることが確かめられる．前節の**図 1.3**で示した，31 個のプロトタイプによる複雑な決定境界と比較すれば，線形識別関数の有効性は明らかである．

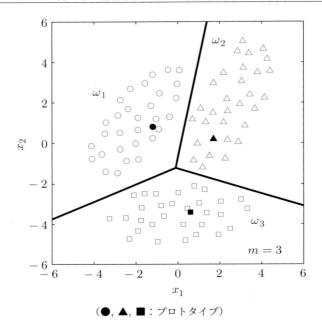

（●, ▲, ■ : プロトタイプ）

図 1.4　クラス当たり 1 個のプロトタイプを用いた最近傍決定則

　それでは，どのようにしてこれらのプロトタイプを設定すればよいだろうか．特徴空間上でクラス間が十分に離れていれば，クラスごとに学習パターンの重心を求め，それをプロトタイプとすればよい．しかし，クラス間が接近してくると，この方法ではクラス間の分離が必ずしも成功するとは限らない．実際，**図 1.4** の例におけるプロトタイプは，重心からずれていることがわかる．この例のように，2 次元特徴空間であれば，パターンの分布を視覚的に捉えることができるので，最適なプロトタイプの設定はそれほど難しくはない．しかし，高次元特徴空間になると，このような直観的な方法を採ることはできない．

　そこで，プロトタイプの正しい位置を自動的に求める方法，言い換えれば，重み係数 $w_0, w_1, \ldots, w_d$ を自動的に決定する方法が望まれる．その代表的な方法が，次節で述べるパーセプトロンの学習規則である．

1.4 パーセプトロン

式 (1.8) で示されたような，線形識別関数と最大値選択処理より構成される識別系は**パーセプトロン**（perceptron）として知られている．パーセプトロンは，1957年にローゼンブラット（Frank Rosenblatt）が学習機能を持つ脳のモデルとして考案した．以下では，パーセプトロンを取り上げ，その設計法について述べることにする．

まず，次のようなベクトル $\mathbf{x}$，$\mathbf{w}$ を定義する．

$$\mathbf{x} = (x_0, x_1, \ldots, x_d)^t = \begin{pmatrix} x_0 \\ \boldsymbol{x} \end{pmatrix} \qquad (\text{ただし } x_0 \equiv 1) \qquad (1.15)$$

$$\mathbf{w} = (w_0, w_1, \ldots, w_d)^t = \begin{pmatrix} w_0 \\ \boldsymbol{w} \end{pmatrix} \qquad (1.16)$$

これらは，d 次元ベクトル $\boldsymbol{x}$，$\boldsymbol{w}$ の要素にそれぞれ x_0，w_0 を加えることによって得られる $(d+1)$ 次元ベクトルである．この記法を用いると，式 (1.10) の $g(\boldsymbol{x})$ は

$$g(\boldsymbol{x}) = \mathbf{w}^t \mathbf{x} \qquad (1.17)$$

と簡単に表される．式 (1.15)，(1.16) の $\mathbf{x}, \mathbf{w}$ を，それぞれ**拡張特徴ベクトル**（augmented feature vector），**拡張重みベクトル**（augmented weight vector）という．このように $\mathbf{x}$，$\mathbf{w}$ を定義したのは，後述するようにバイアス w_0 を含むすべての重み係数を同じ学習規則で一貫して学習するためである．

上で述べた表記に従うと，クラス ω_i の線形識別関数 $g_i(\boldsymbol{x})$ は

$$g_i(\boldsymbol{x}) = \sum_{j=0}^{d} w_{ij} x_j \qquad (1.18)$$

$$= w_{i0} + \boldsymbol{w}_i^t \boldsymbol{x} \qquad (1.19)$$

$$= \mathbf{w}_i^t \mathbf{x} \qquad (i = 1, \ldots, c) \qquad (1.20)$$

と書ける．ここで $\boldsymbol{w}_i$，$\mathbf{w}_i$ はそれぞれクラス ω_i の重みベクトル，拡張重みベクトルで，下式で表される．

$$\boldsymbol{w}_i = (w_{i1}, \ldots, w_{id})^t \qquad (1.21)$$

$$\mathbf{w}_i = (w_{i0}, w_{i1}, \ldots, w_{id})^t \tag{1.22}$$

以後，特に混乱のない限り，拡張重みベクトルを単に重みベクトルと称することにする．

　いま c 個のクラス，$\omega_1, \ldots, \omega_c$ から成る学習パターンがあったとき，学習の目的は，それらをすべて正しく識別するための識別関数 $g_1(\boldsymbol{x}), \ldots, g_c(\boldsymbol{x})$ を決定することである．すなわち学習とは，$\boldsymbol{x} \in \omega_i$ $(i = 1, \ldots, c)$ なるすべての $\boldsymbol{x}$ に対して

$$g_i(\boldsymbol{x}) > g_j(\boldsymbol{x}) \qquad (j = 1, \ldots, c; \quad j \neq i) \tag{1.23}$$

が成り立つような重みベクトル $\mathbf{w}_1, \ldots, \mathbf{w}_c$ を決定することである．ここで

$$g_i(\boldsymbol{x}) = g_j(\boldsymbol{x}) \tag{1.24}$$

は，クラス ω_i と ω_j を分離する決定境界である．

　このような重みベクトルが存在するとき，与えられた学習パターンは**線形分離可能**（linearly separable）であるという．逆に，このような重みベクトルが存在しないときは，**線形分離不可能**（linearly nonseparable）という．

　重みベクトルの決定法としては，以下に示す**パーセプトロンの学習規則**（perceptron learning rule）が知られている．

パーセプトロンの学習規則（多クラスの場合）

Step 1　所属クラスが既知の n 個の学習パターン $\boldsymbol{x}_1, \ldots, \boldsymbol{x}_n$ を用意する[*2]．

Step 2　重みベクトル $\mathbf{w}_1, \ldots, \mathbf{w}_c$ の初期値を設定する．

Step 3　学習パターンの中から1パターン $\boldsymbol{x}_k$ $(k = 1, \ldots, n)$ を選び，識別関数 $g_1(\boldsymbol{x}), \ldots, g_c(\boldsymbol{x})$ によって識別を行う．

Step 4　パターン $\boldsymbol{x}_k$ の所属クラスが ω_i のとき，以下の処理を行う．

(1)　パターン $\boldsymbol{x}_k$ を正しく識別できたとき，すなわち
$g_i(\boldsymbol{x}_k) > g_j(\boldsymbol{x}_k)$ $(j = 1, \ldots, c; \quad j \neq i)$ なら，重みベクトルの修正は行わない．

(2)　パターン $\boldsymbol{x}_k$ を正しく識別できなかったとき，すなわち

$g_i(\boldsymbol{x}_k) \leq g_j(\boldsymbol{x}_k)$ なる $j\,(\neq i)$ が存在するとき*3，下式に従って
重みベクトルを修正し，$\mathbf{w}_i$, $\mathbf{w}_j$ を，それぞれ新しい重みベクト
ル $\mathbf{w}_i'$, $\mathbf{w}_j'$ に置き換える．ただし，ρ は学習のステップ幅を示す
正の定数で，**学習係数**（learning rate）と呼ぶ．

$$\mathbf{w}_i' = \mathbf{w}_i + \rho \cdot \mathbf{x}_k \tag{1.25}$$

$$\mathbf{w}_j' = \mathbf{w}_j - \rho \cdot \mathbf{x}_k \tag{1.26}$$

Step 5　すべての学習パターンを正しく識別できれば終了する．さもなけれ
ば，Step 3 に戻り，別のパターンを選んで上記処理を繰り返す．

　パーセプトロンの学習規則は，正しく識別できないパターンが発生し
たときのみ重みベクトルの修正を行うことから，この学習法を**誤り訂正法**
（error-correction method）と呼ぶ．本書では，1 パターンの学習を 1 回の**繰り
返し**（iteration）とみなす．学習パターンを一巡すべて学習し終わったとき，
1 エポック（epoch）の学習を終えたという．

　与えられた学習パターンが線形分離可能であるなら，上記手順によって，す
べての学習パターンを正しく識別する重みベクトルを有限回の繰り返しで決
定できることが証明されている．特に 2 クラスの場合の証明が，[改訂版] の付
録 A.1 に記されているので，参照されたい．上記アルゴリズムは，正しい重
みベクトルが得られるまで修正を繰り返す方法であり，その計算法を**反復法**
（iterative method）と呼ぶ．

　クラスが ω_1 と ω_2 の 2 クラス（$c = 2$）の場合，パーセプトロンの学習規則は
より単純になる．クラス数を 2 としたときには，識別関数は $g_1(\boldsymbol{x})$, $g_2(\boldsymbol{x})$ の
二つのみであり，新たに識別関数 $g(\boldsymbol{x})$ を

---

*2　以後，$\boldsymbol{x}_1,\ldots,\boldsymbol{x}_n$ だけでなく，拡張特徴ベクトル $\mathbf{x}_1,\ldots,\mathbf{x}_n$ も学習パターンと称する
　　ことにする．

*3　ここで，$g_i(\boldsymbol{x}_k) = g_j(\boldsymbol{x}_k)$ と等号が成り立つときも重みベクトルの修正が必要であるこ
　　とに注意．この場合は誤識別ではなく，**リジェクト**（reject）となる（[改訂版] の 6 ペー
　　ジ参照）．

$$g(\boldsymbol{x}) \overset{\text{def}}{=} g_1(\boldsymbol{x}) - g_2(\boldsymbol{x}) \tag{1.27}$$

$$= (\mathbf{w}_1 - \mathbf{w}_2)^t \mathbf{x} \tag{1.28}$$

$$= \mathbf{w}^t \mathbf{x} \tag{1.29}$$

と定義すると，式 (1.8) の識別法は，下式となる．

$$\begin{cases} g(\boldsymbol{x}) = \mathbf{w}^t \mathbf{x} > 0 \quad \Longrightarrow \quad \boldsymbol{x} \in \omega_1 \\ g(\boldsymbol{x}) = \mathbf{w}^t \mathbf{x} < 0 \quad \Longrightarrow \quad \boldsymbol{x} \in \omega_2 \end{cases} \tag{1.30}$$

ただし

$$\mathbf{w} = \mathbf{w}_1 - \mathbf{w}_2 \tag{1.31}$$

$$= (w_0, w_1, \ldots, w_d)^t \tag{1.32}$$

と置いた．したがって，クラスω_1とω_2を分離する決定境界は

$$g(\boldsymbol{x}) = 0 \tag{1.33}$$

である．以上より，2クラスの場合は唯一の重みベクトル$\mathbf{w}$を求めればよく，$\mathbf{w}$の修正は以下のようになる．

$$\mathbf{w}' = \mathbf{w} + \rho \cdot \mathbf{x}_k \quad (\boldsymbol{x}_k \in \omega_1 \ \text{かつ} \ g(\boldsymbol{x}_k) \leq 0) \tag{1.34}$$

$$\mathbf{w}' = \mathbf{w} - \rho \cdot \mathbf{x}_k \quad (\boldsymbol{x}_k \in \omega_2 \ \text{かつ} \ g(\boldsymbol{x}_k) \geq 0) \tag{1.35}$$

学習パターン$\boldsymbol{x}_k \, (k = 1, \ldots, n)$は，その所属クラスを示す情報とともに与えられているので，その情報をラベル$b(\boldsymbol{x}_k)$で表し，**教師信号**（teaching signal）と呼ぶ．教師信号は下式で与えられる．

$$b_k \overset{\text{def}}{=} b(\boldsymbol{x}_k) = \begin{cases} 1 & (\boldsymbol{x}_k \in \omega_1) \\ -1 & (\boldsymbol{x}_k \in \omega_2) \end{cases} \quad (k = 1, \ldots, n) \tag{1.36}$$

ただし，以後特に断りのない限り，$b(\boldsymbol{x}_k)$を上式で示したようにb_kと略記することにする．この教師信号を用いると，式 (1.34), (1.35) はまとめられ，2クラスの場合のパーセプトロンの学習規則は以下のように書ける．

パーセプトロンの学習規則（2クラスの場合）

Step 1 所属クラスが既知の n 個の学習パターン $\boldsymbol{x}_1, \ldots, \boldsymbol{x}_n$ を，式 (1.36) の教師信号 $b_1, \ldots, b_n$ とともに用意する．

Step 2 重みベクトル $\mathbf{w}$ の初期値を設定する．

Step 3 学習パターンの中から 1 パターン $\boldsymbol{x}_k$ $(k = 1, \ldots, n)$ を選び，識別関数 $g(\boldsymbol{x})$ によって識別を行い，下式の $g(\boldsymbol{x}_k)$ を求める．

$$g(\boldsymbol{x}_k) = \mathbf{w}^t \mathbf{x}_k \tag{1.37}$$

Step 4 識別結果によって以下のように $\mathbf{w}$ を修正し，新しい重みベクトル $\mathbf{w}'$ に置き換える．ただし，ρ は正の定数である．

$$\begin{cases} \mathbf{w}' = \mathbf{w} + \rho \cdot b_k \mathbf{x}_k & (b_k\, g(\boldsymbol{x}_k) \leq 0) \\ \mathbf{w}' = \mathbf{w} & (\text{otherwise}) \end{cases} \tag{1.38}$$

Step 5 すべての学習パターンを正しく識別できれば終了する．さもなければ，Step 3 に戻り，別のパターンを選んで上記処理を繰り返す．

式 (1.38) に従って修正を施すたびに，識別関数は必ず改善される方向に更新されることは簡単に確かめられる（**演習問題 1.1**）．

パーセプトロンの学習規則は，学習パターンが線形分離可能であれば正しい重みベクトルに到達できる．しかし，学習パターンが線形分離不可能な場合は，重みベクトルの修正を永久に繰り返し，解に到達することができない．線形分離不可能な場合については，次章で述べる．

なお，後でもたびたび引用するので，以下を確認しておきたい．二つのクラス ω_1，ω_2 を識別するための線形識別関数

$$g(\boldsymbol{x}) = w_0 + \boldsymbol{w}^t \boldsymbol{x} \tag{1.39}$$

が定義されているとする．特徴空間上のベクトル $\boldsymbol{x}_k$ から，決定境界である超平面 $g(\boldsymbol{x}) = 0$ までの距離を r_k (> 0) とすると

$$r_k = \frac{|g(\boldsymbol{x}_k)|}{\|\boldsymbol{w}\|} \tag{1.40}$$

で表せる．上式の導出は，**演習問題 1.2** を参照されたい．

1.5　パーセプトロンと寄与ベクトル

　パーセプトロンの学習規則を適用することによって，最終的にどのような識別関数が得られるかをみてみよう．パーセプトロンの学習規則における正の定数 ρ は任意であるので $\rho = 1$ とおくと，式 (1.38) の第1式で示した重みベクトルの修正法は

$$\mathbf{w}' = \mathbf{w} + b_k \mathbf{x}_k \tag{1.41}$$

と記すことができる．上式の修正が施されるのは，パターンが正しく識別できなかった場合である．式 (1.36) より $b_k = \pm 1$ であるので，正しく識別できなかったパターン $\boldsymbol{x}_k$ が発生するたびに，現在の重みベクトルに $\mathbf{x}_k$ を加算または減算する操作を繰り返すことになる．重みベクトル $\mathbf{w}$ の初期値は任意に設定してよいので $\mathbf{0}$ と置くと，収束後に得られる最終的な重みベクトルは

$$\mathbf{w} = \sum_{k=1}^{n} \alpha_k b_k \mathbf{x}_k \tag{1.42}$$

の形で書けることがわかる．上式の α_k は，学習の繰り返し過程においてパターン $\boldsymbol{x}_k$ が正しく識別できなかった回数を表している．したがって，学習の繰り返し過程で常に正しく識別された $\boldsymbol{x}_k$ に対しては，$\alpha_k = 0$ となる．当然のことながら，α_k は非負の整数である．式 (1.42) を用いると，収束後に得られる最終的な識別関数は下式で表される．

$$g(\boldsymbol{x}) = \mathbf{w}^t \mathbf{x} \tag{1.43}$$

$$= \sum_{k=1}^{n} \alpha_k b_k \mathbf{x}_k{}^t \mathbf{x} \tag{1.44}$$

　以上より明らかなように，識別関数 $g(\boldsymbol{x})$ の構成に寄与するのは，$\alpha_k \neq 0$ となる $\mathbf{x}_k$ のみである．このような $\mathbf{x}_k$ を**寄与ベクトル**と呼ぶことにする．式 (1.44) の $\alpha_k\ (k = 1, \ldots, n)$ をまとめて

$$\boldsymbol{\alpha} = (\alpha_1, \alpha_2, \ldots, \alpha_n)^t \tag{1.45}$$

とベクトルで表記し，**誤り計数ベクトル**（error counter vector）と呼ぶ．ここ

ではg($\boldsymbol{x}$)の表記法として，$\mathbf{w}$を用いた式(1.43)と，$\boldsymbol{\alpha}$を用いた式(1.44)を示した．この二通りの方法で表現できることを双対性と呼び，第3章，第4章であらためて紹介する．

パーセプトロンの学習規則によって得られる線形識別関数には，着目すべき点がある．それらは後でも再三引用することになり，特にサポートベクトルマシンでは重要なポイントとなるので，以下にまとめておく．なお，寄与ベクトルの数を$m\,(\leq n)$とする．

ポイント1 重みベクトル$\mathbf{w}$は，式(1.42)に示すように，n個の学習パターンのうち，$\alpha_k \neq 0$となる$m\,(\leq n)$個の寄与ベクトルの線形結合として表される．

ポイント2 その結果，線形識別関数$g(\boldsymbol{x})$は，式(1.44)で示すように内積$\mathbf{x}_k{}^t\mathbf{x}$の$m$個の線形結合として表される．

ポイント3 一方，パーセプトロンの学習規則を用いた場合，どの学習パターンが寄与ベクトルとして選ばれるか，また寄与ベクトルの数mがいくつになるかは一意に決まらず，その結果，決定境界も一意に決まらない．これらは，学習の繰り返し過程で与える学習パターンの順序に依存する．

1.6 パーセプトロンの実験

以下では，前節で述べたポイントを実験により確認してみよう．実験で用いた学習パターンを**図1.5**に示す．学習パターンは2次元特徴空間上（$d=2$）に分布するω_1，ω_2の2クラスで（$c=2$），それらをそれぞれ○印，△印で示した．パターン数は，各クラス100パターンずつで合計200パターンである．図から明らかなように，これらは線形分離可能である．

この学習パターンに，13ページで示したパーセプトロンの学習規則を適用して得られた決定境界を，同図に太線で示す．実験では，前節で示したように$\rho=1$，重みの初期値を$\mathbf{w}=\mathbf{0}$に設定した．また，学習パターンは2クラスから交互に，かつランダムに選んで識別を行った．収束までに要した繰り返し数iterを図の左上に示しており，本データでは363回（エポック数2）であった．

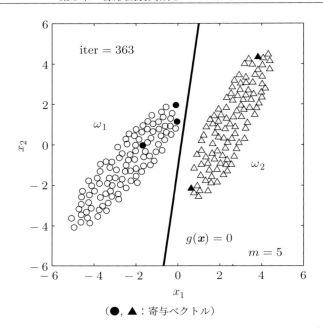

（●, ▲：寄与ベクトル）

図 1.5　線形分離可能な学習パターンに対する決定境界と寄与ベクトル

　ここで，前節で述べた**ポイント1，2**について確認してみよう．先に述べたように，学習の過程で正しく識別できなかったパターンは，寄与ベクトルとして識別関数の構成に寄与する．図では寄与ベクトルを，ω_1，ω_2 ごとにそれぞれ●印と▲印で示した（図の表記方法は以下同様とする）．本図からわかるように，寄与ベクトルは，クラス ω_1，ω_2 からそれぞれ3個，2個の合計5個が選ばれており，図の右下に $m = 5$ として示した．すなわち，学習パターン数 n は200であるが，寄与ベクトルの数 m はわずか5であり，**ポイント1，2**で示した現象が確認できる．また，これら5個の寄与ベクトルから定まる決定境界 $g(\boldsymbol{x}) = 0$ が，二つのクラスを正しく分離できていることが確認できる．**図1.6**は，収束状態である**図1.5**に至るまでの途中経過を繰り返し数 iter および寄与ベクトル数 m とともに示した．正しく識別できないパターンが発生するたびに，そのパターンが寄与ベクトルとして追加されていく様子が確認できる．なお，図を見やすくするため，両クラスのパターンは，寄与ベクトル以外すべて '・' 印で

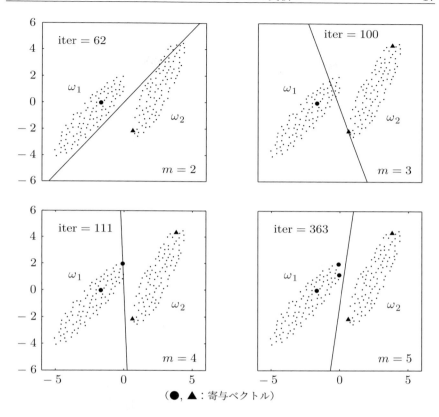

図 1.6 パーセプトロンの収束経過と寄与ベクトル

示した.

　次に**ポイント 3**について確認するため，次のような実験を行った．すなわち，学習過程において，学習パターンを与える順序を変えて 4 通り用意し，収束後の寄与ベクトルと決定境界を調べた．また，各パターンから決定境界までの距離を式 (1.40) により算出し，その最小値 r^* を求めた．その結果が**図 1.7**である．図では，収束までの繰り返し数 iter と r^* および寄与ベクトル数 m を示した．図からわかるように，寄与ベクトルの数は 3〜6 個と少なく，決定境界は多様である．その結果，r^* の値にもばらつきが見られる．この現象は**ポイント 3**で述べた通りである．

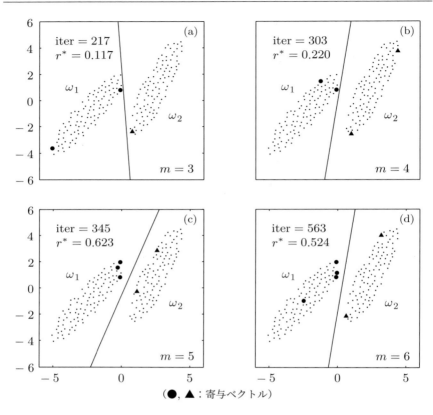

（●，▲：寄与ベクトル）

図 1.7　学習条件によって変化する寄与ベクトルと決定境界

1.7　マージンを有する線形識別関数

　これまで，線形分離可能な学習パターンを対象としたクラス間分離について述べた．パーセプトロンの学習規則では，正しく識別できないパターン数を評価値とし，それがゼロとなるまで重みベクトルの修正を繰り返すことになる．学習パターンが線形分離可能であれば，**ポイント3**で述べたとおり全学習パターンを正しく識別できる決定境界は無数に存在し，一意に決まらない．また，収束した時点で得られた決定境界が最適であるという保証もない．すなわち，余裕をもってクラス間分離を実現している決定境界もあれば，その逆もあ

り得る．たとえば，**図 1.7** の (a), (b) は，$r^* = 0.117, 0.220$ と，決定境界と学習パターンとが近接しており，余裕のない決定境界の例といえる．このような決定境界では，パターンの分布にわずかな乱れが生じただけで誤識別を発生することになり，未知パターンに対して高い識別精度は期待できない．

　以下では，この問題の解決方法について述べる．これまでの学習規則では，学習パターンが決定境界を越えて誤識別の領域に入ったときに重みの修正を行った[*4]．それに代わる方法として，パターンが決定境界に一定距離 $\delta\,(> 0)$ を越えて近づいたときに重みの修正を行えば，より余裕のある決定境界を獲得できると考えられる．そのためには，式 (1.40) を用いて

$$r_k = \frac{b_k g(\boldsymbol{x}_k)}{\|\boldsymbol{w}\|} < \delta \tag{1.46}$$

のときに重みの修正を行えばよいことがわかる．

　以上より，式 (1.38) で示した 2 クラスの場合の重み修正法は，下式のように書き換えられる．

$$\begin{cases} \mathbf{w}' = \mathbf{w} + \rho \cdot b_k \mathbf{x}_k & (b_k\, g(\boldsymbol{x}_k) < \delta\|\boldsymbol{w}\|) \\ \mathbf{w}' = \mathbf{w} & (\text{otherwise}) \end{cases} \tag{1.47}$$

当然のことながら，$\delta = 0$ とすれば，上式は従来の重み修正法と同一となる[*5]．

　以上の学習法で得られた重み $\mathbf{w}$ を用いれば

$$\frac{b_k g(\boldsymbol{x}_k)}{\|\boldsymbol{w}\|} = \frac{b_k(w_0 + \boldsymbol{w}^t \boldsymbol{x}_k)}{\|\boldsymbol{w}\|} \geq \delta \qquad (k = 1, \ldots, n) \tag{1.48}$$

が成り立ち，全学習パターンを決定境界から δ 以上離した状態で分離できる．この定数 δ は，決定境界の余裕を制御する役割を果たしており，δ が大きいほど余裕が増大し，未知パターンに対する識別性能が向上すると考えられる．

　ここで，式 (1.47) の重み修正法を用いた実験を行い，本節で述べた学習法

[*4]　厳密には，学習パターンが決定境界上にあるときも重みの修正を行う．

[*5]　式 (1.38) を式 (1.47) の特別な場合とするには，重みの修正は「$b_k\, g(\boldsymbol{x}_k) \leq \delta\|\boldsymbol{w}\|$ のとき」とすべきであるが，後述するサポートベクトルマシンとの整合性を考え，等号を省いた．

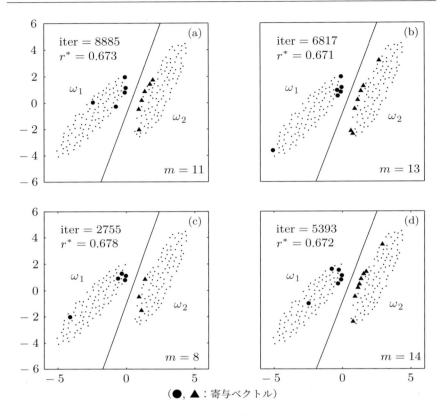

図 1.8　余裕のある決定境界と寄与ベクトル

の効果を確認する．実験で用いるのは，前節と同様，**図 1.5** に示された学習パターンである．前節と同様，$\rho = 1$，重みの初期値を $\mathbf{w} = \mathbf{0}$ に設定し，学習パターンを与える順序を変えて 4 通り用意した．ここで問題となるのが，δ の値の設定法である．**図 1.7** を見ると，r^* の値が最も大きいのは，(c) の $r^* = 0.623$ であり，決定境界の余裕も比較的大きい．そこで実験では，この r^* の値より少し大きな値を選び，$\delta = 0.670$ とした．その結果が**図 1.8**であり，収束後の寄与ベクトルと決定境界を示している．図の見方は**図 1.7** と同じである．

図 1.8を**図 1.7**と比較すると，次のことが確かめられる．まず，4 通りの実験

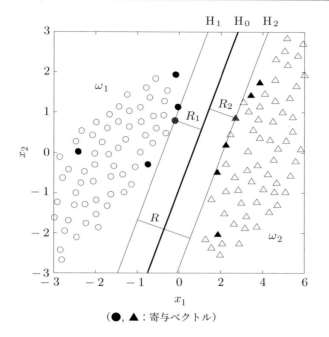

（●, ▲：寄与ベクトル）

図 1.9　大きなマージンを有する決定境界（**図 1.8**(a) を拡大）

では，いずれも r^* の値が $0.670 < r^* < 0.680$ の範囲に収まっており，その結果，決定境界に**図 1.7**のようなばらつきが見られない．一方，寄与ベクトル数，収束に要する繰り返し数はともに増大している．**図 1.7**では $\delta = 0$ に設定したのに対し，ここでは $\delta = 0.670$ と，決定境界に対してより厳しい条件を課しているので，この結果は妥当である．

　以下では，**図 1.8** の (a) を例にとって，その結果をより詳細に調べてみよう．図を拡大したのが**図 1.9**であり，図の見方は**図 1.5**と同じである．得られた決定境界を超平面（ここでは直線）H_0 として太線で示している．決定境界 H_0 に最も近接するパターンをクラス ω_1，ω_2 ごとに個別に求め，これらのパターンと H_0 との距離をそれぞれ R_1，R_2 とすると

$$\begin{cases} R_1 = 0.673 \\ R_2 = 0.676 \end{cases} \tag{1.49}$$

であった．また，これら二つの近接パターンは，いずれも寄与ベクトルであることがわかった[*6]．これらのパターンからH_0に下ろした垂線を図中の細線で示した．

図 1.8(a)に記したr^*の値0.673は，上式のR_1を指しており，全パターンの中でH_0に最も近接するパターンはクラスω_1のパターンであった．

ここで，上記近接パターンを含み，H_0に平行な超平面をそれぞれH_1，H_2とする．これらを図中の細線で示した．両超平面間の距離Rは

$$R = R_1 + R_2 = 0.673 + 0.676 = 1.349 \tag{1.50}$$

と求められる．当然のことながら，互いにRだけ離れた超平面H_1，H_2に挟まれた特徴空間には，学習パターンは存在しない．上式のRは，決定境界の持つ余裕を表しており，**マージン**（margin）と呼ぶ．マージンが大きいほど未知パターンに対する識別精度は高くなると期待できる．たとえば，**図 1.10**は，**図 1.7**の(a)を拡大した図であり，**図 1.9**と同様に，H_0に最も近接するパターンとの距離をω_1，ω_2ごとに求めると$R_1 = 0.117$，$R_2 = 0.303$となる．**図 1.9**と異なり，2個の最近接パターンはいずれも寄与ベクトルではない．これよりマージンRは

$$R = R_1 + R_2 = 0.117 + 0.303 = 0.420 \tag{1.51}$$

である．式 (1.50)と比べてマージンは小さく，両図を比較しても差は明らかである．他の具体例を**演習問題 1.3**，**演習問題 1.4**に掲げたので参照されたい．

以上述べたように，式 (1.47)の重み修正法により，余裕を持った決定境界が得られることが実験的に確かめられた．しかし，本方法にもまだ以下に示すような問題が残されている．

最適な決定境界は，マージンRが最大となる超平面である．マージンRを制御するのがδであり，このδの値を大きく設定すれば，学習の結果得られるマージンRも大きくなる．しかし，δの値が大き過ぎると，式 (1.48)を満たす$\mathbf{w}$が存在せず，学習規則は収束しない．逆にδが小さいと，決定境界が大きく

[*6]　決定境界に最も近接するパターンが寄与ベクトルであるとは限らない．

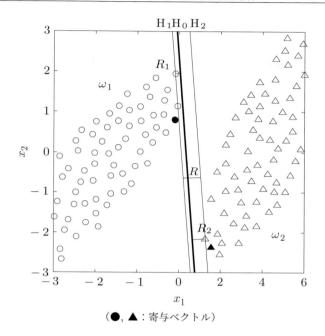

（●, ▲：寄与ベクトル）

図 1.10　小さなマージンに終わった決定境界（図 1.7(a) を拡大）

ばらつき，余裕のない決定境界しか得られない場合がある．このように，δに
よってマージンRを制御できるが，最終的にどのようなRが得られるかは，学
習を実行してみるまではわからない．したがって，可能な限り大きなマージン
Rを得るには試行錯誤に頼らざるを得ない．いずれにしても決定境界を一意に
決定することはできず，得られた決定境界もRを最大とする最適な決定境界で
はない．

　以上の問題を解決できるのが，サポートベクトルマシンである．サポートベ
クトルマシンは，最大マージンを有する決定境界を一意に定めることができ
る．サポートベクトルマシンとマージンについては，第 5 章で詳しく述べる．

演習問題

1.1 式 (1.38) に従って重みの修正を施すたびに，識別関数 $g(\boldsymbol{x})$ は必ず改善される方向に更新されることを示せ．

1.2 式 (1.40) を導出せよ．

1.3[†] 以下に示す 8 個のパターン $\boldsymbol{x}_1, \ldots, \boldsymbol{x}_8$ が 2 次元特徴空間上に分布しており，このうち，$\boldsymbol{x}_1, \boldsymbol{x}_2, \boldsymbol{x}_3, \boldsymbol{x}_4$ はクラス ω_1 に，$\boldsymbol{x}_5, \boldsymbol{x}_6, \boldsymbol{x}_7, \boldsymbol{x}_8$ はクラス ω_2 にそれぞれ属しているものとする．

$$\left.\begin{array}{llll}\boldsymbol{x}_1 = (2,5)^t, & \boldsymbol{x}_2 = (3,3)^t, & \boldsymbol{x}_3 = (1,2)^t, & \boldsymbol{x}_4 = (2,1)^t \quad \in \omega_1 \\ \boldsymbol{x}_5 = (8,9)^t, & \boldsymbol{x}_6 = (9,8)^t, & \boldsymbol{x}_7 = (7,7)^t, & \boldsymbol{x}_8 = (9,6)^t \quad \in \omega_2 \end{array}\right\}$$

いま，線形識別関数

$$g(\boldsymbol{x}) = w_0 + w_1 x_1 + w_2 x_2$$

を設定し，式 (1.30) に示した識別法により，全パターンを正しく識別できるよう，重み w_0, w_1, w_2 を決定したい．

(1) パーセプトロンの学習規則（13ページ）を用いて，重み w_0, w_1, w_2 を求めよ．ただし，重みの初期値は $\mathbf{w} = (w_0, w_1, w_2)^t = (0, 0, 0)^t$ とし，学習係数は $\rho = 1$ とする．また，学習パターンは，$\boldsymbol{x}_1$ から $\boldsymbol{x}_8$ までこの順に繰り返し与えるものとする．

(2) 得られた重みによって定まる決定境界 H_0 を図示せよ．また，**図 1.9** で示したように，マージンを決定する超平面 H_1，H_2 を求めて図示するとともに，マージンの値 R を算出せよ．

1.4[†] 前問と同じ 8 パターンを用いて，パーセプトロンの学習規則により線形識別関数の重みを決定したい．ただし，余裕のある決定境界を獲得するため，重み修正法として式 (1.47) を適用する．式 (1.47) の δ を $\delta = 1$ に設定し，他の条件を前問と同一として，最終的に得られる重みを示せ．また，前問 (2) と同様に，決定境界 H_0，マージンを決定する超平面 H_1，H_2 を図示するとともに，マージンの値 R を算出せよ．さらに，この結果を前問の結果と比較せよ．

第2章
線形分離不可能な分布

2.1　線形分離不可能な学習パターン

　前章では，学習パターンが線形分離可能であればパーセプトロンの学習規則によって正しい重みベクトルが得られることを示した．線形識別関数は構成が単純なため実現が容易であり，計算量も少ないという利点がある．しかし，現実のデータでは必ずしも線形分離可能性は期待できない．前章ですでに説明したように，パーセプトロンの学習規則は，正しく識別できないパターンが発生する限り重みベクトルの修正を繰り返す．したがって，学習パターンが線形分離不可能な場合は，重みベクトルの修正を永遠に繰り返し，収束に至らない．

　線形分離不可能なデータの例を**図 2.1**に示す．図は，2次元特徴空間上に二つのクラスω_1，ω_2の学習パターンが分布している状態を示している．図中，クラスω_1，ω_2の各パターンを，それぞれ○，△で示している．パターン数は各クラス200パターンで，合計400パターンより成る．本データは今後たびたび使用するので，その構造について述べておく．

　クラスω_1，ω_2は，ともに2種の**正規分布**（normal distribution）の**混合分布**（mixture distribution）となっている．いま，d次元ベクトル$\boldsymbol{x}$を確率変数とし，$\boldsymbol{\mu}$を**平均ベクトル**（mean vector），$\boldsymbol{\Sigma}$を**共分散行列**（covariance matrix）とする正規分布を$\mathcal{N}(\boldsymbol{x}; \boldsymbol{\mu}, \boldsymbol{\Sigma})$と記すと

$$\mathcal{N}(\boldsymbol{x}; \boldsymbol{\mu}, \boldsymbol{\Sigma}) = \frac{1}{(2\pi)^{d/2}|\boldsymbol{\Sigma}|^{1/2}} \exp\left[-\frac{1}{2}(\boldsymbol{x} - \boldsymbol{\mu})^t \boldsymbol{\Sigma}^{-1}(\boldsymbol{x} - \boldsymbol{\mu})\right] \quad (2.1)$$

で表される．本データは2次元であるので，上式で$d = 2$である．ここで，$|\boldsymbol{\Sigma}|$は$\boldsymbol{\Sigma}$の行列式を表す．上式のように，$d \geq 2$の正規分布を特に**多次元正規分布**（multivariate normal distribution）という．クラスω_1，ω_2の事前確率をそれぞれ$P(\omega_1)$，$P(\omega_2)$，**確率密度関数**（probability density function）をそれぞ

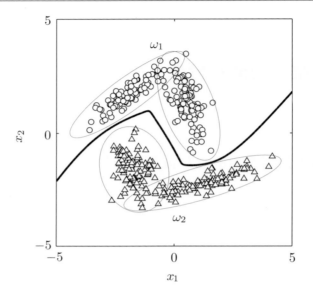

図 2.1 線形分離不可能な学習パターンとベイズ識別関数による決定境界

れ $p(\boldsymbol{x} \mid \omega_1)$, $p(\boldsymbol{x} \mid \omega_2)$ で表し，全パターンの確率密度関数を $p(\boldsymbol{x})$ で表すと[*1]

$$p(\boldsymbol{x}) = P(\omega_1) \cdot p(\boldsymbol{x} \mid \omega_1) + P(\omega_2) \cdot p(\boldsymbol{x} \mid \omega_2) \tag{2.2}$$

$$p(\boldsymbol{x} \mid \omega_1) = P_{11} \cdot \mathcal{N}(\boldsymbol{x}; \boldsymbol{\mu}_{11}, \boldsymbol{\Sigma}_{11}) + P_{21} \cdot \mathcal{N}(\boldsymbol{x}; \boldsymbol{\mu}_{21}, \boldsymbol{\Sigma}_{21}) \tag{2.3}$$

$$p(\boldsymbol{x} \mid \omega_2) = P_{12} \cdot \mathcal{N}(\boldsymbol{x}; \boldsymbol{\mu}_{12}, \boldsymbol{\Sigma}_{12}) + P_{22} \cdot \mathcal{N}(\boldsymbol{x}; \boldsymbol{\mu}_{22}, \boldsymbol{\Sigma}_{22}) \tag{2.4}$$

である．上式で P_{11}, P_{21} は二つの正規分布の混合率を表し，$P_{11} + P_{21} = 1$ であり，P_{12}, P_{22} も同様の定義で，$P_{12} + P_{22} = 1$ である．本データでは，

$$P(\omega_1) = P(\omega_2) = 1/2 \tag{2.5}$$

$$P_{11} = P_{21} = 1/2 \tag{2.6}$$

$$P_{12} = P_{22} = 1/2 \tag{2.7}$$

---

*1 本書では，離散的な事象に対して定義される確率関数には大文字の $P(\cdot)$ を用い，連続的な変数に対して定義される確率密度関数には小文字の $p(\cdot)$ を用いることにする．

と設定した．また，各正規分布の平均ベクトル，共分散行列の値は以下のように設定した．

$$\boldsymbol{\mu}_{11} = (-2.0,\ 1.7)^t, \qquad \boldsymbol{\Sigma}_{11} = \begin{pmatrix} 0.659 & 0.453 \\ 0.453 & 0.399 \end{pmatrix} \tag{2.8}$$

$$\boldsymbol{\mu}_{21} = (0.6,\ 1.2)^t, \qquad \boldsymbol{\Sigma}_{21} = \begin{pmatrix} 0.197 & -0.185 \\ -0.185 & 0.638 \end{pmatrix} \tag{2.9}$$

$$\boldsymbol{\mu}_{12} = (1.2,\ -2.2)^t, \qquad \boldsymbol{\Sigma}_{12} = \begin{pmatrix} 1.236 & 0.360 \\ 0.360 & 0.168 \end{pmatrix} \tag{2.10}$$

$$\boldsymbol{\mu}_{22} = (-1.7,\ -1.6)^t, \qquad \boldsymbol{\Sigma}_{22} = \begin{pmatrix} 0.242 & -0.045 \\ -0.045 & 0.398 \end{pmatrix} \tag{2.11}$$

図 2.1 の細線で示した四つの楕円は，クラス ω_1, ω_2 の要素分布である正規分布の形状を表している．

2.2 ベイズ識別関数

前節では，**図 2.1** に示した線形分離不可能な学習パターンの確率分布構造について説明した．もし，データの確率分布に関する情報が既知ならば，**ベイズ決定則**（Bayes decision rule）に基づく識別法が最適である．これにより**誤り確率**（probability of error）を最小化できる．確率分布を既知と仮定すると，クラス数 c の場合のベイズ決定則は

$$\max_{i=1,\dots,c} \{P(\omega_i \mid \boldsymbol{x})\} = P(\omega_k \mid \boldsymbol{x}) \quad \Longrightarrow \quad \boldsymbol{x} \in \omega_k \tag{2.12}$$

と書ける．上式の $P(\omega_i \mid \boldsymbol{x})$ を直接知ることはできないので，**ベイズの定理**（Bayes' theorem）

$$P(\omega_i|\boldsymbol{x}) = \frac{p(\boldsymbol{x} \mid \omega_i)}{p(\boldsymbol{x})} \cdot P(\omega_i) \qquad (i = 1, \dots, c) \tag{2.13}$$

により計算する．上式において，$p(\boldsymbol{x})$ は各 i に共通であるので，$P(\omega_i|\boldsymbol{x})$ の大小比較には影響しない．そこで，式 (1.8) の $g_i(\boldsymbol{x})$ を

$$g_i(\boldsymbol{x}) = P(\omega_i) \cdot p(\boldsymbol{x}^m id\omega_i) \tag{2.14}$$

と定義することにより，識別関数法によるクラス判定が可能となる．上式のような，ベイズ決定則を実現する識別関数を**ベイズ識別関数**（Bayes discriminant function）という．詳細については，[改訂版]の5.3節，[続編]の3.2節を参照されたい．

　パターン $\boldsymbol{x}$ の所属クラスが ω_1，ω_2 のいずれであるかを判定する二クラス問題（$c = 2$）の場合，ベイズ識別関数は

$$g_0(\boldsymbol{x}) = g_1(\boldsymbol{x}) - g_2(\boldsymbol{x}) \tag{2.15}$$

$$= P(\omega_1) \cdot p(\boldsymbol{x} \mid \omega_1) - P(\omega_2) \cdot p(\boldsymbol{x} \mid \omega_2) \tag{2.16}$$

となり，識別は下式によって行われる．

$$\begin{cases} g_0(\boldsymbol{x}) > 0 & \implies \boldsymbol{x} \in \omega_1 \\ g_0(\boldsymbol{x}) < 0 & \implies \boldsymbol{x} \in \omega_2 \end{cases} \tag{2.17}$$

したがって，両クラスを分離する決定境界は下式で表される．

$$g_0(\boldsymbol{x}) = 0 \tag{2.18}$$

　図 2.1 に示したデータに対して，ベイズ識別関数による決定境界を求めてみよう．式 (2.1)〜(2.11) より式 (2.16) が得られる．その結果，式 (2.18) より，ベイズ識別関数による決定境界は

$$p(\boldsymbol{x} \mid \omega_1) - p(\boldsymbol{x} \mid \omega_2) = 0 \tag{2.19}$$

となる．求めた決定境界を，図中の太線で示した．図で明らかなように，本例のベイズ識別関数は非線形な識別関数である．一般に，ベイズ識別関数によって必ずしも全学習パターンを正しく識別できるわけではないが，本例では図でわかるように，2クラスの学習パターンを誤りなく分離できている．

2.3 　線形分離不可能な分布に対する線形識別関数の適用

　前節では，学習パターンの確率分布が既知と仮定して最適な識別関数を求めた．本節では，確率分布が未知という条件で識別関数を求める．以後，**図 2.1** のデータを実験で用いる場合には，特に断りのない限り，式 (2.2)〜(2.11) で示した情報は未知であることを前提とする．すなわち，未知の確率分布に従って発生した個々のパターン $\boldsymbol{x}$ と，その所属クラスに関する情報のみが既知であるとする．

　非線形な識別関数については後の章で述べることとし，本節ではまず，線形分離不可能な学習パターンに対して，線形識別関数がどの程度適用できるかを明らかにしたい．線形分離不可能な学習パターンに対して線形識別関数を適用する場合，当然のことながらクラス間を完全に分離することは断念しなくてはならない．線形識別関数は単純な構造であるため，識別処理量も少なく有用である．したがって，多少の誤識別が許容できるなら，線形分離不可能な学習パターンに対して線形識別関数を適用する選択肢もあり得る．しかし，パーセプトロンの学習規則を線形分離不可能なデータに適用したのでは学習処理が収束せず，解が得られない．そこで，線形分離不可能であっても，適切な評価基準の下で最適な線形識別関数が求められるような学習法が望まれる．

　そのような学習法の具体例として，本節ではフィッシャーの方法と二乗誤差最小化学習を取り上げる．以下では，式の導出については省略し，主として実験結果について述べる．手法の詳細については [改訂版] の 3.1 節，6.4 節を参照していただきたい．

〔1〕　フィッシャーの方法の適用

　二つのクラス ω_1，ω_2 の識別にあたって，その線形識別関数

$$g(\boldsymbol{x}) = w_0 + \boldsymbol{w}^t \boldsymbol{x} \tag{2.20}$$

は，その符号のみに意味があるので，$\boldsymbol{w}$ は

$$\|\boldsymbol{w}\| = 1 \tag{2.21}$$

となるよう正規化されていると仮定しても一般性を失わない．式 (1.30) の識

別法は下式で表される.

$$
\begin{cases}
\boldsymbol{w}^t\boldsymbol{x} > & -w_0 \implies \boldsymbol{x} \in \omega_1 \\
\boldsymbol{w}^t\boldsymbol{x} < & -w_0 \implies \boldsymbol{x} \in \omega_2
\end{cases}
\tag{2.22}
$$

ここで d 次元特徴空間中の原点を通り, $\boldsymbol{w}$ の方向に設定された 1 次元軸 y を考える. すると, $\boldsymbol{w}^t\boldsymbol{x}$ はパターン $\boldsymbol{x}$ を軸 y に射影したときの座標値となり, 式 (2.22) では, この座標値に対して閾値 $-w_0$ を設定することにより, 識別判定を行っていることになる. したがって, 識別処理を容易にするには, 異なるクラスのパターンはできるだけ離れ, 同一クラスのパターンはできるだけ集中するような射影軸が望ましい. このような評価尺度に基づいて $\boldsymbol{w}$ を決定するには, 次の手順に従う.

元の d 次元空間上で, クラス ω_1, ω_2 の平均ベクトルをそれぞれ $\mathbf{m}_1$, $\mathbf{m}_2$ とし, 次式で定義された**クラス内変動行列**（within-class scatter matrix）$\mathbf{S}_W$ を求める.

$$
\mathbf{S}_W = \sum_{\boldsymbol{x} \in \omega_1} (\boldsymbol{x} - \mathbf{m}_1)(\boldsymbol{x} - \mathbf{m}_1)^t + \sum_{\boldsymbol{x} \in \omega_2} (\boldsymbol{x} - \mathbf{m}_2)(\boldsymbol{x} - \mathbf{m}_2)^t
\tag{2.23}
$$

この $\mathbf{S}_W$ を用いると, 求めるべき $\boldsymbol{w}$ は下式で表される.

$$
\boldsymbol{w} = a \cdot S_W^{-1}(\mathbf{m}_1 - \mathbf{m}_2)
\tag{2.24}
$$

上式の a は, 式 (2.21) の正規化条件を満たすための定数である. 式の導出は, [改訂版] の 6.4 節を参照されたい. この方法は**フィッシャーの方法**（Fisher's method）として知られている. ただし, 式 (2.22) の w_0 は, フィッシャーの方法では求めることができず, 他の方法で求めなくてはならない.

フィッシャーの方法を, **図 2.1** で示した線形分離不可能なデータに対して適用してみよう. **図 2.2** の上の図はフィッシャーの方法で求めた射影軸 y に全パターンを射影した結果であり, 下の図は $y = -1 \sim 0$ 近辺を拡大して示している.

図より, この軸上では両クラスに重なりが生じ, 分離が不可能であることがわかる. 決定境界を定めるには, $-w_0$ を決める必要がある. そこで, この射影軸上で誤識別パターン数が最小となるよう $-w_0 = -0.368$ と設定した. 図では $-w_0$ の位置が示されている. その結果, 誤識別はクラス ω_1 で 3 パターン,

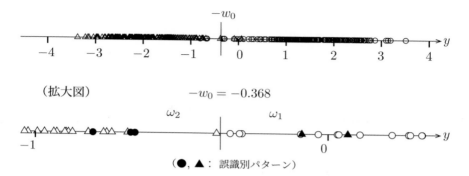

（●, ▲： 誤識別パターン）

図 2.2 フィッシャー軸へ投影した学習パターン

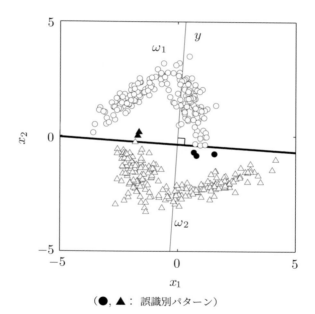

（●, ▲： 誤識別パターン）

図 2.3 フィッシャーの方法による決定境界

ω_2で2パターンの合計5パターンであり，それらを下の図では黒く塗り潰している．求めた重みベクトル$\boldsymbol{w}$は，決定境界の法線方向を示している．したがって，決定境界$g(\boldsymbol{x}) = w_0 + \boldsymbol{w}^t\boldsymbol{x} = 0$は，$y = -w_0$を通り射影軸$y$と直交する超平面（本例では直線）である．

図2.3では，射影軸yを細線で，決定境界を太線でそれぞれ示している．両者が直交していることも確かめられる．図中，5つの誤識別パターンを同様に黒く塗り潰している．

〔2〕 二乗誤差最小化学習の適用

線形識別関数$g(\boldsymbol{x})$を設計する際に，各学習パターンに対する$g(\boldsymbol{x}_k)$の値を，式 (1.36) で示した教師信号b_kにできるだけ近づけることを目指す．

学習パターン$\boldsymbol{x}_k$に対する識別関数値$g(\boldsymbol{x}_k)$と，教師信号b_kとの二乗誤差を全パターンにわたって加算した値$J_a(\mathbf{w})$を定義する．すなわち

$$J_a(\mathbf{w}) = \frac{1}{2}\sum_{k=1}^{n}\left(g(\boldsymbol{x}_k) - b_k\right)^2 = \frac{1}{2}\sum_{k=1}^{n}\left(\mathbf{w}^t\mathbf{x}_k - b_k\right)^2 \tag{2.25}$$

である[*2]．上式で1/2は，計算の便宜上導入した係数である．上式の$J_a(\mathbf{w})$を最小化する$\mathbf{w}$が最適な重みベクトルである．上記手法を，**二乗誤差最小化学習**（minimum squared error learning）と呼ぶ．

ここで，$n \times (d+1)$の**パターン行列**（pattern matrix）$\mathbf{X}$とn次元列ベクトル$\mathbf{b}$を以下のように定義する．

$$\mathbf{X} = (\mathbf{x}_1, \mathbf{x}_2, \ldots, \mathbf{x}_n)^t \tag{2.26}$$

$$\mathbf{b} = (b_1, b_2, \ldots, b_n)^t \tag{2.27}$$

式 (2.25) の$J_a(\mathbf{w})$を最小化する$\mathbf{w}$は

$$\mathbf{w} = (\mathbf{X}^t\mathbf{X})^{-1}\mathbf{X}^t\mathbf{b} \tag{2.28}$$

として求められる（導出は [改訂版] の3.1節参照）．ただし，$\mathbf{X}^t\mathbf{X}$は正則であると仮定する．上式の$\mathbf{w}$は大域的最適解であり，唯一の最小点である．証明は

[*2]　ここでは，$\boldsymbol{x}_k$，$\boldsymbol{w}$ではなく，$\mathbf{x}_k$と$\mathbf{w}$を用いていることに注意．

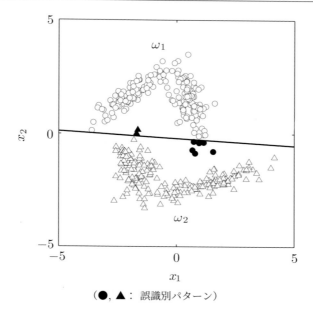

（●，▲：誤識別パターン）

図 2.4　二乗誤差最小化学習による決定境界

演習問題 2.1 を参照のこと.

　図 2.1 で示した線形分離不可能な学習パターンに本手法を適用した結果を図 2.4 に示す. これまでと同様, 決定境界を太線で示し, 誤識別パターンを黒く塗り潰している. 誤識別パターンは, クラス ω_1 で 6 パターン, ω_2 で 2 パターンの合計 8 パターンである.

　二乗誤差最小化学習は, 前述のフィッシャーの方法と密接に関連している. 拡張重みベクトル $\mathbf{w}$ は, 式 (1.16) で示したように $\mathbf{w} = (w_0, \boldsymbol{w}^t)^t$ であり, 重みベクトル $\boldsymbol{w}$ に w_0 を追加した形になっている. 二乗誤差最小化学習で求めた $\boldsymbol{w}$ は, フィッシャーの方法で求めた式 (2.24) の $\boldsymbol{w}$ と一致することが証明できる. このことは, 図 2.3 と図 2.4 の決定境界が同じ傾きを示していることからも確かめることができる. 証明は [改訂版] の 9.1 節を参照されたい. 両手法の違いとして, フィッシャーの方法では $\boldsymbol{w}$ しか決定できないのに対し, 二乗誤差最小化学習では, 式 (2.28) で示したように $\boldsymbol{w}$ とともに w_0 も同時に決定できる点が

挙げられる.

二乗誤差最小化学習で求めた w_0 は,必ずしも誤識別パターン数を最小化できるとは限らない.実際,先に述べたフィッシャーの方法では,射影軸上で w_0 の値を調整することにより,誤識別パターン数を5まで低減できているのに対し,同じ $\mathbf{w}$ を得ながら二乗誤差最小化学習では8となっている.

二乗誤差最小化学習では,式 (2.28) の計算量が膨大になる場合への対処法として,$J_a(\mathbf{w})$ を**最急降下法**(steepest descent method)によって最小化する逐次解法が知られている.一つは,全学習パターンを識別し終わった後,一括して $\mathbf{w}$ の修正を行う**バッチ学習**(batch learning)であり,重みベクトル $\mathbf{w}$ は,次式によって逐次新しい重みベクトル $\mathbf{w}'$ に更新される.ただし,ρ は学習係数である.

$$\mathbf{w}' = \mathbf{w} - \rho \cdot \frac{1}{n} \cdot \frac{\partial J_a(\mathbf{w})}{\partial \mathbf{w}} \tag{2.29}$$

$$= \mathbf{w} - \rho \cdot \frac{1}{n} \cdot \sum_{k=1}^{n} \left(\mathbf{w}^t \mathbf{x}_k - b_k \right) \mathbf{x}_k \tag{2.30}$$

もう一つは,次式のように学習パターンを1パターン識別するたびに $\mathbf{w}$ の修正を行う**オンライン学習**(online learning)である[*3].

$$\mathbf{w}' = \mathbf{w} - \rho \left(\mathbf{w}^t \mathbf{x}_k - b_k \right) \mathbf{x}_k \tag{2.31}$$

このような二乗誤差最小化学習の逐次解法を**ウィドロー・ホフの学習規則**(Widrow-Hoff learning rule)という.

本節で紹介した手法は,いずれもクラス間分離の度合を評価尺度としているので,学習パターンが線形分離可能,不可能のいずれであっても適用できる.しかし本手法は,誤識別パターン数を評価尺度としているわけではないので,学習パターンが線形分離可能であっても,それらを正しく分離できる決定境界が得られるとは限らないし,線形分離不可能な場合に誤識別パターン数を最小にできるという保証もないことに注意が必要である.

[*3] すなわち,バッチ学習では $\mathbf{w}$ の修正は1エポックに高々1回であるのに対し,オンライン学習では1エポックに最大 n 回となる.

2.4 区分的線形識別関数

これまで述べたように，線形識別関数は構造が単純なため容易に実現できるが，識別精度に限界があり，線形分離不可能な分布に対しては誤識別ゼロを達成することができない．線形分離不可能な分布に対して高い識別精度を達成するには，非線形な識別関数を導入しなくてはならない．以下では線形識別関数の発展形である区分的線形識別関数を紹介し，これにより誤識別ゼロを実現できることを示す．以下では，2次元特徴空間（$d = 2$）を例にとって説明する．

ここで，1.2 節で述べた最近傍決定則を再度取り上げよう．すでに述べたように，クラス間分離を実行する際，単純な分布であればクラス当たり1個のプロトタイプによる最近傍決定則，すなわち線形識別関数で十分対応できる．このことは，図 1.4 で示されている．

一方，図 1.3 で示したように，クラス当たり複数のプロトタイプを用いれば，最近傍決定則により複雑な決定境界を設定できる．したがって，線形分離不可能な分布に対しては，プロトタイプをクラス当たり複数選ぶことにより，クラス間分離が可能になると期待できる．このような決定境界は，たとえば2.6 節で紹介する圧縮型最近傍決定則で実現できる．

すでに式 (1.5)，(1.7) で示したように，入力パターンとプロトタイプとの距離計算は，線形識別関数の値を求めることと等価である．そこで，クラス当たり複数のプロトタイプに対応してクラス当たり複数の線形識別関数を用意する．全クラスで合計 m 個の線形識別関数を用いることとし，それらを $g_1(\boldsymbol{x}), \ldots, g_m(\boldsymbol{x})$ とすると（図 1.3 の例では $m = 31$），各識別関数はいずれかのクラス $\omega_1, \ldots, \omega_c$ に対応している．すなわち，$g_k(\boldsymbol{x})$ の対応するクラスを θ_k で表すと

$$\theta_k \in \{\omega_1, \ldots, \omega_c\} \qquad (k = 1, \ldots, m) \tag{2.32}$$

である．識別は次式によって行う．

$$\max_{k=1,\ldots,m} \{g_k(\boldsymbol{x})\} = g_j(\boldsymbol{x}) \quad \Longrightarrow \quad \boldsymbol{x} \in \theta_j \tag{2.33}$$

上式は，m 個のプロトタイプの中から，入力パターン $\boldsymbol{x}$ に最も近いプロトタイプを見出す処理に相当している．

上で導入した $g_k(\boldsymbol{x})\,(k = 1, \ldots, m)$ を**区分的線形識別関数**（piecewise linear discriminant function）という．この例のように，クラス間の分離を単一の直線ではなく，複数の直線をつなぎ合わせることで実現していることから，このように命名されている．なお高次元空間では，上記直線は超平面となる．

区分的線形識別関数は，どのような複雑な決定境界も任意の精度で近似できるので，その識別性能は高い．しかし，区分的線形識別関数では，線形識別関数の個数と重みベクトルの双方をクラスごとに決定しなくてはならず，それらを自動的に決定できる有効な学習アルゴリズムは知られていない．以下では，線形分離不可能な分布に対して区分的線形識別関数を適用し，その効果を確認してみよう．**図 2.5** には，全数記憶方式によって設定された決定境界を太線で示した．細線はボロノイ図を表している．図から明らかなように，複雑な決定境界により，二つのクラスが正しく分離されていることが確かめられる．この決定境界の決定に寄与するプロトタイプを，図中 ●，▲ で示しており，クラス ω_1 が 16 パターン，クラス ω_2 が 18 パターンで，合計 34 パターンである．

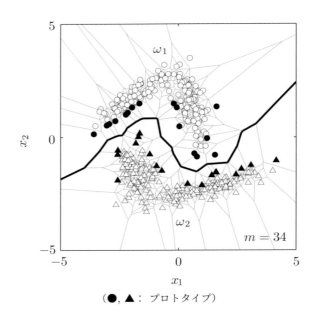

（●，▲：プロトタイプ）

図 2.5　全数記憶方式による決定境界

したがって，最近傍決定則で用いるプロトタイプ数は400から34に削減でき
る．これらのプロトタイプは，決定境界の決定に寄与するパターンであるの
で，14ページで説明した寄与ベクトルと同等の役割を果たしていることになる
（**図 1.3** も参照のこと）．

ここでさらにプロトタイプの削減を図り，各クラス2個ずつ，計4個のプロ
トタイプでクラス間分離が可能であることを示したのが**図 2.6**である．これま
でと同様に，プロトタイプを●と▲で，また決定境界を太線で示した．

記憶容量，計算量の負担を軽減するには，プロトタイプをできるだけ削減す
るのが望ましい．本例のように，特徴空間が2次元程度であるなら，目視によっ
て適切かつ必要最小限のプロトタイプを選び，決定境界を定めることはそれほ
ど困難ではない．しかし高次元の特徴空間ではこのような直観的な方法を採る
ことができないため，プロトタイプ削減を効率的に行うための手法が望まれる．
本手法については，圧縮型最近傍決定則が知られており，2.6 節で紹介する．

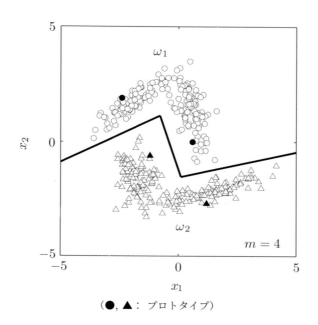

（●，▲：プロトタイプ）

図 2.6　区分的線形識別関数による決定境界

2.5　境界比

　本節では，次節の圧縮型最近傍決定則を紹介するための準備として，**境界比**（border ratio）について説明する．最近傍決定則では，決定境界近辺のパターンのみがプロトタイプとして有効であり，重要な役割を果たすと述べた．したがって，決定境界に近接するパターンのみをプロトタイプとして抽出できれば，識別部設計の効率化が図れる．そこで，各パターンが，クラス間の決定境界にどれ程近接しているかを示す尺度として，境界比を次のように定義する．

　図 2.7 に示すように，あるクラス（○印）に所属するパターン x を考える．まず，x とは異なるクラス（△印）に所属するパターンの中で，x の最近傍となるパターンを y とする．次に，x と同一のクラスに所属するパターンの中で，y の最近傍となるパターンを x' とする．

　パターン x の境界比 $r(x)$ は次式で定義される．

$$r(x) = \frac{\|x' - y\|}{\|x - y\|} \tag{2.34}$$

　定義から明らかなように，$\|x' - y\|$ は $\|x - y\|$ を超えることがないので，$0 < r(x) \le 1$ が成り立つ．ここで $r(x) = 1$ となるのは，$x' = x$ のときである．

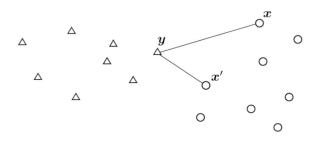

図 2.7　境界比

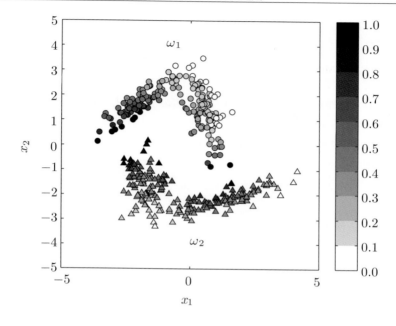

図 2.8　境界比の計算結果（2クラス）

図 2.8 は，**図 2.1** で取り上げた2クラスの各パターンに対し，式 (2.34) の境界比を10段階に量子化して計算した結果を示している．図では，境界比の大きいパターンほど濃く塗りつぶされており，両クラスの境界に近いパターンほど，境界比が大きくなっているのが確かめられる．

ここでは，2クラスの場合を例にとって説明したが，クラス数が増えても同様の方法で境界比を計算できる（**演習問題 2.2**）．

2.6　圧縮型最近傍決定則

すべての学習パターンをプロトタイプとして用いる全数記憶方式は，最近傍決定則の最も単純な実現方法である．全数記憶方式は，高い識別性能を発揮できる反面，記憶容量，計算量が膨大になるという欠点がある．最近傍決定則に

おいて全数記憶方式を適用した場合，識別性能に影響を与えるのは決定境界付近のプロトタイプのみであり，境界から遠く離れたプロトタイプは識別に寄与しない．

そこで，上で述べた無駄なプロトタイプを省くことができれば，記憶容量，計算量が削減できる．その有力な方法の一つとして**圧縮型最近傍決定則**（condensed nearest neighbor method）[Har68] が知られている．本処理は，プロトタイプ1個の初期状態から開始し，学習パターンを一つずつ選んで最近傍決定則で識別し，誤識別した場合には当該パターンをプロトタイプとして登録する，という操作を繰り返す．以下にそのアルゴリズムを示す．

圧縮型最近傍決定則

Step 1 パターンリストとプロトタイプリストを用意する．初期設定として，パターンリストには全学習パターンをあらかじめ特定の順序で登録し，以下の処理では，この順に従ってパターンを選択する．プロトタイプリストは空としておく[*4]．

Step 2 パターンリストの最初のパターンを，プロトタイプリストに登録するとともに，パターンリストから削除する．

Step 3 パターンリストの次のパターンを，最近傍決定則により識別する．識別は，プロトタイプリストに登録されているパターンをプロトタイプとして用いることによって行う．正しく識別できた場合は，このパターンはそのままパターンリストに残す．正しく識別できなかった場合は，このパターンをパターンリストから削除してプロトタイプリストに登録する．同様にして，パターンリストの次のパターンを選んで上記の処理を繰り返す．

Step 4 パターンリストの最終パターンに到達したら，リスト中の最初のパターンに戻って，Step 3の識別処理を繰り返す．

Step 5 以下のいずれかの状態に到達したら処理を終了する．さもなければ，Step 3の識別処理を繰り返す．

(1) パターンリストが空となったとき

(2) パターンリストからプロトタイプリストに移行するパターンが
発生しなくなったとき

以上の処理で得られたプロトタイプが，圧縮型最近傍決定則によって使用される最終的なプロトタイプ集合である．これらは，37ページで述べたように，寄与ベクトルと同等の役割を担っている．残念ながら，本アルゴリズムによって得られるプロトタイプ集合が最小あるいは最適という保証はない．また，結果は初期設定に依存し，一意には決まらない．もし Step 5 の (1) の状態で収束した場合は，全数記憶方式となるので，圧縮型最近傍決定則としての効果は発揮できない．

初期設定時にパターンリストに登録する学習パターンは，任意の順番で差し支えない．しかし，決定境界付近のパターンを優先的に選択できるようにする方が効率的と考えられる．そのためには，前節で述べた境界比 $r(\boldsymbol{x})$ を全学習パターンに対して計算し，その大きい順に，かつ2クラスから交互にパターンを並べて初期パターンリストとすればよい．実際，以下に示す実験では，そのような初期設定法を採用した[*5]．

圧縮型最近傍決定則を**図 2.1** のデータに適用した実験結果を**図 2.9** に示す．実験の結果，クラス ω_1 から4パターン，クラス ω_2 から3パターンの計7パターン（$m = 7$）がプロトタイプとして選定された．すなわち，400パターンを7パターンのプロトタイプで代表させたことになるので，識別処理時の記憶容量，計算量を $7/400 = 0.018$ に削減でき，効率的である．図に，プロトタイプとして選定されたパターンを，これまでと同様●と▲で示した．また，同図には，これらのプロトタイプを用いて設定された決定境界を太線で示した．

同様にして，他のデータに対して圧縮型最近傍決定則を適用した結果を，**図 2.10** に示す．図は，同心円状に分布する2クラスのパターンであり，外側がクラス ω_1，内側がクラス ω_2 である．クラス ω_1，ω_2 のパターン数は，それぞれ

---

*4 原論文 [Har68] では，パターンリストを GRABBAG，プロトタイプリストを STORE と称している．

*5 原論文では，このような境界比による並べ替えは行っていない．

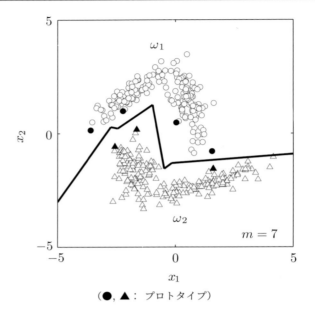

（●，▲：プロトタイプ）

図2.9　圧縮型最近傍決定則の適用結果（1）

150と50であり，合計200パターンである．選定されたプロトタイプ数mは，$6 + 2 = 8$であり，削減効果は$8/200 = 0.04$である．プロトタイプと決定境界の表示法はこれまでと同じである．より単純な例を**演習問題2.3**に示したので，参照されたい．

　以上，パターンが線形分離不可能な場合を取り上げ，線形識別関数の限界を実験例とともに示した．線形分離不可能な場合には，当然のことながら誤識別ゼロを達成することはできない．しかし，ある程度の誤識別を許容できるなら，線形識別関数は処理量，実現容易性の点で優れており，依然有効な手段になり得る．

　線形識別関数の発展形である区分的識別関数を用いれば，線形分離不可能な場合でも誤識別ゼロを達成することができる．しかし，区分的識別関数には，パーセプトロンの学習規則に匹敵する有効な学習法がない．ただし，パーセプトロンの学習規則ほど効率的ではないものの，圧縮型最近傍決定則を用いれ

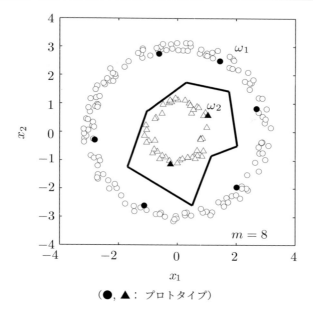

図 2.10　圧縮型最近傍決定則の適用結果（2）

ば，有限回の繰り返しで誤識別ゼロの決定境界が得られる．本手法は反復法に基づいており，得られる結果には偶然性が伴う．そのため，決定境界は一意に決まらず，最適である保証もないのが欠点である．

演習問題

2.1　式 (2.28) の $\mathbf{w}$ は大域的最適解であり，唯一の最小点であることを示せ．

2.2†　以下に示す12個のパターン $x_1, \ldots, x_{12}$ が2次元特徴空間上に分布しており，このうち，x_1, x_2, x_3, x_4 はクラス ω_1 に，x_5, x_6, x_7, x_8 はクラス ω_2 に，$x_9, x_{10}, x_{11}, x_{12}$ はクラス ω_3 にそれぞれ属しているものとする．

$$
\left.
\begin{aligned}
&x_1 = (5,9)^t, \quad x_2 = (9,9)^t, \quad x_3 = (8,8)^t, \quad x_4 = (6,7)^t \quad \in \omega_1 \\
&x_5 = (2,6)^t, \quad x_6 = (4,5)^t, \quad x_7 = (3,4)^t, \quad x_8 = (1,3)^t \quad \in \omega_2 \\
&x_9 = (8,4)^t, \quad x_{10} = (9,1)^t, \quad x_{11} = (7,2)^t, \quad x_{12} = (8,2)^t \quad \in \omega_3
\end{aligned}
\right\}
$$

これらのパターンを2次元特徴空間上にプロットするとともに，各パターンの境界比を求めよ．

2.3　　前問のデータに対して圧縮型最近傍決定則を適用し，得られるプロトタイプと，それらによって設定される決定境界を図示せよ．ただし，パターンはx_1からx_{12}まで，この順に繰り返し与えるものとする．

第 3 章
一般化線形識別関数

3.1 Φ関数

　これまで識別関数として，線形識別関数，区分的線形識別関数について述べてきた．区分的線形識別関数は，線形識別関数を組み合わせることによって実現した非線形な識別関数と捉えることができる．ここで，線形分離不可能な分布に対処するため，これまで前提としてきた"線形"の制約を取り払い，非線形な識別関数について考えてみよう．

　いま，d次元特徴空間上に分布する二つのクラスを線形識別関数によって識別する場合は，特徴ベクトル

$$\boldsymbol{x} = (x_1, \ldots, x_d)^t \tag{3.1}$$

に対し，式 (1.29) で示したように，線形識別関数

$$g(\boldsymbol{x}) = \mathbf{w}^t \mathbf{x} = \sum_{j=0}^{d} w_j x_j \qquad (x_0 \equiv 1) \tag{3.2}$$

を設定し，式 (1.30) によって二つのクラスを識別することになる．

　ここで，$d = 2$ の場合の線形識別関数を例にとると，式 (3.2) は

$$g(\boldsymbol{x}) = w_0 + w_1 x_1 + w_2 x_2 \tag{3.3}$$

となる．上式にさらに2次の項を加えた

$$g(\boldsymbol{x}) = w_0 + w_1 x_1 + w_2 x_2 + w_3 x_1 x_2 + w_4 x_1^2 + w_5 x_2^2 \tag{3.4}$$

や，3次の項を加えた

$$g(\boldsymbol{x}) = w_0 + w_1 x_1 + w_2 x_2 + w_3 x_1 x_2 + w_4 x_1^2 + w_5 x_2^2$$

$$+w_6 x_1^2 x_2 + w_7 x_1 x_2^2 + w_8 x_1^3 + w_9 x_2^3 \tag{3.5}$$

などは，もはや線形識別関数ではなく，**非線形識別関数**（nonlinear discriminant function）である．式 (3.4) を **2次識別関数**（quadric discriminant function），式 (3.5) を **3次識別関数**（cubic discriminant function）と呼ぶ．

　以下では，線形識別関数だけではなく，上で示したような複雑な識別関数も扱えるよう，より一般的な道具立てを行う．そこで，D 個の $\boldsymbol{x}$ の関数 $\phi_1(\boldsymbol{x}), \ldots, \phi_D(\boldsymbol{x})$ と，D 個の重み $w_1, \ldots, w_D$ を用いて[*1]

$$\Phi(\boldsymbol{x}) = \sum_{j=1}^{D} w_j \phi_j(\boldsymbol{x}) \tag{3.6}$$

なる関数 $\Phi(\boldsymbol{x})$ を定義する．このような関数を **Φ 関数**（Φ function）と呼び，[改訂版] の4.3節 [3] でも紹介した．本書では Φ 関数について実験を交え，より詳細に述べることにする [Cov][Nil65]．

　上式で $d = 2$ とし

$$\phi_1(\boldsymbol{x}) = x_0 = 1, \quad \phi_2(\boldsymbol{x}) = x_1, \quad \phi_3(\boldsymbol{x}) = x_2 \tag{3.7}$$

とすれば $D = 3$ となり，式 (3.3) の線形識別関数が得られる．また，上式に

$$\phi_4(\boldsymbol{x}) = x_1 x_2, \quad \phi_5(\boldsymbol{x}) = x_1^2, \quad \phi_6(\boldsymbol{x}) = x_2^2 \tag{3.8}$$

を追加すれば $D = 6$ となり，式 (3.4) の2次識別関数が得られ，さらに

$$\phi_7(\boldsymbol{x}) = x_1^2 x_2, \quad \phi_8(\boldsymbol{x}) = x_1 x_2^2, \quad \phi_9(\boldsymbol{x}) = x_1^3, \quad \phi_{10}(\boldsymbol{x}) = x_2^3 \tag{3.9}$$

を追加すれば，$D = 10$ となって式 (3.5) の3次識別関数が得られる．

　同様にして，より高次の項を含む**多項式識別関数**（polynomial discriminant function）を構成することができる．以上は $d = 2$ の場合を示したが，$d > 2$ に対しても同様に多項式識別関数を定義できる．一般に，d 次元特徴ベクトル $\boldsymbol{x}$ に対して p 次の多項式識別関数を設定すると，D は d と p の関数 $f(d, p)$ として

---

*1　これまで重みのパラメータとしては，添字を0からとして $w_0, w_1, \ldots$ を用いたが，後続の章で用いる記法との整合性を考え，以後は添字を1からとして $w_1, w_2, \ldots$ を用いる．

$$D = f(d, p) = {}_{d+p}C_p \tag{3.10}$$

と表される. 上式で $f(2, 2) = {}_4C_2 = 6$ であり, $f(2, 3) = {}_5C_3 = 10$ であるので, すでに確認した結果と一致する. 証明は**演習問題 3.1**, **演習問題 3.2** を参照されたい.

多項式識別関数として表したΦ関数は, 一種の級数展開とみなせ, 原理的には任意の関数を定義できる. このことは, 識別関数としてのΦ関数が, 特徴空間上の複雑な決定境界を任意の精度で近似できることを示している. 以上述べたΦ関数では, その構成要素である $\phi_j(\boldsymbol{x})$ として $x_1, \ldots, x_d$ の多項式を用いたが, これに限定されず, 一価の実関数であれば任意の関数でよい.

式 (3.6) から明らかなように, Φ関数は, $\boldsymbol{x}$ の成分 $x_1, \ldots, x_d$ に関しては非線形であるが, $\phi_1(\boldsymbol{x}), \ldots, \phi_D(\boldsymbol{x})$ に関しては線形である. このため, Φ関数を**一般化線形識別関数** (generalized linear discriminant function) と呼んでいる. また, この関数を用いる識別法を**一般化線形識別関数法** (generalized linear discriminant function method) と称する.

ここで, D 次元ベクトル $\boldsymbol{\phi}(\boldsymbol{x})$ を, 下式のように定義する.

$$\boldsymbol{\phi}(\boldsymbol{x}) = (\phi_1(\boldsymbol{x}), \ldots, \phi_D(\boldsymbol{x}))^t \tag{3.11}$$

上式は, d 次元空間上のベクトル $\boldsymbol{x}$ を, 非線形変換によって D 次元空間上のベクトル $\boldsymbol{\phi}(\boldsymbol{x})$ に写像するための変換式と捉えることができる. 元の d 次元空間である**原空間** (original space) に対し, この D 次元空間を**Φ空間** (Φ space) という.

このような非線形変換の効果は明らかである. たとえば**図 2.10** で示したような, 2次元 ($d = 2$) の原空間上で原点を中心としてほぼ同心円状に分布する2クラスを考えよう. これらの分布は

$$\begin{cases} x_1^2 + x_2^2 \approx 9 & (\boldsymbol{x} \in \omega_1) \\ x_1^2 + x_2^2 \approx 1 & (\boldsymbol{x} \in \omega_2) \end{cases} \tag{3.12}$$

と書け, 線形分離不可能である. ここで, $D = 2$ として, $\phi_1(\boldsymbol{x}) = x_1^2$, $\phi_2(\boldsymbol{x}) = x_2^2$ と定義し,

$$\boldsymbol{x} = (x_1, x_2)^t \quad \rightarrow \quad \boldsymbol{\phi}(\boldsymbol{x}) = (\phi_1(\boldsymbol{x}), \phi_2(\boldsymbol{x}))^t \tag{3.13}$$

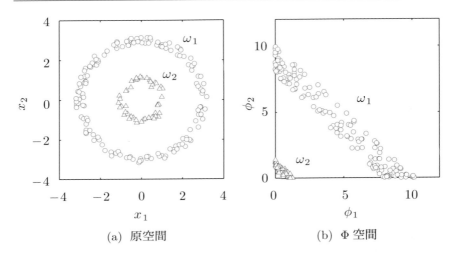

図 3.1 非線形変換の効果

なる非線形変換を施せば，Φ空間上での分布は

$$\begin{cases} \phi_1 + \phi_2 \approx 9 & (\boldsymbol{x} \in \omega_1) \\ \phi_1 + \phi_2 \approx 1 & (\boldsymbol{x} \in \omega_2) \end{cases} \tag{3.14}$$

となる．すなわち，新しい特徴空間上では2クラスは，ほぼ二つの直線上の分布に変換され，線形分離可能となることは明らかである．図 3.1 にその状況を示しており，(a)が変換前の原空間 (x_1, x_2) での分布，(b)が変換後のΦ空間 (ϕ_1, ϕ_2) での分布をそれぞれ示している．

式 (3.11) において

$$D = d + 1 \tag{3.15}$$

$$\phi_1(\boldsymbol{x}) = 1, \quad \phi_2(\boldsymbol{x}) = x_1, \quad \ldots, \quad \phi_D(\boldsymbol{x}) = x_d \tag{3.16}$$

とすると

$$\boldsymbol{\phi}(\boldsymbol{x}) = (1, x_1, \ldots, x_d)^t \tag{3.17}$$

$$= \mathbf{x} \tag{3.18}$$

となるので，特徴ベクトル $\boldsymbol{x}$ から拡張特徴ベクトル $\mathbf{x}$ への変換も，式 (3.11)
で表され，拡張特徴ベクトル $\mathbf{x}$ も $\boldsymbol{\phi}(\boldsymbol{x})$ の特別の場合として含まれることがわ
かる．

式 (3.11) の非線形変換により d 次元空間の $\boldsymbol{x}$ から D 次元空間の $\boldsymbol{\phi}(\boldsymbol{x})$ に変換
した後では，線形を前提とした第 1 章の手法がそのまま適用できる．識別関数
としては，式 (3.6) の Φ 関数を用いればよい．これまでの d 次元の重みベクト
ル $\boldsymbol{w}$ の代わりに，D 次元の重みベクトル

$$\mathbf{w} = (w_1, \ldots, w_D)^t \tag{3.19}$$

を用いると，識別関数 $g(\boldsymbol{x})$ は式 (3.6)，(3.11) より

$$g(\boldsymbol{x}) = \Phi(\boldsymbol{x}) \tag{3.20}$$

$$= \sum_{j=1}^{D} w_j \phi_j(\boldsymbol{x}) \tag{3.21}$$

$$= \mathbf{w}^t \boldsymbol{\phi}(\boldsymbol{x}) \tag{3.22}$$

と書ける．識別は式 (1.30) の代わりに下式を用いる．

$$\begin{cases} g(\boldsymbol{x}) = \mathbf{w}^t \boldsymbol{\phi}(\boldsymbol{x}) > 0 \implies \boldsymbol{x} \in \omega_1 \\ g(\boldsymbol{x}) = \mathbf{w}^t \boldsymbol{\phi}(\boldsymbol{x}) < 0 \implies \boldsymbol{x} \in \omega_2 \end{cases} \tag{3.23}$$

これまでと同様，クラス ω_1 と ω_2 を分離する決定境界は下式で表される．

$$g(\boldsymbol{x}) = 0 \tag{3.24}$$

第 1 章，第 2 章で，d 次元空間上の線形識別関数を求める方法として，パー
セプトロンの学習規則，フィッシャーの方法，二乗誤差最小化学習について紹
介した．これらの手法は，本節で述べた非線形変換後の D 次元空間において
も，そのまま適用できる．非線形変換を施した後の Φ 空間で定めた決定境界が
線形な決定境界（超平面）であっても，元の d 次元空間では非線形な決定境界
となる．したがって，これまでの手法を Φ 空間で適用することにより，より高
度な識別系の実現が期待できる．以下では，そのことを確認するため，パーセ
プトロンの学習規則，フィッシャーの方法，二乗誤差最小化学習を Φ 空間で適
用した結果を紹介する．なお，サポートベクトルマシンについても，d 次元空

間上の処理を D 次元の Φ 空間上に発展させることができる．詳細は，第5章でまとめて述べることにする．

3.2　基本パーセプトロンと双対パーセプトロン

　第1章で述べた原空間でのパーセプトロンの学習規則を，非線形変換後の Φ 空間で適用してみよう．もし，変換後の D 次元空間で二つのクラスが線形分離可能であるなら，パーセプトロンの学習規則により，有限回の繰り返しで正しいパラメータ $w_1, \ldots, w_D$ に到達できる．

　変換後の D 次元空間におけるパーセプトロンの学習規則は，これまでの $\mathbf{x}$ を $\phi(\boldsymbol{x})$ に置き換えればよい．言い換えれば，原空間でのパーセプトロンを一般化したのが Φ 空間でのパーセプトロンである．そこで以後，Φ 空間でのパーセプトロンを単にパーセプトロンと称することにする．両者を区別する必要がある場合は，原空間でのパーセプトロンを**単純パーセプトロン**（simple perceptron），Φ 空間でのパーセプトロンを**一般化パーセプトロン**（generalized perceptron）と呼ぶことにする．

　クラス数が2の場合，13ページのアルゴリズムは以下のようになる．

基本パーセプトロンの学習規則

Step 1　特徴ベクトル $\boldsymbol{x}$ に対し，d 次元から D 次元への非線形変換を行う関数 $\phi(\boldsymbol{x})$ を設定する．

Step 2　所属クラスが既知の n 個の学習パターン $\boldsymbol{x}_1, \ldots, \boldsymbol{x}_n$ を，式 (1.36) の教師信号 $b_1, \ldots, b_n$ とともに用意する．

Step 3　重みベクトル $\mathbf{w}$ の初期値を設定する．

Step 4　学習パターンの中から1パターン $\boldsymbol{x}_k\,(k = 1, \ldots, n)$ を選び，式 (3.22) の識別関数 $g(\boldsymbol{x})$ によって識別を行い，下式の $g(\boldsymbol{x}_k)$ を求める．

$$g(\boldsymbol{x}_k) = \mathbf{w}^t \phi(\boldsymbol{x}_k) \tag{3.25}$$

Step 5　識別結果によって以下のように $\mathbf{w}$ を修正し，新しい重みベクトル $\mathbf{w}'$ に置き換える．ただし，ρ は正の定数である．

$$\begin{cases} \mathbf{w}' = \mathbf{w} + \rho \cdot b_k \boldsymbol{\phi}(\boldsymbol{x}_k) & (b_k\, g(\boldsymbol{x}_k) \leq 0) \\ \mathbf{w}' = \mathbf{w} & (\text{otherwise}) \end{cases} \tag{3.26}$$

Step 6 すべての学習パターンを正しく識別できれば終了する．さもなければ，Step 4に戻り，別のパターンを選んで上記処理を繰り返す．

上記のように，$\mathbf{w}$ の更新を繰り返すことにより解を求める処理は，パーセプトロンの基本的な学習法であり，このパーセプトロンを**基本パーセプトロン**（primal perceptron）と呼ぶことにする．

一般化線形識別関数に対してパーセプトロンの学習規則を適用したとき，最終的にどのような識別関数が得られるかは，1.5 節と同様の手順で確認できる．パーセプトロンの学習規則における定数を $\rho = 1$ と置き，重みベクトルの初期値を $\mathbf{w} = \mathbf{0}$ と置く．その結果，収束後に得られる最終的な重みベクトルは，式 (1.42) の $\mathbf{x}_k$ を $\boldsymbol{\phi}(\boldsymbol{x}_k)$ に置き換えることにより

$$\mathbf{w} = \sum_{k=1}^{n} \alpha_k b_k \boldsymbol{\phi}(\boldsymbol{x}_k) \tag{3.27}$$

となる．上式が成り立つなら，識別関数は，式 (3.22) より

$$g(\boldsymbol{x}) = \sum_{k=1}^{n} \alpha_k b_k \boldsymbol{\phi}(\boldsymbol{x}_k)^t \boldsymbol{\phi}(\boldsymbol{x}) \tag{3.28}$$

となる．式 (3.28) の α_k は，式 (1.45) で示した誤り計数ベクトルの要素であり，学習の繰り返し過程においてパターン $\boldsymbol{x}_k$ が正しく識別できなかった回数を表している．すなわち，$\alpha_k \neq 0$ となるパターン $\boldsymbol{x}_k$ のみが寄与ベクトルとして識別関数を構成する．

式 (3.28) は，一般化線形識別関数が学習パターンと入力パターンの内積 $\boldsymbol{\phi}(\boldsymbol{x}_k)^t \boldsymbol{\phi}(\boldsymbol{x})$ の線形和として計算できることを示している[*2]．原空間での $\mathbf{x}$ を，Φ 空間での $\boldsymbol{\phi}(\boldsymbol{x})$ と読み換えれば，15 ページで挙げた三つのポイントは，ここでもそのまま当てはまる．

[*2] ここで，$\boldsymbol{x}$ の代わりに $\boldsymbol{\phi}(\boldsymbol{x})$ も入力パターンと呼び，同様に $\boldsymbol{x}_k$ の代わりに $\boldsymbol{\phi}(\boldsymbol{x}_k)$ も学習パターンと呼ぶことにする．

　　識別関数 $g(\boldsymbol{x})$ を表すにあたり，式 (3.22) はパラメータとして重みベクトル $\mathbf{w}$ を用いているのに対し，式 (3.28) は誤り計数ベクトル $\boldsymbol{\alpha}$ を用いている．このように同じ内容でありながら，異なる二通りの形式で表現できることを**双対性**（duality）と呼ぶことは，すでに15ページで述べた．互いに双対性を有する二つの表現形式の片方を**基本表現**（primal representation）とすると，他方は**双対表現**（dual representation）となる．

　　基本パーセプトロンの学習規則として紹介したアルゴリズムは，式 (3.22) を基本として重みベクトル $\mathbf{w}$ の更新を繰り返す学習法である．

　　一方，上記アルゴリズムを，双対表現としての式 (3.28) に基づき，$\boldsymbol{\alpha}$ の更新を繰り返す学習法として記すことができる．このようなパーセプトロンを，基本パーセプトロンに対して**双対パーセプトロン**（dual perceptron）と呼ぶ [ABR64][GBV92][BGV92]．以下に2クラスに対する双対パーセプトロンの学習規則を記す．

双対パーセプトロンの学習規則

Step 1　特徴ベクトル $\boldsymbol{x}$ に対し，d 次元から D 次元への非線形変換を行う関数 $\boldsymbol{\phi}(\boldsymbol{x})$ を設定する．

Step 2　所属クラスが既知の n 個の学習パターン $\boldsymbol{x}_1, \ldots, \boldsymbol{x}_n$ を，式 (1.36) の教師信号 $b_1, \ldots, b_n$ とともに用意する．

Step 3　誤り計数ベクトル $\boldsymbol{\alpha}$ を下式のように初期化する．

$$\boldsymbol{\alpha} = (\alpha_1, \alpha_2, \ldots, \alpha_n)^t = \mathbf{0} \tag{3.29}$$

Step 4　学習パターンの中から1パターン $\boldsymbol{x}_k\,(k = 1, \ldots, n)$ を選び，式 (3.28) の識別関数 $g(\boldsymbol{x})$ によって識別を行い，下式の $g(\boldsymbol{x}_k)$ を求める．

$$g(\boldsymbol{x}_k) = \sum_{i=1}^{n} \alpha_i b_i \boldsymbol{\phi}(\boldsymbol{x}_i)^t \boldsymbol{\phi}(\boldsymbol{x}_k) \tag{3.30}$$

Step 5　識別結果によって以下のように α_k を修正し，新しい $\alpha_k{}'$ に置き換える．

$$\begin{cases} \alpha_k{}' = \alpha_k + 1 & (b_k\, g(\boldsymbol{x}_k) \leq 0) \\ \alpha_k{}' = \alpha_k & (\text{otherwise}) \end{cases} \tag{3.31}$$

Step 6 すべての学習パターンを正しく識別できれば終了する．さもなければ，Step 4に戻り，別のパターンを選んで上記処理を繰り返す．

式 (3.29)は，基本パーセプトロンの Step 3において，重みベクトル **w** の初期値を **w** = **0** とすることに相当する．また，式 (3.31)は，基本パーセプトロンの Step 5において，$\rho = 1$ とすることに相当する．

したがって，双対パーセプトロンを適用して得られる結果は，**w** の初期値 = **0**，$\rho = 1$ としたときの基本パーセプトロンと同じである．しかし，学習の過程で必要な $g(\boldsymbol{x}_k)$ の計算量は，基本パーセプトロンの式 (3.25)と比較して，双対パーセプトロンの式 (3.30)の方が大である．にもかかわらず，ここであえて双対パーセプトロンを紹介したのは，このアルゴリズムが次章のポテンシャル関数法，さらに6章のカーネル法と深く関わってくるからである．詳細は次章以降で述べる．

基本パーセプトロンと双対パーセプトロンの適用例を**演習問題 3.3**に示した．両者の違いを知るための具体例として参照されたい．

3.3 一般化線形識別関数法の実験

〔1〕 基本パーセプトロン

以下では，基本パーセプトロンを用いた実験を行う．実験では，**図 2.1**に示した2次元特徴空間（$d = 2$）に分布する線形分離不可能な学習パターンを対象とする．また，式 (3.6)の Φ 関数としては，式 (3.7)〜(3.9)の $\phi_1(\boldsymbol{x})$〜$\phi_{10}(\boldsymbol{x})$ を用いて

$$\boldsymbol{\phi}(\boldsymbol{x}) = (\phi_1(\boldsymbol{x}), \ldots, \phi_{10}(\boldsymbol{x}))^t \tag{3.32}$$

$$= (1,\ x_1,\ x_2,\ x_1 x_2,\ x_1^2,\ x_2^2,\ x_1^2 x_2,\ x_1 x_2^2,\ x_1^3,\ x_2^3)^t \tag{3.33}$$

とし，式 (3.5)で示した3次識別関数を実現した．したがって，$D = 10$ である．学習によって求めるのは，式 (3.19)の10個の重みパラメータ $w_1, \ldots, w_{10}$ である．なお，これらの実験条件は，後続の実験 [2]，[3] でも共通とする．

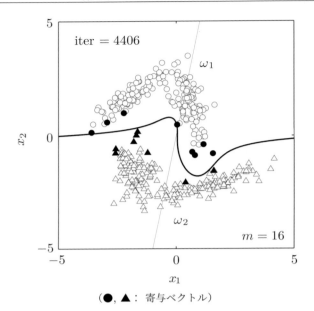

（●, ▲ : 寄与ベクトル）

図 3.2　パーセプトロンによって得られた決定境界（**図 2.1** のデータ）

重みベクトルの初期値は

$$\mathbf{w} = (w_1, \ldots, w_{10})^t \tag{3.34}$$

$$= (0,\ 5,\ -1,\ 0,\ 0,\ 0,\ 0,\ 0,\ 0,\ 0)^t \tag{3.35}$$

とした．すなわち，元の特徴空間上での初期決定境界は

$$5x_1 - x_2 = 0 \tag{3.36}$$

なる直線であり，それを**図 3.2** の細線で示した．図からわかるように，この決定境界では二つのクラスを正しく分離できていない．

次に，図で示した 2 次元学習パターンを非線形変換によって式 (3.33) の 10 次元ベクトル（$D = 10$）に変換し，Φ 空間上で前述のパーセプトロンの学習規則を適用した．ただし，学習係数は $\rho = 1$ とした．その結果，学習は 4406 回の繰り返しで収束し，学習パターンをすべて正しく識別することができた．繰

り返しの過程では，圧縮型最近傍決定則の実験で用いた方法と同様，境界比の大きな順に，2クラスから交互にパターンを選択して処理するようにした．得られた決定境界は，10次元のΦ空間中の超平面であり，それを元の2次元特徴空間上に描画すると，**図3.2**の太線で示すような決定境界となった．決定境界 $g(\boldsymbol{x}) = 0$ は，元の2次元特徴空間ではもはや直線ではなく，複雑な曲線となり，二つのクラスを正しく分離できていることがわかる．したがって，**図2.1**の学習パターンは，元の空間では線形分離不可能であるが，式 (3.33) によるΦ空間では線形分離可能であることがわかる．

ここで，式 (3.28) において $\alpha_k \neq 0$ となった学習パターン数，すなわち寄与ベクトルの数を $m\,(\leq n)$ で表すと，本実験では，$m = 16$ であった．その内訳は，クラス ω_1，ω_2 とも8パターンで，それらを図中，●と▲で示した．すなわち，全学習パターン数 $n = 400$ に対し，最終的な識別関数の構成に寄与する学習パターンの数は，$m = 16$ と少ない．

一方，**図2.9**で示した圧縮型最近傍決定則の実験では，プロトタイプとして用いられる7パターンのみが決定境界の決定に寄与することを示した．このように，いずれの手法も，識別関数の構成に関わるのは学習パターンの一部のみという共通点がある．最終的な決定境界が得られるまでの過程を**図3.3**に示す．各グラフの左上に繰り返し数iterを，右下に寄与ベクトル数 m を記した．

同様に，**図2.10**で示した同心円状に分布する二つのクラスに，これまでと同様，式 (3.33) によって得られる $D = 10$ のΦ関数を適用し，$\rho = 1$，重みベクトルの初期値を $\mathbf{w} = \mathbf{0}$ として決定境界を求めた結果を**図3.4**に示す．本データに対しては601回の繰り返しで収束しており，やはり二つのクラスが正しく分離されていることがわかる．寄与ベクトルの数は，クラス ω_1 で11，クラス ω_2 で36の計47であり，それらを図中黒く塗り潰している．

〔2〕 Φ空間でのフィッシャーの方法

前章の2.3節〔1〕で紹介したフィッシャーの方法を，非線形変換後のΦ空間で適用してみよう．式 (3.33) による非線形変換後の10次元特徴空間（$D = 10$）上の学習パターンを，フィッシャーの方法で得られる射影軸 y に投影した結果を**図3.5** の上の図に示す．下の図は**図2.2**と同様，閾値 $-w_0$ 近辺を拡大して示している．

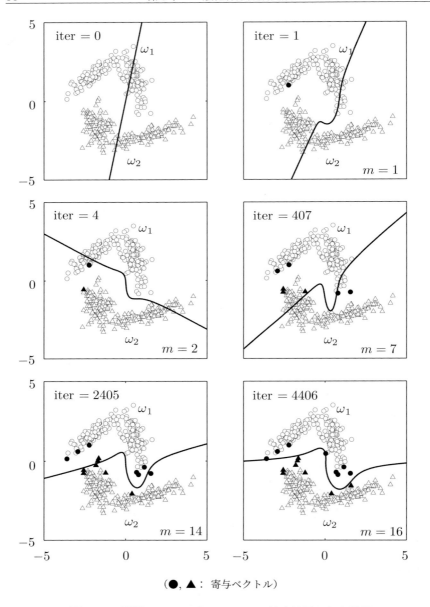

（●, ▲：寄与ベクトル）

図3.3　Φ関数とパーセプトロンによる決定境界の収束過程

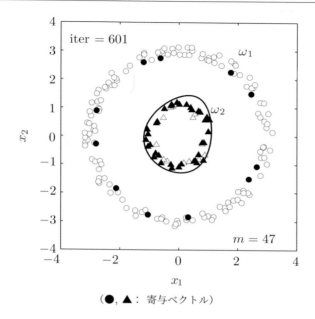

(●, ▲：寄与ベクトル)

図 3.4　パーセプトロンによって得られた決定境界（**図 2.10** のデータ）

　図中に示した閾値 $-w_0 = -0.422$ により，両クラスは誤りなく分離できることから，本学習パターンは Φ 空間上で線形分離可能であることがわかる．元の 2 次元特徴空間上のパターンを射影した**図 2.2** と比較すると，その差は明らかである．すでに 2.3 節で述べたように，フィッシャーの方法では閾値 $-w_0$ までは自動的に決定できないので，誤識別パターン数を最小にする $-w_0$ は，他の手段で別途求めなくてはならない．上記の $-w_0 = -0.422$ は目視により求めた値であり，その射影軸上の位置を**図 3.5** に示した．図の射影軸と直交する超平面が，Φ 空間での決定境界であり，射影軸上の $-w_0 = -0.422$ で直交する超平面を元の 2 次元特徴空間上に描画した決定境界が**図 3.6** の太線である．図から明らかなように，非線形な決定境界により，両クラスが正しく分離できていることが確認できる．ただし，分離に伴う余裕は十分確保されているとはいえない．

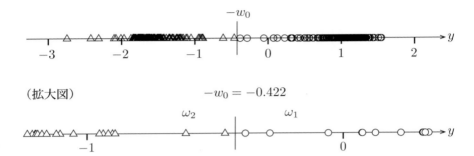

図 3.5　Φ空間（10次元）での学習パターンをフィッシャー軸へ投影

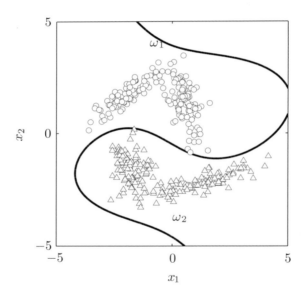

図 3.6　Φ関数とフィッシャーの方法による決定境界

〔3〕 Φ空間での二乗誤差最小化学習

次に，これまでと同じ実験条件で，前章の2.3節 [2] で紹介した二乗誤差最小化学習をΦ空間で適用してみよう．

そのためには，これまでの $\mathbf{x}_k$ を $\phi(\boldsymbol{x}_k)$ で置き換えればよい．すなわち，二乗誤差最小化学習を実現する $\mathbf{w}$ は，式 (2.25) と同様にして

$$J_a(\mathbf{w}) = \frac{1}{2}\sum_{k=1}^{n}\left(\mathbf{w}^t\phi(\boldsymbol{x}_k) - b_k\right)^2 \tag{3.37}$$

を最小にする $\mathbf{w}$ として求められる．パターン行列 $\mathbf{X}$ としては，式 (2.26) の代わりに

$$\mathbf{X} = (\phi(\boldsymbol{x}_1), \phi(\boldsymbol{x}_2), \dots, \phi(\boldsymbol{x}_n))^t \tag{3.38}$$

を用い，列ベクトル $\mathbf{b}$ として式 (2.27) を用いることにより，式 (2.28) と同様にして，下式により求めるべき $\mathbf{w}$ が得られる．

$$\mathbf{w} = (\mathbf{X}^t\mathbf{X})^{-1}\mathbf{X}^t\mathbf{b} \tag{3.39}$$

非線形変換後のΦ空間上で二乗誤差最小化学習を適用して得られた決定境界を，元の2次元空間に描画した結果を**図 3.7** の太線で示す．

すでに33ページで述べたように，二乗誤差最小化学習とフィッシャーの方法とは密接に関連しており，両手法で求めた $\boldsymbol{w}$ は一致する．二乗誤差最小化学習では w_0 の値も自動的に決定される．ただし，二乗誤差最小化学習で求められた決定境界は，誤識別パターン数を最小にするとは限らない．実際**図 3.7** を見ると，当該学習パターンはΦ空間では線形分離可能であるにもかかわらず，誤識別を1パターン（黒塗り）発生している．

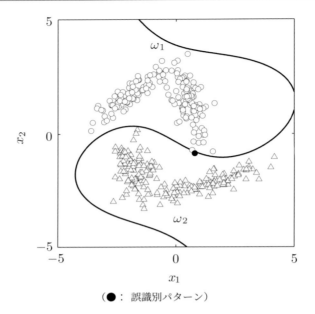

（●：　誤識別パターン）

図 3.7　Φ関数と二乗誤差最小化学習による決定境界

coffee break

❖ 万能識別関数としてのΦ関数のその後

　一般化線形識別関数，すなわちΦ関数は，任意の関数を表現できるので，どのような複雑な決定境界でも設定できる万能識別関数といえる．しかも，Φ関数はd次元ベクトルxをD次元ベクトル$\phi(x)$に置き換えるだけで実現できるので，パーセプトロンの学習規則など，既存の方法をそのまま適用できる．その有効性は本章の実験でも示した通りである．しかし，一般化線形識別関数が提案された後の経緯を見ると，Φ関数は古典的な手法として片付けられ，使われることがなかった．それはなぜだろうか．

　本書の副題でもある「線形から非線形へ」は多くの人にとって長い間の大きな夢であったに違いない．一方で「線形」という制約があったからこそ，数々の美しい定式化が可能だったともいえる．それに対して「非線形」の世界はあまりにも広大である．そのため，非線形関数$\phi(x)$の選び方に確たる指針を与えることができなかった，というのが使われなかった理由であろう．

　しかし，その後提案されたポテンシャル関数法が，特定の条件の下ではΦ関数

と等価であることが示されたことにより状況が変化した．非線形関数 $\phi(\boldsymbol{x})$ の選択に代わって，はるかに見通しの良いポテンシャル関数の選択に置き換わったからである．その結果，実質的には $\phi(\boldsymbol{x})$ による非線形変換を施しているにもかかわらず，$\phi(\boldsymbol{x})$ を陽に指定せずともそれと等価な処理を実現できるようになった．

　その後，ポテンシャル関数法は長い年月を経て，サポートベクトルマシン，カーネル法の発案へとつながっていくのである．

演習問題

3.1　非零の整数を k としたとき

$$\begin{cases} r_1 + r_2 + \cdots + r_d = k \\ r_j \geq 0 \quad (j = 1, \ldots, d) \end{cases} \tag{3.40}$$

を満たす整数解 $(r_1, r_2, \ldots, r_d)$ の個数を $_d\mathrm{H}_k$ で表すと

$$_d\mathrm{H}_k = {}_{d+k-1}\mathrm{C}_k \tag{3.41}$$

となることを示せ．

3.2　式 (3.10) が成り立つことを，次の二通りの方法で証明せよ．

(1)　下式が成り立つことを示し，これより式 (3.10) を導出せよ（証明法1）．

　　　（ヒント：導出にあたっては，式 (3.41) を用いるとよい）

$$f(d, p) = \sum_{k=0}^{p} {}_{d+k-1}\mathrm{C}_k \tag{3.42}$$

(2)　下式が成り立つことを示した後，数学的帰納法により式 (3.10) が成り立つことを示せ（証明法2）．

$$f(d, p) = f(d - 1, p) + f(d, p - 1) \tag{3.43}$$

3.3[†]　以下に示す6個の学習パターン $\boldsymbol{x}_1, \ldots, \boldsymbol{x}_6$ が，2次元特徴空間上に分布しており，このうち，$\boldsymbol{x}_1, \boldsymbol{x}_2, \boldsymbol{x}_3$ はクラス ω_1 に，$\boldsymbol{x}_4, \boldsymbol{x}_5, \boldsymbol{x}_6$ はクラス ω_2 にそれぞれ属しているものとする．

$$x_1 = (1,5)^t, \quad x_2 = (3,2)^t, \quad x_3 = (4,3)^t \left.\right\}$$
$$x_4 = (5,6)^t, \quad x_5 = (2,4)^t, \quad x_6 = (6,1)^t$$

両クラスを識別するための決定境界を，3次識別関数により求めたい．

(1) 式 (3.33) により，パターンを10次元のΦ空間に写像した後，基本パーセプトロンの学習規則（50ページ）を適用する．ただし，学習パターンはx_1からx_6までこの順に繰り返し与えるものとする．重みベクトルの初期値を

$$\mathbf{w} = (w_1, \ldots, w_{10})^t = \mathbf{0}$$

に設定し，学習係数を$\rho = 1$として学習後の最終的な重み$\mathbf{w}$を示せ．また，最初の5エポックと，収束に至る最後の5エポックの$\mathbf{w}$の値を示せ．さらに，学習後の重みベクトルによる決定境界を図示せよ．

(2) 双対パーセプトロンの学習規則（52ページ）を適用し，両クラスを識別するための3次識別関数を求める．学習パターンはx_1からx_6までこの順に繰り返し与えるものとして，最初の5エポックと，収束に至る最後の5エポックの誤り計数ベクトル$\boldsymbol{\alpha}$の値と，学習後の最終的な$\boldsymbol{\alpha}$を示せ．

第4章
ポテンシャル関数法

4.1　ポテンシャル関数法の原理

　第3章では，非線形な識別関数について述べた．そこで導入した処理は以下のようにまとめられる．

1. 非線形変換により，学習パターンをd次元特徴空間からD次元特徴空間に写像する

2. 変換後のD次元特徴空間上で線形識別関数を設定し，クラス間分離のための決定境界を求める

3. 求めた決定境界を，元のd次元特徴空間上の決定境界に変換する

　上記処理は，最終的にはd次元特徴空間上で非線形識別関数を設定しているが，主たる演算はD次元特徴空間で線形識別関数を求める操作である．言い換えれば，D次元特徴空間を介して間接的に非線形識別関数を求めている．

　そこで本章では，非線形識別関数を元のd次元特徴空間上で直接求める方法を紹介する．その典型的な手法がポテンシャル関数法である．ポテンシャル関数法とは，荷電粒子によってもたらされる静電ポテンシャルを識別関数とみなす考え方である．以下にその概要を述べる．

　いま，単位電荷量を持つ荷電粒子が位置$\boldsymbol{x}'$にあるとき，位置$\boldsymbol{x}$での静電ポテンシャルを$K(\boldsymbol{x}, \boldsymbol{x}')$で表し，これを**ポテンシャル関数**（potential function）と呼ぶ．これまでと同様，以下ではω_1，ω_2の二クラス問題を取り上げる．これらのクラスのいずれかに属するn個のパターンがあって，そのk番目のパターンを$\boldsymbol{x}_k$とする（$k = 1, \ldots, n$）．パターンは，各クラスの確率分布に従って発生したものとする．特徴空間上の$\boldsymbol{x}_k$の位置に，電荷量q_kを持つ荷電粒子

があり，クラスω_1のパターンに対しては$q_k > 0$，クラスω_2のパターンに対しては$q_k < 0$とする．このとき，これらn個の荷電粒子によってもたらされる位置$\boldsymbol{x}$での静電ポテンシャル$g(\boldsymbol{x})$は，ポテンシャル関数，すなわち単位電荷量による静電ポテンシャル$K(\boldsymbol{x}, \boldsymbol{x}_K)$を用いて

$$g(\boldsymbol{x}) = \sum_{k=1}^{n} q_k \cdot K(\boldsymbol{x}, \boldsymbol{x}_k) \tag{4.1}$$

と表せる．

ポテンシャル関数$K(\boldsymbol{x}, \boldsymbol{x}_k)$は，物理学の分野では

$$\begin{cases} \underset{\boldsymbol{x}}{\mathrm{argmax}} \, K(\boldsymbol{x}, \boldsymbol{x}_k) = \boldsymbol{x}_k \\ \lim_{\|\boldsymbol{x} - \boldsymbol{x}_k\| \to \infty} K(\boldsymbol{x}, \boldsymbol{x}_k) = 0 \end{cases} \tag{4.2}$$

のように，$\boldsymbol{x} = \boldsymbol{x}_k$で最大となり，$\boldsymbol{x}$が$\boldsymbol{x}_k$から離れるに従って単調に減少し0に近づくような関数が用いられる．しかし，パターン認識に適用するポテンシャル関数は，必ずしもこの条件を満たす必要はない．詳細は後述する．

所属クラスが未知のパターン$\boldsymbol{x}$に対しては，下式によって識別を行う．

$$\begin{cases} g(\boldsymbol{x}) > 0 \quad \Longrightarrow \quad \boldsymbol{x} \in \omega_1 \\ g(\boldsymbol{x}) < 0 \quad \Longrightarrow \quad \boldsymbol{x} \in \omega_2 \end{cases} \tag{4.3}$$

両クラスを分離する決定境界は$g(\boldsymbol{x}) = 0$である．このような識別法を**ポテンシャル関数法**（method of potential functions）といい，1960年代にアイゼルマン（M. A. Aizerman）らによって活発な研究が展開された[ABR64]．多クラス（$c > 2$）の場合は，すべての$\boldsymbol{x}_k$に対して電荷量$q_k > 0$とした上で，クラスごとに静電ポテンシャル$g_1(\boldsymbol{x}), g_2(\boldsymbol{x}), \ldots, g_c(\boldsymbol{x})$を求め，識別は

$$\max_{i=1,\ldots,c} \{g_i(\boldsymbol{x})\} = g_k(\boldsymbol{x}) \quad \Longrightarrow \quad \boldsymbol{x} \in \omega_k \tag{4.4}$$

とすればよい．

もし，$K(\boldsymbol{x}, \boldsymbol{x}_k)$が確率密度関数としての特性を備えているなら，$n$個のパターンから元の確率分布を推定することが可能である．すなわち，クラスω_1，ω_2のパターンをそれぞれ用いて

$$\begin{cases} p(\boldsymbol{x}, \omega_1) = a \cdot \displaystyle\sum_{\boldsymbol{x}_k \in \omega_1} K(\boldsymbol{x}, \boldsymbol{x}_k) \\[2mm] p(\boldsymbol{x}, \omega_2) = a \cdot \displaystyle\sum_{\boldsymbol{x}_k \in \omega_2} K(\boldsymbol{x}, \boldsymbol{x}_k) \end{cases} \tag{4.5}$$

と推定できる．ただし a は正の定数である．この手法は**パルツェン窓**（Parzen window）に基づく方法として知られている．手法の詳細については，**付録 A.1** を参照されたい．

ここで式 (4.1) の電荷量 q_k を，クラス ω_1 のパターンに対しては $q_k = 1$，クラス ω_2 のパターンに対しては $q_k = -1$ と設定すると，式 (4.1)，(4.5) より

$$\begin{aligned} g(\boldsymbol{x}) &= \sum_{k=1}^{n} q_k \cdot K(\boldsymbol{x}, \boldsymbol{x}_k) \\ &= \sum_{\boldsymbol{x}_k \in \omega_1} K(\boldsymbol{x}, \boldsymbol{x}_k) - \sum_{\boldsymbol{x}_k \in \omega_2} K(\boldsymbol{x}, \boldsymbol{x}_k) \\ &= \big(p(\boldsymbol{x}, \omega_1) - p(\boldsymbol{x}, \omega_2)\big)/a \\ &= \big(P(\omega_1) \cdot p(\boldsymbol{x} \mid \omega_1) - P(\omega_2) \cdot p(\boldsymbol{x} \mid \omega_2)\big)/a \end{aligned} \tag{4.6}$$

と書ける．上式の $g(\boldsymbol{x})$ は式 (2.16) で示したように，ベイズ決定則に基づく識別関数，すなわちベイズ識別関数としての機能を持つことがわかる．

ポテンシャル関数としてしばしば用いられるのは次式のような**ガウス関数**（Gaussian function）である．

$$K(\boldsymbol{x}, \boldsymbol{x}_k) = \exp\left[-\frac{\|\boldsymbol{x} - \boldsymbol{x}_k\|^2}{2\sigma^2}\right] \tag{4.7}$$

ただし，σ は正の定数であり，σ はガウス関数の広がりを制御するパラメータである[*1]．以下では，**図 2.1** で取り上げた，線形分離不可能な 2 クラスの分布に対して，上式のポテンシャル関数を用いて式 (4.1) の $g(\boldsymbol{x})$ を描画してみよう．その結果を**図 4.1** に示す．図では，クラス ω_1 のパターンに対しては $q_k = 1$，クラス ω_2 のパターンに対しては $q_k = -1$ の電荷量を与えたときの $g(\boldsymbol{x})$ の等高線

[*1] 本式は，多次元正規分布の式 (2.1) において，共分散行列を $\boldsymbol{\Sigma} = \sigma^2 \mathbf{I}_d$ としたことに相当する．ただし，$\mathbf{I}_d$ は d 次元の単位行列（unit matrix）である．このような $\boldsymbol{\Sigma}$ を**等方的**（isotropic）という．

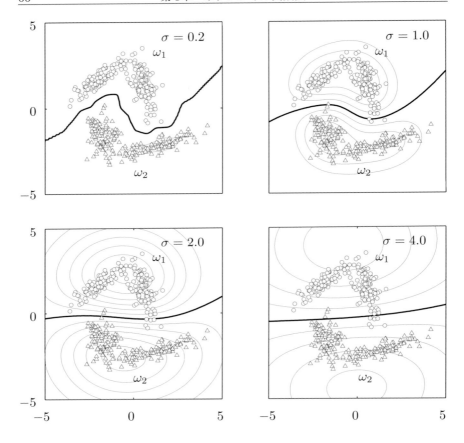

図 4.1　ポテンシャル関数法による決定境界（パラメータ σ の効果）

を細線で，また両クラスを分離する決定境界 $g(\boldsymbol{x}) = 0$ を太線でそれぞれ示している．描画に当たって，パラメータ σ を $\sigma = 0.2,\ 1.0,\ 2.0,\ 4.0$ の4通りに変化させた．

　ポテンシャル関数法には次のような二つの問題点がある．

問題点1　式 (4.1) において，$q_k = 1$ or $-1\ (k = 1, \ldots, n)$ として求めた識別
　　　　　関数 $g(\boldsymbol{x})$ では，必ずしもすべての学習パターンを正しく識別できるとは

限らない（たとえば，**図 4.1** の $\sigma = 2.0$，$\sigma = 4.0$ の場合）.

問題点 2　ポテンシャル関数法で未知パターン $\boldsymbol{x}$ を識別するには，式 (4.1) で示したように，n 個の学習パターン $\boldsymbol{x}_1, \ldots, \boldsymbol{x}_n$ に対して $K(\boldsymbol{x}, \boldsymbol{x}_k)$ の総和を計算する必要があり，処理量が膨大になる.

以下では，これらの問題点について考察を加えるとともに，その解決方法を示そう.

4.2　識別モデルとしてのポテンシャル関数法

ポテンシャル関数法を，全数記憶方式による最近傍決定則（4 ページ）と比較してみよう．いずれの方法も全学習パターンにより識別関数 $g(\boldsymbol{x})$ を構成しているという点では共通している．当然のことながら，全数記憶方式による最近傍決定則では，全学習パターンを正しく識別できる．ただし，ポテンシャル関数法でも，パラメータ σ を小さな値に設定すれば，全学習パターンを正しく識別できる（たとえば，**図 4.1** の $\sigma = 0.2$，$\sigma = 1.0$ の場合）．なぜなら，σ を小さくすれば関数 $K(\boldsymbol{x}, \boldsymbol{x}_k)$ は $\boldsymbol{x}_k$ で鋭いピークを持つことになり，$K(\boldsymbol{x}, \boldsymbol{x}_k)$ の値は $\boldsymbol{x}$ の最近傍となる $\boldsymbol{x}_k$ によってほぼ決定されるからである．この場合のポテンシャル関数法は，$\boldsymbol{x}_k$ の位置にプロトタイプを設定した最近傍決定則と同じ効果を持つ．実際，**図 4.1** の $\sigma = 0.2$ の決定境界は，**図 2.5** で示した全数記憶方式による決定境界にほぼ等しい．ただし，σ を極端に小さくすると，得られる確率分布の推定精度は低下する.

前節で述べた方法は，**生成モデル**（generative model）の考え方に基づいている．すなわち，元の確率分布を精度良く推定し，それを基に識別関数を求めようとしている．したがって，パラメータ σ の不適切な設定により確率分布の推定精度が低くなれば，得られる識別関数も十分な性能を発揮できない．もし，σ が適切に設定され，各クラスの確率分布が精度良く推定できれば，クラス間の決定境界は両クラスの確率密度関数の差として求めることができる．しかし，元の確率密度関数を高精度で推定するには，実際の確率分布を反映した学習パターンを大量に用意しなくてはならない．ポテンシャル関数法で

未知パターン $\boldsymbol{x}$ を識別するには，式 (4.1) で示したように n 個の学習パターン $\boldsymbol{x}_1, \ldots, \boldsymbol{x}_n$ に対して $K(\boldsymbol{x}, \boldsymbol{x}_1), \ldots, K(\boldsymbol{x}, \boldsymbol{x}_n)$ を求め，それらと $q_1, \ldots, q_n$ との積和演算が必要となる．そのため，学習パターン数が増大すると，本処理は膨大な計算量となる．

　一方，与えられた学習パターンのクラス間分離を最終的な目標とするならば，確率分布を忠実に再現する処理は必ずしも必要ではない．そこで，確率分布の推定を経由することなく，識別関数を直接求める方法が考えられる．このような方法は，**識別モデル**（discriminative model）の考え方に基づいており，前述の生成モデルと対比をなす[*2]．

　式 (4.1) の識別関数により，学習パターン $\boldsymbol{x}_1, \ldots, \boldsymbol{x}_n$ を識別したとき，$\boldsymbol{x}_k$ が正しく識別できなかったとしよう．もし，$\boldsymbol{x}_k$ が ω_1 に属しているなら，q_k を一定電荷量だけ増加させて $g(\boldsymbol{x}) + \rho \cdot K(\boldsymbol{x}, \boldsymbol{x}_k)$ とし，ω_2 に属しているなら，q_k を一定電荷量だけ減少させて $g(\boldsymbol{x}) - \rho \cdot K(\boldsymbol{x}, \boldsymbol{x}_k)$ とすることにより，識別関数の改善ができると期待できる．ただし，ρ は学習係数で正の定数である．この方法は，正しく識別できないパターンが発生したときに識別関数の修正を行うので，1.4 節で紹介した誤り訂正法にほかならない．このような修正を行った後の識別関数を $g(\boldsymbol{x})'$ と記すと，上で述べた処理は下式のようにまとめられる．

$$
\begin{cases}
g(\boldsymbol{x})' = g(\boldsymbol{x}) + \rho \cdot b_k K(\boldsymbol{x}, \boldsymbol{x}_k) & (b_k \, g(\boldsymbol{x}_k) \leq 0) \\
g(\boldsymbol{x})' = g(\boldsymbol{x}) & (\text{otherwise})
\end{cases}
\tag{4.8}
$$

ただし，b_k は式 (1.36) で示した教師信号である．上式の処理を繰り返すことにより全学習パターンを正しく識別できる識別関数を得ることができれば，**問題点 1** は解決できる．詳細は次節で述べる．

　式 (4.8) の処理を繰り返すことにより得られる識別関数の形は，3.2 節で取り上げた手順によって求めることができる．すなわち，式 (4.1) において $q_k = 0 \, (k = 1, \ldots, n)$ とすることにより，$g(\boldsymbol{x}) = 0$ に初期設定し，さらに $\rho = 1$ とする．その結果，ポテンシャル関数法で最終的に得られる識別関数は，式 (3.28) と同様にして次式で表される．

[*2]　生成モデル，識別モデルについては，[続編] の253ページを参照されたい

$$g(\boldsymbol{x}) = \sum_{k=1}^{n} \alpha_k b_k K(\boldsymbol{x}, \boldsymbol{x}_k) \tag{4.9}$$

上式と比較することにより，式 (4.1) の q_k は，$q_k = \alpha_k b_k$ となることがわかる．上式の α_k は，式 (1.45) で示した誤り計数ベクトルの要素であり，学習の繰り返し過程においてパターン $\boldsymbol{x}_k$ が正しく識別されなかった回数を表している．したがって，$\alpha_k \neq 0$ なるパターン $\boldsymbol{x}_k$ のみが寄与ベクトルとして識別関数を構成し，決定境界の決定に寄与する．

式 (4.9) から明らかなように，寄与ベクトル数 m が n に比して小さい場合には，少数の学習パターンに対してのみポテンシャル関数値を計算すればよい．その場合には，式 (4.1) に比べて $g(\boldsymbol{x})$ の計算量が削減され，問題点 2 が解決される．

4.3　ポテンシャル関数法の学習アルゴリズム

式 (4.8) をポテンシャル関数法の学習アルゴリズムとして組み入れるには，52 ページの双対パーセプトロンの学習アルゴリズムと同様，誤り計数ベクトル $\boldsymbol{\alpha}$ の更新という記述にすればよい．その結果，ポテンシャル関数法の学習アルゴリズムは以下のように書ける．

ポテンシャル関数法の学習アルゴリズム

Step 1　ポテンシャル関数 $K(\boldsymbol{x}, \boldsymbol{x}_k)$ を定める．

Step 2　所属クラスが既知の n 個の学習パターン $\boldsymbol{x}_1, \ldots, \boldsymbol{x}_n$ を，教師信号 $b_1, \ldots, b_n$ とともに用意する．

Step 3　誤り計数ベクトル $\boldsymbol{\alpha}$ を下式のように初期化する．

$$\boldsymbol{\alpha} = (\alpha_1, \alpha_2, \ldots, \alpha_n)^t = \mathbf{0} \tag{4.10}$$

Step 4　学習パターンの中から 1 パターン $\boldsymbol{x}_k$ $(k = 1, \ldots, n)$ を選び，式 (4.9) の識別関数 $g(\boldsymbol{x})$ によって識別を行い，下式の $g(\boldsymbol{x}_k)$ を求める．

$$g(\boldsymbol{x}_k) = \sum_{i=1}^{n} \alpha_i b_i K(\boldsymbol{x}_k, \boldsymbol{x}_i) \tag{4.11}$$

Step 5　識別結果によって以下のように α_k を修正し，新しい $\alpha_k{}'$ に置き換える．

$$\begin{cases} \alpha_k{}' = \alpha_k + 1 & (b_k\, g(\boldsymbol{x}_k) \leq 0) \\ \alpha_k{}' = \alpha_k & (\text{otherwise}) \end{cases} \tag{4.12}$$

Step 6　すべての学習パターンを正しく識別できたら終了する．さもなければ，Step 4に戻り，別のパターンを選んで上記処理を繰り返す．

　式 (4.12) は，$\rho = 1$ とした修正処理の式 (4.8) と等価である．式 (4.12) に従って修正を施すたびに，識別関数は改善される方向に更新される．しかし，本処理を繰り返すことによりこのアルゴリズムが収束して全学習パターンを正しく識別できる識別関数 $g(\boldsymbol{x})$ が得られるとは限らない．それでは，どのような条件を満たせば正しい識別関数が得られるのであろうか．

　いま，次式が成り立つと仮定しよう [DH73]．

$$K(\boldsymbol{x}, \boldsymbol{x}_k) = \boldsymbol{\phi}(\boldsymbol{x}_k)^t \boldsymbol{\phi}(\boldsymbol{x}) \tag{4.13}$$

ここで $\boldsymbol{\phi}(\boldsymbol{x})$ は，すでに第3章で説明したように

$$\boldsymbol{\phi}(\boldsymbol{x}) = (\phi_1(\boldsymbol{x}), \ldots, \phi_D(\boldsymbol{x}))^t \tag{4.14}$$

で定義される Φ 空間上の D 次元ベクトルである．すると，式 (4.9) は

$$g(\boldsymbol{x}) = \sum_{k=1}^{n} \alpha_k b_k \boldsymbol{\phi}(\boldsymbol{x}_k)^t \boldsymbol{\phi}(\boldsymbol{x}) \tag{4.15}$$

となり，式 (3.28) と一致する．ポテンシャル関数法の識別関数が上式の形で書けるなら，ポテンシャル関数法は一般化線形識別関数法と等価である．すなわち，式 (4.13) が成り立つなら，ポテンシャル関数法の学習アルゴリズムは，52ページで述べた双対パーセプトロンの学習規則と一致する．したがって，Φ 空間上で学習パターンが線形分離可能なら，ポテンシャル関数法の学習アルゴリズムは有限回の繰り返しで収束し，全学習パターンを正しく識別できる識別関数 $g(\boldsymbol{x})$ が得られる．この場合には，67ページに挙げた**問題点 1**は解決され

たことになる．すなわち，学習パターンが Φ 空間上で線形分離可能なら，ポテンシャル関数法により学習パターンをすべて正しく識別する $g(\boldsymbol{x})$ を得るための必要十分条件は，式 (4.13) が成り立つことである．ただし，式 (4.13) を満たす $K(\boldsymbol{x}, \boldsymbol{x}_k)$ が式 (4.2) の物理的条件を満たすとは限らない．パターン認識で用いられるポテンシャル関数は，物理的なポテンシャル関数と異なり，必ずしも式 (4.2) を満たす必要がないことは64ページで述べた．

　それでは，ポテンシャル関数としてこれまで用いてきたガウス関数は，果たして式 (4.13) のように二つのベクトルの内積として表せるだろうか．幸い，式 (4.7) のガウス関数 $K(\boldsymbol{x}, \boldsymbol{x}_k)$ は，ガウスカーネルと呼ばれ，無限次元（$D = \infty$）のベクトルの内積で表されることが確かめられる．証明は**演習問題 4.1** を参照のこと．また，ガウス関数は式 (4.2) も満たしている．

　なお，これ以降，ポテンシャル関数 $K(\boldsymbol{x}, \boldsymbol{x}_k)$ は，式 (4.13) を満たすものとする．このようなポテンシャル関数はガウス関数に限らない．ポテンシャル関数の他の例は，第 6 章でカーネル関数として紹介する．カーネル関数はポテンシャル関数と等価である．

4.4　ポテンシャル関数法の実験

　本節では，69ページで示したポテンシャル関数法のアルゴリズムを用いた実験を紹介する．実験では，**図 2.1** で示した，2次元空間上で線形分離不可能なパターンを学習パターンとして用いた．ポテンシャル関数としては，式 (4.7) のガウス関数を用い，$\sigma = 2.0$ に設定した．識別すべき学習パターンの選択は，境界比 $r(\boldsymbol{x})$ の大きい順とし，かつ，2クラスから交互に選ぶようにした．ポテンシャル法の学習は，繰り返し数955の時点で収束し，**図 4.2** の結果が得られた．図中，$g(\boldsymbol{x})$ の等高線を細線で，決定境界 $g(\boldsymbol{x}) = 0$ を太線で，それぞれ示している．この決定境界により2クラスの学習パターンが正しく分離されていることが確かめられる．最終的に得られた識別関数である式 (4.9) において，$\alpha_k \neq 0$ となったパターン数，すなわち寄与ベクトルの数は，クラス ω_1 で7，クラス ω_2 で8の合計15であった．それらを図中の●と▲でそれぞれ図示し，右下に寄与ベクトル数 m として示した．また，収束に至るまでの途中経過を，

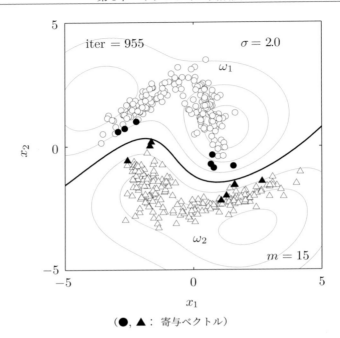

（●, ▲： 寄与ベクトル）

図 4.2　ポテンシャル関数法による等高線と決定境界（$\sigma = 2.0$）

図 4.3 に示した．各図の右上に繰り返し数 iter，右下に寄与ベクトル数 m を示しており，繰り返し数の増加に伴い，寄与ベクトル数が増加しているのが確かめられる．最下段の右図が収束した状態（図 4.2 と同じ）である．

　上記と同様，ポテンシャル関数としてガウス関数を用い，他の学習パターンに対する実験結果を図 4.4 に示す．本データは，図 2.10 で示した学習パターンであり，寄与ベクトル数は，クラス ω_1，ω_2 でそれぞれ 5，3 の合計 8 パターン（$m = 8$）であった．これまでと同様，それらを図中の●と▲でそれぞれ示した．

　より単純な例を演習問題 4.2(1) として掲げたので参照されたい．

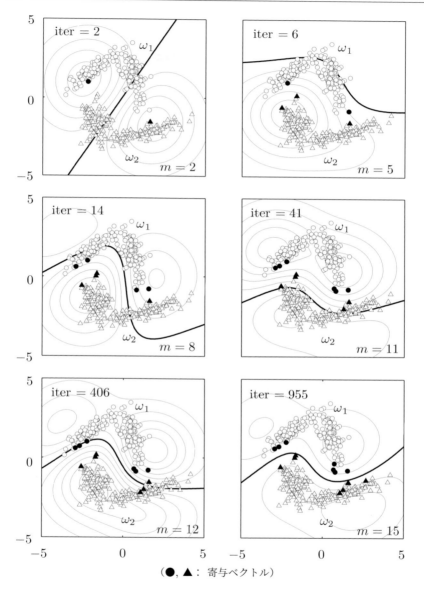

(●, ▲：寄与ベクトル)

図4.3 ポテンシャル関数法による決定境界の学習過程（$\sigma = 2.0$）

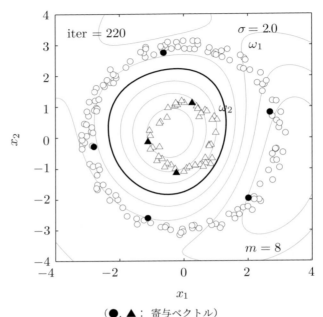

（●，▲： 寄与ベクトル）

図4.4 ポテンシャル関数法による決定境界（図2.10のデータ）

4.5 ポテンシャル関数法とパーセプトロン

〔1〕 ポテンシャル関数法の双対性

パーセプトロンが双対性を有することは3.2節で述べた．同様の双対性が，ポテンシャル関数法にも当てはまる [BGV92][GBV92]．式 (4.9) で示したポテンシャル関数法の識別関数は，誤り計数ベクトル $\boldsymbol{\alpha}$ をパラメータとして表されている．その結果，ポテンシャル関数法の修正は式 (4.12) で示したように $\boldsymbol{\alpha}$ の更新を繰り返す処理となる．

一方，ポテンシャル関数 $K(\boldsymbol{x}, \boldsymbol{x}_k)$ が式 (4.13) で表されるとすると

$$g(\boldsymbol{x}) = \sum_{k=1}^{n} \alpha_k b_k K(\boldsymbol{x}, \boldsymbol{x}_k) = \sum_{k=1}^{n} \alpha_k b_k \boldsymbol{\phi}(\boldsymbol{x}_k)^t \boldsymbol{\phi}(\boldsymbol{x}) \tag{4.16}$$

となる．上式で

$$\mathbf{w} = \sum_{k=1}^{n} \alpha_k b_k \phi(\boldsymbol{x}_k) \tag{4.17}$$

と置くことにより，一般化線形識別関数の式 (3.27) の $\mathbf{w}$ が得られ

$$g(\boldsymbol{x}) = \mathbf{w}^t \phi(\boldsymbol{x}) \tag{4.18}$$

となって，重み $\mathbf{w}$ をパラメータとして $g(\boldsymbol{x})$ を表記できる．言い換えれば，上式は式 (4.9) に対する双対表現であり，一般化線形識別関数法における式 (3.22) に対応している．したがって，ポテンシャル関数法の修正は，式 (3.26) の基本パーセプトロンと同様，$\mathbf{w}$ の更新を繰り返す処理によって実現できる．

以上から明らかなように，ポテンシャル関数法とパーセプトロンは双対性の関係で結ばれており，パーセプトロンはポテンシャル関数法の一形態とみなすことができる [ABR64]．ポテンシャル関数法とパーセプトロンの関係を**図 4.5** に示した．

図でもわかるように，双対性の実現に重要な役割を果たしているのは，式 (4.13) と式 (4.17) である．前者は，ポテンシャル関数が二つのベクトルの内積で表されることを示しており，後者は，重みベクトル $\mathbf{w}$ が寄与ベクトルの線形和として表されることを示している．ポテンシャル関数法の基本表現の式 (4.9) は，式 (4.13) を経て式 (4.15) に，さらに式 (4.17) を経てポテンシャル関数法の双対表現である式 (4.18) と結ばれる．式 (4.18) は，パーセプトロンの基本表現でもある．その逆を辿れば，パーセプトロンの基本表現から，その双対表現へ到達することができる．

〔2〕　双対性とカーネルトリック

以下では，**図 4.5** を参照しつつ，双対性について具体例を交えながらより詳細に述べることにする．

パーセプトロンの基本表現の式 (4.18) を識別関数とする場合には，式 (3.26) で示したように，学習の過程で更新されるのは $\mathbf{w}$ であり，常に最新の $\mathbf{w}$ を保持すればよい．パターン $\boldsymbol{x}$ の識別は，式の形から明らかなように，D 次元空間上の内積計算 1 回で完了する．ただし，そのためには基本パーセプトロンのアルゴリズム（50 ページ）における Step 1 で示したように，まず非線形関数 $\phi(\boldsymbol{x})$ を設定しなくてはならない．しかし，非線形関数の選択の幅は広く，適切な

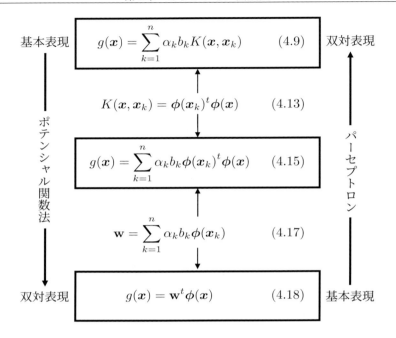

図 4.5　ポテンシャル関数法とパーセプトロン間の双対性

$\phi(\boldsymbol{x})$ を設定するのは困難である．特に次元数 D が大きくなると，その傾向は著しい．

　ここで双対性を理解するための具体例として，第 3 章で紹介した，2 次元特徴空間上での 3 次識別関数を再び取り上げることにする．すなわち，3 次識別関数は式 (3.5) で表され，このような識別関数を実現するための $\boldsymbol{x} \rightarrow \phi(\boldsymbol{x})$ の非線形変換の例を式 (3.33) に示した．以下では，式 (3.33) を若干修正した次式の $\phi(\boldsymbol{x})$ を用いる．

$$\phi(\boldsymbol{x}) = (\phi_1(\boldsymbol{x}), \ldots, \phi_{10}(\boldsymbol{x}))^t \tag{4.19}$$
$$= (1, \sqrt{3}x_1, \sqrt{3}x_2, \sqrt{6}x_1x_2, \sqrt{3}x_1^2, \sqrt{3}x_2^2, \sqrt{3}x_1^2x_2, \sqrt{3}x_1x_2^2, x_1^3, x_2^3)^t \tag{4.20}$$

上式は式 (3.33) と同様，2 次元（$d = 2$）から 10 次元（$D = 10$）への変換であ

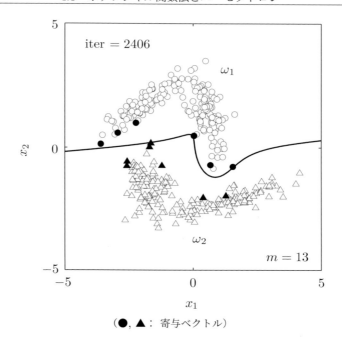

(●, ▲ : 寄与ベクトル)

図 4.6　パーセプトロンによって得られた決定境界

る. ただし, 各要素に $\sqrt{3}$ または $\sqrt{6}$ の係数を乗じている点が式 (3.33) とは異なる. これらの係数を用いる理由は後述する.

　これまでと同様, **図 2.1** の 2 次元学習パターンを非線形変換によって式 (4.20) の 10 次元ベクトル ($D = 10$) に変換し, 基本パーセプトロンの学習規則によって重みベクトル**w**を求める. ただし, 学習係数は $\rho = 1$ とし, 重みベクトルの初期値は $\mathbf{w} = \mathbf{0}$ とした. 学習パターンの与え方は 3.3 節の実験と同じである. その結果, 当処理は 2406 回の繰り返しで収束し, 寄与ベクトル数は $m = 13$ であった. 得られた決定境界を**図 4.6** に示す. **図 3.2** と比較すると, 決定境界の形状や寄与ベクトル数に多少の違いはあるものの, 両図はほとんど同じである.

　ここで 2 次元のベクトル $\boldsymbol{x} = (x_1, x_2)$, $\boldsymbol{y} = (y_1, y_2)$ に対し, 式 (4.20) で示した $\phi(\boldsymbol{x})$ により, 内積 $\phi(\boldsymbol{x})^t \phi(\boldsymbol{y})$ を求めてみよう. その結果は下式のように

なる.

$$\phi(\boldsymbol{x})^t \phi(\boldsymbol{y}) = 1 + 3x_1 y_1 + 3x_2 y_2 + 6x_1 x_2 y_1 y_2 + 3x_1^2 y_1^2 + 3x_2^2 y_2^2$$
$$+ 3x_1^2 x_2 y_1^2 y_2 + 3x_1 x_2^2 y_1 y_2^2 + x_1^3 y_1^3 + x_2^3 y_2^3 \tag{4.21}$$
$$= (1 + x_1 y_1 + x_2 y_2)^3 \tag{4.22}$$
$$= (1 + \boldsymbol{x}^t \boldsymbol{y})^3 \tag{4.23}$$

係数を式 (4.20) のように設定したのは, 式 (4.23) を導出できるようにするためである. このように, 式 (4.23) は, 式 (4.13) で示した内積の形で表せるので, 式 (4.23) の 3 次の多項式はポテンシャル関数

$$K(\boldsymbol{x}, \boldsymbol{x}_k) = (1 + \boldsymbol{x}_k^t \boldsymbol{x})^3 \tag{4.24}$$

として使うことができる[*3]. その結果, 識別関数は**図 4.5** の式 (4.9), すなわちパーセプトロンの双対表現, かつポテンシャル関数法の基本表現として表すことができる. この場合, 学習では誤り計数ベクトル $\boldsymbol{\alpha}$ の修正を繰り返すことになる. 得られる結果は w の修正を行う場合と同じである. 式 (4.24) は多項式カーネルの一種であり, 第 6 章で詳しく紹介する. **演習問題 4.2**(2) も参照されたい.

　以上から次の点に注目すべきことがわかる. すなわち, 式 (4.13) の右辺は $D(= 10)$ 次元ベクトル $\phi(\boldsymbol{x})$ の関数であるのに対し, 左辺は $d(= 2)$ 次元ベクトル $\boldsymbol{x}$ の関数である. 言い換えれば, 式 (4.13) を介して, D 次元空間でのパーセプトロンの演算を d 次元空間でのポテンシャル関数法の演算に置き換えることができる. 式 (4.9) では, 実質的には D 次元空間での処理であるにもかかわらず, d 次元から D 次元への非線形変換式 $\phi(\boldsymbol{x})$ の具体的な形を指定する必要はなく, ポテンシャル関数法のアルゴリズム（69 ページ）における Step 1 で示したように, $K(\boldsymbol{x}, \boldsymbol{x}_k)$ の形のみ指定すればよい.

　一方, 式 (4.9) では, 学習時の更新対象となるのは誤り計数ベクトル $\boldsymbol{\alpha}$ である. その時点での寄与ベクトル数, すなわち $\alpha_k \neq 0$ となるパターン数を m とすると, パターン $\boldsymbol{x}$ を識別するには, $K(\boldsymbol{x}, \boldsymbol{x}_k)$ を m 個のパターン $\boldsymbol{x}_k$ に対して

[*3]　ただし, 式 (4.24) の $K(\boldsymbol{x}, \boldsymbol{x}_k)$ は, 式 (4.2) を満たしていない.

計算し，加算する必要がある．そのため，m が大きくなるに従い計算量が増大し，学習の効率が低下する．

式 (4.9) にはこのような欠点があるにしても，非線形変換 $\phi(\boldsymbol{x})$ の処理を回避できるのは有利である．この構造は，後に**カーネルトリック**（kernel trick）と呼ばれ，サポートベクトルマシンやカーネル法において重要な役割を果たすことになる．

4.6　ポテンシャル関数法と圧縮型最近傍決定則

ポテンシャル関数法は，2.6 節で紹介した圧縮型最近傍決定則とさまざまな点で共通点が見出せる．最近傍決定則として最も単純な実現法は，全学習パターンをプロトタイプとして登録する全数記憶方式である．しかし，この方法では学習パターン数が多くなると，記憶容量，識別処理量が膨大になり，現実的ではない．そこで考案されたのが，圧縮型最近傍決定則である．

圧縮型最近傍決定則は，識別に寄与するのは決定境界付近のパターンのみであるとの考え方に基づき，決定境界付近に分布する少数の学習パターンのみをプロトタイプとして選択する．圧縮型最近傍決定則は，すでに 40 ページで示したアルゴリズムのように，学習パターンを一つ選んではその時点で登録されているプロトタイプを用いて最近傍決定則により識別を行う．パターンを正しく識別できなかった場合には，当該パターンをプロトタイプとして追加登録するという操作を繰り返す．この方法によって最終的に得られるのは，識別に寄与する複数のプロトタイプと，それらが構成する区分的線形識別関数によって定まる決定境界である．ただし，どのパターンがプロトタイプとして選択され，プロトタイプ数がいくつになるかは一意には決まらない．

一方，ポテンシャル関数法でも類似の処理を行う．すなわち，それまでに形成された静電ポテンシャル（識別関数）により，学習パターンを一つ選んでは識別し，正しく識別できなかった場合には当該パターンの位置の電荷量を一定量だけ増加または減少させることにより識別関数を修正するという操作を繰り返す．本処理は，荷電粒子が全くない状態を初期状態として開始する．最終的に得られるのは，非零の電荷量を持つ学習パターンと，それらが構成する静電

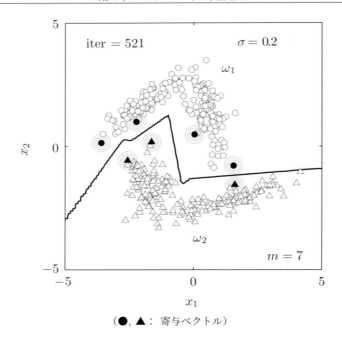

（●，▲：　寄与ベクトル）

図 4.7　ポテンシャル関数法による等高線と決定境界（$\sigma = 0.2$）

ポテンシャルであり，2クラスの場合，決定境界は静電ポテンシャルが零とな
る境界線，すなわち $g(\boldsymbol{x}) = 0$ である.

　非零の電荷量を持つパターン，すなわち寄与ベクトルは，圧縮型最近傍決
定則のプロトタイプに相当し，決定境界の決定に寄与する．ただし，どのパ
ターンが非零の電荷量を持ち，そのパターン数はいくつになるかは一意には決
まらない．この点も圧縮型最近傍決定則と同様である．もし，ポテンシャル関
数法のパラメータ σ を小さく設定すると，ポテンシャル関数法は圧縮型最近傍
決定則とほぼ等価になることは，67ページで説明したとおりである.

　そのことを確かめるため，パラメータを $\sigma = 0.2$ と小さな値に設定した実
験結果を図 4.7 に示す．描画方法はこれまでと同じである．寄与ベクトルの数
は，クラス ω_1 で4，クラス ω_2 で3の合計7であった（$m = 7$）．それらを図中
の●と▲でそれぞれ示している．同データに対して圧縮型最近傍決定則を適用

した**図 2.9** と比較すると，極めて類似した結果が得られていることがわかる．**図 4.7** の寄与ベクトルと**図 2.9** のプロトタイプを比較すると，それらの位置と個数は同じであり，決定境界もほぼ等しいことが確認できる．

演習問題

4.1　級数展開の公式 $e^x = \sum_{k=0}^{\infty} x^k/k!$ を用いることにより，式 (4.7) の $K(\boldsymbol{x}, \boldsymbol{x}_k)$ は，無限次元ベクトルの内積で表されることを示せ．

4.2[†]　ポテンシャル関数法の学習アルゴリズムを用いて，**演習問題 3.3** に掲げた 6 個の学習パターンを正しく識別できる識別関数を求めたい．学習において，学習パターンは $\boldsymbol{x}_1$ から $\boldsymbol{x}_6$ までこの順に繰り返し与えるものとする．

(1)　ポテンシャル関数として，式 (4.7) のガウス関数を用い，学習によって得られる決定境界を図示せよ．ただし，ガウス関数のパラメータは $\sigma = 2.0$ に設定すること．

(2)　ポテンシャル関数として，式 (4.24) の 3 次の多項式（多項式カーネル）を用い，学習によって得られる決定境界を図示せよ．また，得られた結果を，**演習問題 3.3** の結果と比較せよ．

第 5 章
サポートベクトルマシン

5.1　サポートベクトルマシンの誕生

　サポートベクトルマシン（SVM：support vector machine）は2クラスの分類を行う教師付き学習アルゴリズムであり，その登場は，パターン認識，機械学習分野の歴史の中でも最大の出来事の一つであった．以下，サポートベクトルマシンをSVMと略記する．

　サポートベクトルマシンの基本的なアイデアは，1992年にボザー（Bernhard Boser），ギヨン（Isabelle Guyon），ヴァプニック（Vladimir Vapnik）によって提案された[GBV92][BGV92]．その後，線形分離不可能なパターン分布に適用するため，1995年にソフトマージンの技術が加わり[CV95]，現在広く使われているSVMが完成した．その後，ショルコフ（Bernhard Schölkopf）らによる広範な実証実験，ヨアキムス（Thorsten Joachims）らによるプログラムパッケージSVM-Light の公開とテキスト分類問題への適用[Joa02]などを経て，1990年代半ば以降，SVMは急速に広まった．

　現在，SVMは多くの問題に安心して使える汎用的パターン識別法としての地位を確立しており，情報処理のあらゆる分野において欠かせない道具の一つとなっている．このようにSVMが普及した背景には，以下に述べる好ましい特徴がある．

(1)　既存の識別手法をはるかに凌ぐ高い**汎化能力**（generalization ability）：既存手法の多くは，学習パターン数nが一定の下で特徴空間の次元数dを増やすと識別性能が低下するが，SVMは高次元特徴空間においても識別性能を維持できる．このため，テキスト分類や自然言語処理など大量の特徴を利用する場合や，学習パターンが十分に確保できない場合に強力な道具

となる.

(2) 非線形識別関数によって複雑な決定境界が記述可能:特徴空間を高次元へ非線形変換することに相当する処理が可能であり,識別能力の高い非線形識別関数を生成することができる.

(3) 大域的最適解への収束:解が局所的最適解に陥ることなく,必ず大域最適解が得られるので,識別関数の性能評価やパラメータ調整が容易である.この特性は,研究開発やシステム実装の効率化にも大きく貢献している.

(4) 解の一意決定:計算法が直接法であり,凸二次計画問題を解くことに帰着されるので,解は一意に決まる.その点,ポテンシャル関数法やニューラルネットワークのような反復法に比べて有利である.ニューラルネットワークのように多くの局所解をもつ手法は,収束結果が初期値に依存するため,繰り返しの試行が必要になる.

本章では,まずSVMの基本的考え方を紹介する.その後,SVMの基本型である線形SVM,次にカーネル法を利用した非線形SVM について実験を交えながら紹介する.本章で紹介するSVMを理解するには,不等式制約下での最適化に関する知識が必要である.中でも,凸二次計画問題,KKT条件,主問題と双対問題についての知識は必須である.これらは**付録 A.2**で例題を用いながら丁寧に解説した.当該分野の知識が必ずしも十分ではない読者は,まず付録に目を通していただくことをお勧めしたい.

5.2 マージン最大化

第1章では,線形分離可能な学習パターンを対象としたクラス間分離を取り上げ,パーセプトロンの学習規則を紹介した.その学習法では,得られる決定境界のばらつきが大きく,同じ学習パターンを用いても決定境界は一意に定まらない.その結果,学習パターンとの距離が十分確保できず,余裕のない決定境界を獲得した状態で学習が終了するという場合も少なくない.その解決方法として1.7節では,マージンの考え方を導入し,余裕を持った決定境界を得る手法を紹介した.しかし,それでもなお決定境界を一意には決定できず,マー

ジンの設定方法にも課題があることを指摘した.

本章で扱う SVM は,線形識別関数によって実現できる無数の決定境界の中から,最適な決定境界を一意に決定することができる.以下では,クラス ω_1,ω_2 のいずれかに所属する合計 n 個の学習パターンを分離することを前提とする.第 1 章の 1.7 節で紹介した,マージンを有する線形識別関数を学習によって求めると,図 1.9 のように,互いに R だけ離れた超平面 H_1,H_2 が得られ,それらに挟まれた空間内に学習パターンを含まないようにできる.図 1.9 で示したように,超平面 H_1 上には,クラス ω_1 のパターンが少なくとも一つ存在し,同様に超平面 H_2 上には,クラス ω_2 のパターンが少なくとも一つ存在する.この R をマージンと呼ぶことはすでに述べた.最適な識別系は,パターンの存在しない範囲を示すマージン R を最大化することによって実現できる.しかし,1.7 節で紹介した手法は,できるだけ大きなマージンを試行錯誤によって得る方法であり,最終的に得られた R が最大であるとは限らない.以下では,単純な例を用いてマージン R を最大化する方法について述べる.

図 5.1 は,クラス ω_1,ω_2 の二つのクラスの学習パターンが各クラス 4 パターンずつ合計 8 パターン($n = 8$),2 次元特徴空間上に分布している様子を示している.図中,クラス ω_1,ω_2 のパターンをそれぞれ○印,△印で示している.明らかにこれらは線形分離可能である.図 5.2 は,本空間上にマージン R を有する超平面 H_1,H_2 を設定した例であり,それらを図中に細線で示している[*1].マージンの定義より,互いに平行で R だけ離れた H_1 と H_2 の間にはパターンは存在しない.また,超平面 H_1,H_2 には,それぞれクラス ω_1,ω_2 のパターンを少なくとも一つ含む.図ではそれらをそれぞれ●,▲で示している[*2].

ここで図 5.2 に示すように,H_1,H_2 と等距離にある超平面 H_0 を決定境界として設定すると,H_0 は両クラスを正しく分離し,かつすべてのパターンを決定境界から $R/2$ 以上離すことができる.すなわち,x_k と決定境界との距離を r_k とすると,式 (1.48) より

[*1] この例では 2 次元特徴空間を扱っているので,超平面は直線となる.

[*2] ここでは,各超平面上に 1 パターンずつ存在する例を示したが,一般には複数個存在する

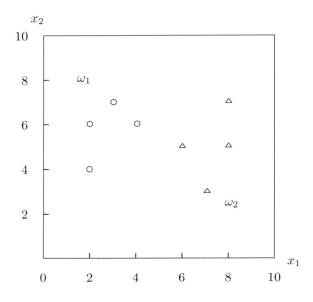

図 5.1　2次元特徴空間上の学習パターン

$$r_k = \frac{b_k(w_0 + \boldsymbol{w}^t \boldsymbol{x}_k)}{\|\boldsymbol{w}\|} \geq \frac{R}{2} \qquad (k = 1, \ldots, n) \tag{5.1}$$

が成り立つ[*3]．これまでと同様，b_k は式 (1.36) で示した教師信号である．決定境界との距離 r_k が最小値 $R/2$ となるのは，H_1，H_2 上のパターンであり，本例では図中●，▲で示したパターンが該当する．

　以上から明らかなように，目指すべきは式 (5.1) の R を最大にする w_0，$\boldsymbol{w}$ を求めることである．ここで，決定境界を定める w_0，$\boldsymbol{w}$ は，一意に定まらないことに注意しよう．なぜなら，w_0，$\boldsymbol{w}$ の代わりに，定数 β を乗じた $\widehat{w}_0 = \beta w_0$，$\widehat{\boldsymbol{w}} = \beta \boldsymbol{w}$ を用いても，同じ決定境界を定義できるからである．また，このような $\widehat{w}_0$，$\widehat{\boldsymbol{w}}$ を用いても，r_k の値は変化しない．そこで，式 (5.1) を $R/2$ で除して

[*3]　**図 1.9** の例では，式 (1.49) で示したように，決定境界 H_0 は H_1，H_2 と等距離の位置にはない．超平面 H_1，H_2 を得た後，$R_1 = R_2 = R/2 = 0.675$ となるよう H_0 を移動すれば，同様に式 (5.1) が成り立つ．

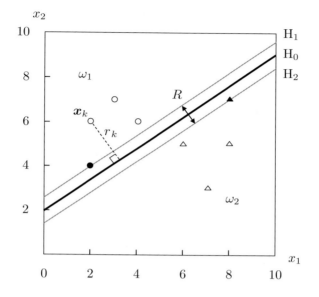

図 5.2 マージンを有する決定境界の一例

$$b_k \left(\frac{2}{R\|\boldsymbol{w}\|} w_0 + \frac{2}{R\|\boldsymbol{w}\|} \boldsymbol{w}^t \boldsymbol{x}_k \right) \geq 1 \tag{5.2}$$

とした後，$\beta = 2/(R\|\boldsymbol{w}\|)$ と置くことにより

$$b_k (\widehat{w}_0 + \widehat{\boldsymbol{w}}^t \boldsymbol{x}_k) \geq 1 \qquad (k = 1, \ldots, n) \tag{5.3}$$

を得る．ここで，$\widehat{w}_0$, $\widehat{\boldsymbol{w}}$ をあらためて w_0, $\boldsymbol{w}$ とそれぞれ置き換えると，上式は

$$b_k \, g(\boldsymbol{x}_k) = b_k (w_0 + \boldsymbol{w}^t \boldsymbol{x}_k) \geq 1 \qquad (k = 1, \ldots, n) \tag{5.4}$$

と書き直される．クラスごとに分けて記すと

$$g(\boldsymbol{x}_k) = w_0 + \boldsymbol{w}^t \boldsymbol{x}_k \begin{cases} \geq 1 & (\boldsymbol{x}_k \in \omega_1) \\ \leq -1 & (\boldsymbol{x}_k \in \omega_2) \end{cases} \qquad (k = 1, \ldots, n) \tag{5.5}$$

となる．すなわち，すべての学習パターンは式 (5.4) を満たしている．特に，超平面 H_1, H_2 上に存在するパターン ●，▲ に対しては等号が成り立ち

$$b_k \, g(\boldsymbol{x}_k) = b_k(w_0 + \boldsymbol{w}^t \boldsymbol{x}_k) = 1 \tag{5.6}$$

となる．したがって，これらのパターンに対しては式 (5.1) より

$$r_k = \frac{b_k(w_0 + \boldsymbol{w}^t \boldsymbol{x}_k)}{\|\boldsymbol{w}\|} = \frac{1}{\|\boldsymbol{w}\|} \tag{5.7}$$

となるので，マージン R は

$$R = \frac{2}{\|\boldsymbol{w}\|} \tag{5.8}$$

と求められる．

以上より，マージン最大化という基準で最適な決定境界を求める問題は，式 (5.4) の制約の下で，$2/\|\boldsymbol{w}\|$ を最大にする w_0 と $\boldsymbol{w}$ を求める問題に帰着されることがわかる．この処理は，次のように表現することができる．すなわち，"両クラスを分離する位置に，互いに平行な超平面 H_1 と H_2 で挟まれ，その間にパターンを含まない最大の領域を確保する．"

図 5.3 は，上記基準によりこれらの超平面を設定した例であり，図 5.2 のマージンと比較すればその違いは明らかである．ここで重要な役割を果たすのが，H_1，H_2 上にあって H_0 に最も近接するパターン●，▲である．これらが H_1，H_2，そして最終的に H_0 を決定しているといえる．

このようにマージン最大化という基準から決定境界の決定に寄与する学習パターンが得られ，これらのパターンを**サポートベクトル**（support vector）と呼ぶ．図 5.3 では，サポートベクトル数は各クラスに 1 個ずつの計 2 個であり，図の右下に $m = 2$ として示した．サポートベクトル以外のパターンは，決定境界 H_0 の決定には寄与しない．このように，サポートベクトルによって定まる決定境界によりクラス間分離を実現する識別機を，**サポートベクトルマシン**（SVM：support vector machine）という．

そこで，以下ではマージン最大化を実現するための定式化を行う．実際は，式 (5.8) の $2/\|\boldsymbol{w}\|$ を最大化するよりも，$\|\boldsymbol{w}\|^2/2$ の最小化，すなわち

$$\min_{\boldsymbol{w}} \left\{ \frac{1}{2} \|\boldsymbol{w}\|^2 \right\} \tag{5.9}$$

を求める問題として捉える方が数学的に扱いやすくなるので，以下ではそれに

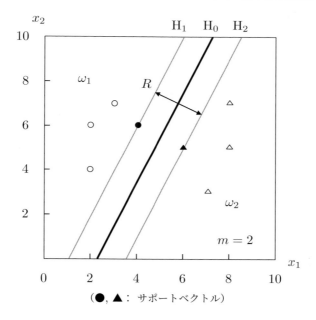

（●，▲：サポートベクトル）

図 5.3　最大のマージンを持つ決定境界

従う[*4]．なお，上式で係数 1/2 を導入するのは，以後の計算式の表記を単純に
するためである．

coffee break

❖ サポートベクトルマシンの汎化能力

「優れた汎化能力を有する識別系を学習によって得るには，特徴空間の次元数 d
と学習パターン数 n の間に，$d \ll n$ の関係が成り立たなくてはならない」

上記は，識別系を設計する者にとって金科玉条とされてきた指針であり，[改訂版]
の 4.4 節でも強調した．しかし，SVM を使う限りにおいては，この条件は必ずし
も遵守する必要はないとされる．なぜなら，SVM はもともと高い汎化能力を備え
ているからである [GBV92]．それでは，この SVM の高い汎化能力は何に起因す

[*4]　式 (5.9) では w_0 が最適化に関与していないように見えるが，この点については後述の
　　式 (5.43) で明らかになる．

るのであろうか.

　特徴空間の次元数に比して学習パターン数が少ないと，特徴空間上でパターンの
分布はまばらとなり，決定境界を決めるための制約は緩くなる．その結果，たとえ
ばパーセプトロンのように誤識別がゼロになりさえすれば収束という学習法では，
無数の候補の中からたまたま得られた決定境界は，余裕のない，いわゆる"きわど
い"分離面になる可能性が高い．一方SVMでは，たとえパターンの分布がまばら
であっても，無数の候補の中から，マージン最大化という厳しい条件を満足する
最適な決定境界が選ばれる．これが，SVMの高い汎化能力の要因である．とはい
え，SVMにおいても学習パターン数は多い方が，より高い汎化能力を発揮できる
点は従来と変わらない．サポートベクトルマシンの恩恵に慣れすぎて，特徴数とパ
ターン数の関係に無頓着になることのないよう，注意すべきであろう.

5.3　線形SVM

　これまで，SVMによって得られる線形識別関数により，d次元空間上の学
習パターンを分離する基本的な考え方について紹介した．本節では，SVMを
適用するにあたり，d次元空間上の学習パターンが線形分離可能な場合と，線
形分離不可能な場合とに分けて，その具体的手法について述べる．いずれの場
合も，識別に用いるのは線形識別関数であるので，本手法を**線形SVM**（linear
SVM）と呼ぶ.

〔1〕　学習パターンが線形分離可能な場合

　以下では線形SVMの適用対象として，まずd次元空間において線形分離可
能な学習パターンを取り上げる．前節の最後で述べた最適化問題をあらためて
記すと以下のようになる.

最適化問題 5.1（w, w_0 に関する最小化問題（1））　スカラーw_0とd次元
ベクトルwがn個の条件

$$b_k\left(w_0 + w^t x_k\right) - 1 \geq 0 \qquad (k = 1, \ldots, n) \tag{5.10}$$

を満たすとき，

$$f(\boldsymbol{w}) = \frac{1}{2}\|\boldsymbol{w}\|^2 \tag{5.11}$$

を最小化する $\boldsymbol{w}\ (=\boldsymbol{w}^*)$ と $w_0\ (=w_0{}^*)$ を求める.

上記は，**付録 A.2** で述べた不等式制約下での最適化問題である．制約条件を示す式 (5.10) は $\boldsymbol{w}$ の1次関数であり，$f(\boldsymbol{w})$ は $\boldsymbol{w}$ の2次関数で，しかも凸関数であるので，本例題は凸二次計画問題である．

本例題を解くには，ラグランジュの未定乗数法を適用する．そこで下式に示すような，ラグランジュの未定乗数 $\lambda_k\ (\geq 0)$ を要素とする n 次元列ベクトル $\boldsymbol{\lambda}$ を導入する．

$$\boldsymbol{\lambda} = (\lambda_1, \ldots, \lambda_n)^t \tag{5.12}$$

ラグランジュ関数 $L(\boldsymbol{w}, w_0, \boldsymbol{\lambda})$ は

$$L(\boldsymbol{w}, w_0, \boldsymbol{\lambda}) = \frac{1}{2}\|\boldsymbol{w}\|^2 - \sum_{k=1}^{n} \lambda_k\big(b_k(w_0 + \boldsymbol{w}^t\boldsymbol{x}_k) - 1\big) \tag{5.13}$$

と書ける[*5]．**付録 A.2** でも述べたとおり，問題の解 $\boldsymbol{w}^*$, $w_0{}^*$ が存在するための必要十分条件は，KKT条件が成り立つことである．すなわち，KKT条件とは，その解 $(\boldsymbol{w}, w_0) = (\boldsymbol{w}^*, w_0{}^*)$ において次式が成り立つ $\boldsymbol{\lambda} = \boldsymbol{\lambda}^* = (\lambda_1^*, \ldots, \lambda_n^*)^t$ が存在することである．

$$\frac{\partial L}{\partial \boldsymbol{w}} = \boldsymbol{0} \tag{5.14}$$

$$\frac{\partial L}{\partial w_0} = 0 \tag{5.15}$$

$$b_k(w_0 + \boldsymbol{w}^t\boldsymbol{x}_k) - 1 \geq 0 \tag{5.16}$$

$$\lambda_k \geq 0 \tag{5.17}$$

$$\lambda_k \cdot \big(b_k(w_0 + \boldsymbol{w}^t\boldsymbol{x}_k) - 1\big) = 0 \tag{5.18}$$

$$(k = 1, \ldots, n)$$

[*5] 式 (5.13) を式 (A.2.2) と比較すると，両者の右辺第2項の符号が逆転している．これは制約条件を示す不等式の不等号の向きが，式 (5.10) と式 (A.2.1) で逆になっているためである．

式 (5.14) を計算すると

$$\frac{\partial L}{\partial \boldsymbol{w}} = \boldsymbol{w} - \sum_{k=1}^{n} \lambda_k b_k \boldsymbol{x}_k = \boldsymbol{0} \tag{5.19}$$

となり

$$\boldsymbol{w} = \sum_{k=1}^{n} \lambda_k b_k \boldsymbol{x}_k \tag{5.20}$$

が得られる．次に式 (5.15) を計算すると

$$\frac{\partial L}{\partial w_0} = - \sum_{k=1}^{n} \lambda_k b_k = 0 \tag{5.21}$$

となる．これらの結果より，以下ではラグランジュ関数を $\boldsymbol{\lambda}$ のみの関数 $L(\boldsymbol{\lambda})$ として表せることを示す．

式 (5.13) を書き換えることにより

$$\begin{aligned} L(\boldsymbol{\lambda}) &= L(\boldsymbol{w},\, w_0,\, \boldsymbol{\lambda}) \\ &= \frac{1}{2}\|\boldsymbol{w}\|^2 - \sum_{k=1}^{n} \lambda_k b_k \boldsymbol{w}^t \boldsymbol{x}_k - \sum_{k=1}^{n} \lambda_k (b_k w_0 - 1) \end{aligned} \tag{5.22}$$

を得る．式 (5.22) の右辺第2項は，式 (5.20) を用いて

$$\begin{aligned} \sum_{k=1}^{n} \lambda_k b_k \boldsymbol{w}^t \boldsymbol{x}_k &= \boldsymbol{w}^t \sum_{k=1}^{n} \lambda_k b_k \boldsymbol{x}_k \\ &= \|\boldsymbol{w}\|^2 \end{aligned} \tag{5.23}$$

となる．また，式 (5.22) の右辺第3項は，式 (5.21) を用いて

$$\sum_{k=1}^{n} \lambda_k (b_k w_0 - 1) = w_0 \sum_{k=1}^{n} \lambda_k b_k - \sum_{k=1}^{n} \lambda_k \tag{5.24}$$

$$= - \sum_{k=1}^{n} \lambda_k \tag{5.25}$$

となる．これらの結果と式 (5.20) を用いると，式 (5.22) の $L(\boldsymbol{\lambda})$ は

$$L(\boldsymbol{\lambda}) = \sum_{k=1}^{n} \lambda_k - \frac{1}{2}\|\boldsymbol{w}\|^2 \tag{5.26}$$

$$= \sum_{k=1}^{n} \lambda_k - \frac{1}{2}\left(\sum_{i=1}^{n} \lambda_i b_i \boldsymbol{x}_i\right)^t \left(\sum_{j=1}^{n} \lambda_j b_j \boldsymbol{x}_j\right) \tag{5.27}$$

$$= \sum_{k=1}^{n} \lambda_k - \frac{1}{2}\sum_{i=1}^{n}\sum_{j=1}^{n} \lambda_i \lambda_j b_i b_j \boldsymbol{x}_i^t \boldsymbol{x}_j \tag{5.28}$$

と書ける．ここで，ベクトルおよび行列表記を導入し，より簡潔な定式化を行う．まず下式のように，すべての要素が1であるn次元列ベクトル$\mathbf{1}_n$を定義する．

$$\mathbf{1}_n = (\overbrace{1,\ 1,\ \ldots,\ 1}^{n})^t \tag{5.29}$$

また，n個の学習パターンの教師信号を要素とするn次元列ベクトル$\mathbf{b}$を

$$\mathbf{b} = (b_1,\ \ldots,\ b_n)^t \tag{5.30}$$

と定義すると，式(5.21)は

$$\boldsymbol{\lambda}^t \mathbf{b} = 0 \tag{5.31}$$

と表される．さらに

$$h_{ij} = b_i b_j \boldsymbol{x}_i^t \boldsymbol{x}_j \qquad (i, j = 1, \ldots, n) \tag{5.32}$$

と置き，(i, j)成分がh_{ij}である$n \times n$の行列$\mathbf{H} = (h_{ij})$を定義する．これらを用いると，式(5.28)の$L(\boldsymbol{\lambda})$は

$$L(\boldsymbol{\lambda}) = \boldsymbol{\lambda}^t \mathbf{1}_n - \frac{1}{2}\boldsymbol{\lambda}^t \mathbf{H} \boldsymbol{\lambda} \tag{5.33}$$

と表される．したがって，**最適化問題5.1**は以下に示すように，その双対問題である**最適化問題5.2**に帰着される．

最適化問題 5.2（$\boldsymbol{\lambda}$ に関する最大化問題（1））　式 (5.12) の $\boldsymbol{\lambda}$, 式 (5.30) の $\mathbf{b}$ が，条件

$$\boldsymbol{\lambda}^t \mathbf{b} = 0 \tag{5.34}$$

$$\boldsymbol{\lambda} \geq \mathbf{0} \tag{5.35}$$

を満たすとき

$$h_{ij} = b_i b_j \boldsymbol{x}_i^t \boldsymbol{x}_j \qquad (i, j = 1, \ldots, n) \tag{5.36}$$

となる行列 $\mathbf{H} = (h_{ij})$ を用いて

$$L(\boldsymbol{\lambda}) = \boldsymbol{\lambda}^t \mathbf{1}_n - \frac{1}{2} \boldsymbol{\lambda}^t \mathbf{H} \boldsymbol{\lambda} \tag{5.37}$$

を最大化する $\boldsymbol{\lambda}$ $(= \boldsymbol{\lambda}^*)$ を求める．

　上記問題をみると，**最適化問題 5.1** で示した $\boldsymbol{w}$, w_0 に関する最小化問題が，それと等価な $\boldsymbol{\lambda}$ に関する最大化問題に置き換わっていることがわかる．その理由については，**付録 A.2** を参照のこと．

　上で示した最適化問題は，典型的な凸二次計画問題であり，その解を求めるためのライブラリは多数用意されている．この双対問題を解くことにより，元の主問題の解は以下のように簡単に求めることができる．

　最適化問題 5.2 の解 $\boldsymbol{\lambda}^*$ を

$$\boldsymbol{\lambda}^* = (\lambda_1^*, \ldots, \lambda_n^*) \tag{5.38}$$

とすると，式 (5.20) より $\boldsymbol{w}^*$ は

$$\boldsymbol{w}^* = \sum_{k=1}^{n} \lambda_k^* b_k \boldsymbol{x}_k \tag{5.39}$$

と求められる．

　ここで注意しなくてはならないのは，**付録 A.2** でも述べた KKT 条件の一つである相補性条件の式 (5.18) の存在である．式 (A.2.9), (A.2.10) で示したように，相補性条件の式 (5.18) は，最適解 $\boldsymbol{w}^*$, w_0^*, $\boldsymbol{\lambda}_k^*$ について，次のいずれかが成り立つことを主張している．

$$\lambda_k^* > 0 \quad \text{かつ} \quad b_k(w_0^* + \boldsymbol{w}^{*t}\boldsymbol{x}_k) - 1 = 0 \tag{5.40}$$

$$\lambda_k^* = 0 \quad \text{かつ} \quad b_k(w_0^* + \boldsymbol{w}^{*t}\boldsymbol{x}_k) - 1 > 0 \tag{5.41}$$

すなわち，$\lambda_k^* > 0$の場合は，式 (5.16) を等式で満たし，$\lambda_k^* = 0$の場合は，式 (5.16) を不等式で満たしている．式 (5.39) から明らかなように，$\lambda_k^* > 0$に対応する$\boldsymbol{x}_k$のみが$\boldsymbol{w}^*$の決定に寄与していることがわかる．このような$\boldsymbol{x}_k$をサポートベクトルと呼ぶことは，すでに88ページで述べた．すなわち，サポートベクトル$\boldsymbol{x}_k$に対しては，式 (5.40) で示したように

$$b_k(w_0^* + \boldsymbol{w}^{*t}\boldsymbol{x}_k) - 1 = 0 \tag{5.42}$$

が成り立つ．上式の両辺にb_kを乗じ，$b_k^2 = 1$であることを用いると，w_0^*は任意のサポートベクトル$\boldsymbol{x}_s$とその教師信号b_sを用いて

$$w_0^* = b_s - \boldsymbol{w}^{*t}\boldsymbol{x}_s \tag{5.43}$$

$$= b_s - \sum_{k=1}^{n} \lambda_k^* b_k \boldsymbol{x}_k^t \boldsymbol{x}_s \tag{5.44}$$

と求められる[*6]．

以上より，求めるべき識別関数$g(\boldsymbol{x})$は

$$g(\boldsymbol{x}) = w_0^* + \boldsymbol{w}^{*t}\boldsymbol{x} \tag{5.45}$$

$$= w_0^* + \sum_{k=1}^{n} \lambda_k^* b_k \boldsymbol{x}_k^t \boldsymbol{x} \tag{5.46}$$

であり，未知パターンに対する識別規則は

$$\begin{cases} g(\boldsymbol{x}) > 0 \quad \Longrightarrow \quad \boldsymbol{x} \in \omega_1 \\ g(\boldsymbol{x}) < 0 \quad \Longrightarrow \quad \boldsymbol{x} \in \omega_2 \end{cases} \tag{5.47}$$

となる．式 (5.43) を式 (5.45) に代入すると

[*6] サポートベクトルは複数得られ，どのサポートベクトルを用いても式 (5.43) で求めたw_0^*の値は同じになるはずである．しかし，実際は計算誤差により，それらの値には微小なばらつきが発生する．したがって，解の安定性を確保するには，すべてのサポートベクトルに対してw_0^*を計算し，それらを平均するのが望ましい．

$$g(\boldsymbol{x}) = b_s - \boldsymbol{w}^{*t}\boldsymbol{x}_s + \boldsymbol{w}^{*t}\boldsymbol{x}$$
$$= b_s + \boldsymbol{w}^{*t}(\boldsymbol{x} - \boldsymbol{x}_s) \tag{5.48}$$

が得られる．したがって，$\boldsymbol{x}$がサポートベクトルであるとき，$\boldsymbol{x} = \boldsymbol{x}_s$と置くことにより

$$g(\boldsymbol{x}_s) = b_s = \begin{cases} 1 & (\boldsymbol{x} \in \omega_1) \\ -1 & (\boldsymbol{x} \in \omega_2) \end{cases} \tag{5.49}$$

が得られる．したがって，$g(\boldsymbol{x}_s)$は$\boldsymbol{x}_s$の所属クラスに応じて1または-1となる．すなわち，サポートベクトル$\boldsymbol{x}_s$は，マージンを決定する超平面H_1またはH_2上に存在していることがわかる．

図 1.5で示した線形分離可能な学習パターンに線形SVM を適用した結果を図 5.4に示す．図で，太線は決定境界を示す超平面H_0を，細線はマージンを定める超平面H_1，H_2をそれぞれ示している．図中，サポートベクトルをこれまでと同様，●印と▲印で示しており，クラスω_1から1個，クラスω_2から2個の計3個（$m = 3$）が選ばれている．これらクラスω_1，ω_2のサポートベクトルは，それぞれ超平面H_1，H_2上に存在し，最大マージンを決定していることが確かめられる．本実験で得られたマージンは$R = 2/\|\boldsymbol{w}\| = 1.359$であった．決定境界に最も近接するパターンがサポートベクトルであり，このとき，サポートベクトルと決定境界との距離は$1/\|\boldsymbol{w}\| = 1.359/2 \approx 0.680$であり，最大となる[*7]．

ここで，第1章で紹介したパーセプトロンを再度取り上げ，線形SVM との類似性について指摘しておきたい．式 (5.39)と重みベクトルの式 (1.42)を比較してみよう．以下に式 (1.42)を再掲する．

$$\mathbf{w} = \sum_{k=1}^{n} \alpha_k b_k \mathbf{x}_k \tag{5.50}$$

式 (5.39)が重みベクトル$\boldsymbol{w}$と特徴ベクトル$\boldsymbol{x}$，式 (5.50)が拡張重みベクトル$\mathbf{w}$と拡張特徴ベクトル$\mathbf{x}$ を用いているという違いはあるものの，両者の形

[*7] したがって，図 1.8に示した一連の実験で，$\delta = 0.670$と設定したのは，結果的に妥当であったといえる．

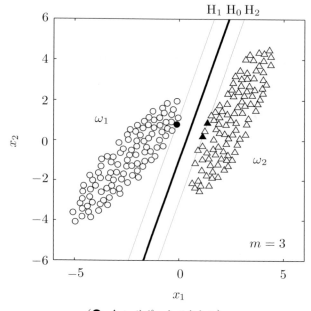

図 5.4 SVMの適用結果

（●, ▲： サポートベクトル）

は同じである．両式に現れる α_k と λ_k は対応しており，式 (5.50) では $\alpha_k \neq 0$ なる $\mathbf{x}_k$ のみが，また式 (5.39) では $\lambda_k \neq 0$ なる $\boldsymbol{x}_k$ のみが重みベクトルの構成に寄与している．このような機能を持つ $\boldsymbol{x}_k$ をこれまで寄与ベクトルと称したが，本章ではサポートベクトルがこれに相当する．いずれも学習パターンの中から少数の寄与ベクトルあるいはサポートベクトルを選び，それらの線形結合によって重みを構成している．式 (5.50) でその係数として用いられている α_k は誤り計数ベクトルの要素で，学習の過程で $\boldsymbol{x}_k$ が正しく識別できなかった回数を表しており，非負の整数値をとる．それに対し，式 (5.39) の λ_k^* は一般に非負の実数値である．**演習問題 5.2** も参照されたい．

　以上述べたように，パーセプトロンの学習規則に対して15ページに挙げた**ポイント1，2**は，SVMにもそのまま当てはまることがわかる．一方，**ポイント3**はSVMには当てはまらず，決定境界は一意に定まる．なぜなら，パーセプト

ロンの学習規則では，反復法を用いていたのに対し，SVMでは凸二次計画問題を解くという**直接法**（direct method）を用いているからである．すなわち，SVMはパーセプトロンの問題点である**ポイント3**を解決する手段を提供しているといえる．

〔2〕　学習パターンが線形分離不可能な場合

以上，〔1〕では，線形SVMを線形分離可能な学習パターンに適用した．以下では，同手法をd次元空間上で線形分離不可能な学習パターンに適用する方法について述べる．線形分離不可能な学習パターンに対しては，式 (5.5) を満たすw_0，$\boldsymbol{w}$は存在しない．そこで，識別関数に対する制約を緩め，式 (5.5) の代わりに下式を導入する．

$$g(\boldsymbol{x}_k) = w_0 + \boldsymbol{w}^t \boldsymbol{x}_k \left\{ \begin{array}{ll} \geq & 1 - \xi_k \quad (\boldsymbol{x}_k \in \omega_1) \\ \leq & -1 + \xi_k \quad (\boldsymbol{x}_k \in \omega_2) \end{array} \right. \quad (k = 1, \ldots, n) \quad (5.51)$$

上式は

$$b_k \, g(\boldsymbol{x}_k) = b_k(w_0 + \boldsymbol{w}^t \boldsymbol{x}_k) \geq 1 - \xi_k \qquad (k = 1, \ldots, n) \qquad (5.52)$$

としてまとめられる．ここでξ_kは$\xi_k \geq 0$であり，パターンごとに設定される値である．以上は**ソフトマージン**（soft margin）と呼ばれる手法である．当然のことながら，$\xi_k = 0$とすると上式は式 (5.4) と一致する．

線形分離不可能な学習パターンに対してSVMを適用する場合も，線形分離可能な学習パターンの場合と同様，3種の超平面を設定する．すなわち，$g(\boldsymbol{x}) = 0$に対応する超平面H_0と，$g(\boldsymbol{x}) = 1$，$g(\boldsymbol{x}) = -1$にそれぞれ対応する超平面H_1，H_2である．線形分離可能な場合と異なり，超平面H_0によって二つのクラスは分離できず，超平面H_1とH_2の間にパターンが存在する．このような状況であっても，ある条件の下でマージン，すなわち超平面H_1とH_2との距離$2/\|\boldsymbol{w}\|$を最大化することを狙うという点は線形分離可能な場合と共通している．具体的には，以下の最適化問題を解くことになる．

最適化問題 5.3（$\boldsymbol{w}$, w_0 に関する最小化問題（2））　スカラー w_0, ξ_k と d 次元ベクトル $\boldsymbol{w}$ が n 個の不等式

$$b_k\left(w_0 + \boldsymbol{w}^t\boldsymbol{x}_k\right) - (1 - \xi_k) \geq 0 \qquad (k = 1, \ldots, n) \tag{5.53}$$

$$\xi_k \geq 0 \qquad (k = 1, \ldots, n) \tag{5.54}$$

を満たすとき

$$f(\boldsymbol{w}) = \frac{1}{2}\|\boldsymbol{w}\|^2 + c_{pe} \cdot \sum_{k=1}^{n} \xi_k \tag{5.55}$$

を最小化する $\boldsymbol{w}$ $(= \boldsymbol{w}^*)$, w_0 $(= w_0{}^*)$, ξ_k $(= \xi_k^*)$ を求める.

　この問題は，線形分離可能な場合の**最適化問題 5.1** に対応している．式 (5.55) の第1項は，式 (5.11) と同じであり，マージンを大きくするための項である．第2項は，マージンを定めた超平面 H_1 あるいは H_2 を越えたパターンに対するペナルティの項であり，c_{pe} (> 0) はペナルティに対する重みを決める定数である．ペナルティについては，**図 5.5** を用いて説明しよう．

　図では，クラス ω_1 に所属する四つのパターン $\boldsymbol{x}_1$, $\boldsymbol{x}_2$, $\boldsymbol{x}_3$, $\boldsymbol{x}_4$ を示している．また，$g(\boldsymbol{x}) = 0, 1, -1$ に対応する超平面 H_0, H_1, H_2 をそれぞれ図示している．図では，超平面 H_0 より上側がクラス ω_1，下側がクラス ω_2 と判定される領域である．

　ここでパターン $\boldsymbol{x}_1$ は超平面 H_1 より上にあるので，$g(\boldsymbol{x}_1) > 1$ が成り立ち，式 (5.51) より $\xi_1 = 0$ となる．パターン $\boldsymbol{x}_2$ は超平面 H_1 上にあるので，$g(\boldsymbol{x}_2) = 1$ となり，同様に $\xi_2 = 0$ となる．これらのパターンはいずれも正しく識別される．パターン $\boldsymbol{x}_3$ は超平面 H_0 と H_1 の間にある．したがって，$\boldsymbol{x}_3$ は正しく識別されるものの，$g(\boldsymbol{x}_3) \geq 1$ を満たすことができず，式 (5.51) より $0 < \xi_3 < 1$ となる．パターン $\boldsymbol{x}_4$ は超平面 H_0 より下にあるので，$g(\boldsymbol{x}_4) < 0$ で誤識別となり，式 (5.51) より $\xi_4 > 1$ となる．クラス ω_2 のパターンについても同様に ξ_k を設定でき，両クラスをまとめると，ξ_k は以下のように書ける．

$$b_k\, g(\boldsymbol{x}_k) \geq 1 \qquad \text{なら} \qquad \xi_k = 0 \tag{5.56}$$

$$0 < b_k\, g(\boldsymbol{x}_k) < 1 \qquad \text{なら} \qquad 0 < \xi_k < 1 \tag{5.57}$$

$$b_k \, g(\boldsymbol{x}_k) \leq 0 \qquad \text{なら} \qquad \xi_k \geq 1 \tag{5.58}$$

式 (5.53), (5.54)が

$$\xi_k \geq 1 - b_k \cdot (w_0 + \boldsymbol{w}^t \boldsymbol{x}_k) \qquad (k = 1, \ldots, n) \tag{5.59}$$

$$\xi_k \geq 0 \qquad (k = 1, \ldots, n) \tag{5.60}$$

となることに注意すると，ξ_k は下式で表すことができる．

$$\xi_k = \max\{1 - b_k \, g(\boldsymbol{x}_k), \; 0\} \qquad (k = 1, \ldots, n) \tag{5.61}$$

式 (5.57) または (5.58) を満たす $\boldsymbol{x}_k$ と超平面 H_1 との距離（$\boldsymbol{x}_k \in \omega_1$ のとき），あるいは H_2 との距離（$\boldsymbol{x}_k \in \omega_2$ のとき）を r_k とすると

$$r_k = \xi_k / \|\boldsymbol{w}\| \tag{5.62}$$

となることが確かめられる．たとえば図 5.5 に示された r_3, r_4 の値は，それぞ

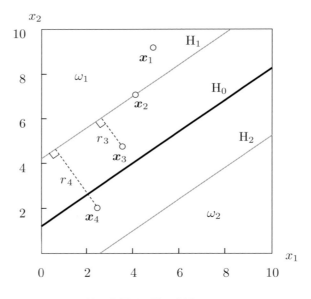

図 5.5　線形分離不可能な場合のペナルティ

れ $\xi_3/\|\boldsymbol{w}\|$, $\xi_4/\|\boldsymbol{w}\|$ である．上式の導出は**演習問題 5.1**を参照のこと．

以上より，ξ_k は，パターン $\boldsymbol{x}_k$ が自クラスから超平面 H_1 あるいは H_2 を越えて，他クラスにどれだけ近接したかを示す指標となっていることがわかる．すなわち，式 (5.61) の ξ_k は，パターン $\boldsymbol{x}_k$ がもたらす損失と考えることができる．パターン $\boldsymbol{x}_k$ が誤識別された場合には $\xi_k > 1$ となるので，$\sum_{k=1}^{n} \xi_k$ は誤識別された学習パターン数の上限を表している．したがって，ξ_k の総和をペナルティとして用いるのは妥当であることがわかる．式 (5.55) で用いられているペナルティに対する重み c_{pe} は，試行錯誤により決定せざるを得ない．

最適化問題 5.3の解法は，前節の線形分離可能な場合と基本的に同じである．まず，ラグランジュの未定乗数として下式のように，線形分離可能な場合に導入した $\boldsymbol{\lambda}$ に加え，$\boldsymbol{\gamma}$ を導入する．

$$\boldsymbol{\lambda} = (\lambda_1, \ldots, \lambda_n)^t \tag{5.63}$$

$$\boldsymbol{\gamma} = (\gamma_1, \ldots, \gamma_n)^t \tag{5.64}$$

また，$\xi_k \, (\geq 0)$ を要素とする n 次元列ベクトル $\boldsymbol{\xi}$ を下式のように定義する．

$$\boldsymbol{\xi} = (\xi_1, \ldots, \xi_n)^t \tag{5.65}$$

ラグランジュ関数 $L(\boldsymbol{w}, w_0, \boldsymbol{\xi}, \boldsymbol{\lambda}, \boldsymbol{\gamma})$ は

$$
\begin{aligned}
&L(\boldsymbol{w}, w_0, \boldsymbol{\xi}, \boldsymbol{\lambda}, \boldsymbol{\gamma}) \\
&= \frac{1}{2} \|\boldsymbol{w}\|^2 + c_{pe} \sum_{k=1}^{n} \xi_k \\
&\quad - \sum_{k=1}^{n} \lambda_k \left(b_k (w_0 + \boldsymbol{w}^t \boldsymbol{x}_k) - 1 + \xi_k \right) - \sum_{k=1}^{n} \gamma_k \, \xi_k
\end{aligned}
\tag{5.66}
$$

と書ける．前節と同様にして，KKT条件は次のように記すことができる．すなわち，解 $(\boldsymbol{w}, w_0) = (\boldsymbol{w}^*, w_0{}^*)$ が存在するための必要十分条件は，その解において次式が成り立つ $\boldsymbol{\lambda} = \boldsymbol{\lambda}^* = (\lambda_1^*, \ldots, \lambda_m^*)^t$ が存在することである．

$$\frac{\partial L}{\partial \boldsymbol{w}} = \boldsymbol{0} \tag{5.67}$$

$$\frac{\partial L}{\partial w_0} = 0 \tag{5.68}$$

$$\frac{\partial L}{\partial \xi_k} = 0 \tag{5.69}$$

$$b_k(w_0 + \boldsymbol{w}^t \boldsymbol{x}_k) - 1 + \xi_k \geq 0 \tag{5.70}$$

$$\xi_k \geq 0 \tag{5.71}$$

$$\lambda_k \geq 0 \tag{5.72}$$

$$\gamma_k \geq 0 \tag{5.73}$$

$$\lambda_k \cdot \big(b_k(w_0 + \boldsymbol{w}^t \boldsymbol{x}_k) - 1 + \xi_k\big) = 0 \tag{5.74}$$

$$\gamma_k \cdot \xi_k = 0 \tag{5.75}$$

$$(k = 1, \ldots, n)$$

式 (5.67) の計算結果は，式 (5.20) と同じであり，下式が得られる．

$$\boldsymbol{w} = \sum_{k=1}^{n} \lambda_k b_k \boldsymbol{x}_k \tag{5.76}$$

また，式 (5.68) の計算結果は，式 (5.21) と同じであり，下式が得られる．

$$\sum_{k=1}^{n} \lambda_k b_k = 0 \tag{5.77}$$

式 (5.69) を計算すると，下式が得られる．

$$\frac{\partial L}{\partial \xi_k} = c_{pe} - \lambda_k - \gamma_k = 0 \tag{5.78}$$

式 (5.76)，(5.77) を用いると，式 (5.66) の右辺第 3 項は

$$\sum_{k=1}^{n} \lambda_k \big(b_k(w_0 + \boldsymbol{w}^t \boldsymbol{x}_k) - 1 + \xi_k\big)$$

$$= \boldsymbol{w}^t \sum_{k=1}^{n} \lambda_k b_k \boldsymbol{x}_k + w_0 \sum_{k=1}^{n} \lambda_k b_k + \sum_{k=1}^{n} \lambda_k(-1 + \xi_k) \tag{5.79}$$

$$= \|\boldsymbol{w}\|^2 + \sum_{k=1}^{n} \lambda_k(-1 + \xi_k) \tag{5.80}$$

となるので，ラグランジュ関数 $L(\boldsymbol{w}^t, w_0, \boldsymbol{\xi}, \boldsymbol{\lambda}, \boldsymbol{\gamma})$ は，式 (5.66) に上式と式 (5.78) を代入すると

$$L(\boldsymbol{w}^t, w_0, \boldsymbol{\xi}, \boldsymbol{\lambda}, \boldsymbol{\gamma})$$

$$= \sum_{k=1}^{n} \left(\lambda_k + (c_{pe} - \lambda_k - \gamma_k)\, \xi_k \right) - \frac{1}{2} \|\boldsymbol{w}\|^2 \tag{5.81}$$

$$= \sum_{k=1}^{n} \lambda_k - \frac{1}{2} \|\boldsymbol{w}\|^2 \tag{5.82}$$

となり，式 (5.26) の $L(\boldsymbol{\lambda})$ と一致する．すでに示したように，$L(\boldsymbol{\lambda})$ は式 (5.33) のようにベクトル表記できる．したがって，下式が成り立つ．

$$L(\boldsymbol{w}^t, w_0, \boldsymbol{\xi}, \boldsymbol{\lambda}, \boldsymbol{\gamma}) = L(\boldsymbol{\lambda})$$

$$= \boldsymbol{\lambda}^t \mathbf{1}_n - \frac{1}{2} \boldsymbol{\lambda}^t \mathbf{H} \boldsymbol{\lambda} \tag{5.83}$$

一方，式 (5.77) より，$\boldsymbol{\lambda}$ に対する拘束条件

$$\boldsymbol{\lambda}^t \mathbf{b} = 0 \tag{5.84}$$

が得られる．上式は，式 (5.31) と同じである．さらに，式 (5.78) と式 (5.71)〜(5.73) より，下式が得られる．

$$0 \leq \lambda_k \leq c_{pe} \qquad (k = 1, \ldots, n) \tag{5.85}$$

上式をベクトル表記することにより，λ_k に対する拘束条件として，式 (5.84) に加え，下式が得られる．

$$\mathbf{0} \leq \boldsymbol{\lambda} \leq c_{pe} \cdot \mathbf{1}_n \tag{5.86}$$

ここで，$\mathbf{1}_n$，$\mathbf{b}$，$\mathbf{H} = (h_{ij})$ は，式 (5.29)，(5.30)，(5.32) でそれぞれ示したとおりである．以上述べたように，線形分離不可能な場合でも，前節で求めた結果が利用できる．

　以上をまとめると，**最適化問題 5.3** は，その双対問題である以下の**最適化問題 5.4** に帰着される．

最適化問題 5.4（**λ**に関する最大化問題（2））　式 (5.12) の **λ**, 式 (5.30) の **b**
が条件

$$\boldsymbol{\lambda}^t \mathbf{b} = 0 \tag{5.87}$$

$$\mathbf{0} \leq \boldsymbol{\lambda} \leq c_{pe} \cdot \mathbf{1}_n \tag{5.88}$$

を満たすとき

$$h_{ij} = b_i b_j \boldsymbol{x}_i^t \boldsymbol{x}_j \qquad (i, j = 1, \ldots, n) \tag{5.89}$$

となる行列 $\mathbf{H} = (h_{ij})$ を用いて

$$L(\boldsymbol{\lambda}) = \boldsymbol{\lambda}^t \mathbf{1}_n - \frac{1}{2} \boldsymbol{\lambda}^t \mathbf{H} \boldsymbol{\lambda} \tag{5.90}$$

を最大化する **λ** $(= \boldsymbol{\lambda}^*)$ を求める.

　上記は，**最適化問題 5.2** の制約条件の式 (5.35) を式 (5.88) に変えた凸二次計
画問題である. **最適化問題 5.4** の解 $\boldsymbol{\lambda}^*$ を

$$\boldsymbol{\lambda}^* = (\lambda_1^*, \ldots, \lambda_n^*) \tag{5.91}$$

とすると，式 (5.76) より $\boldsymbol{w}^*$ は

$$\boldsymbol{w}^* = \sum_{k=1}^{n} \lambda_k^* b_k \boldsymbol{x}_k \tag{5.92}$$

と求められる. ここで式 (5.40), (5.41) と同様，KKT 条件のうち相補性条件の
式 (5.74) より

$$\lambda_k^* > 0 \quad \text{かつ} \quad b_k(w_0^* + \boldsymbol{w}^{*t} \boldsymbol{x}_k) - 1 + \xi_k = 0 \tag{5.93}$$

$$\lambda_k^* = 0 \quad \text{かつ} \quad b_k(w_0^* + \boldsymbol{w}^{*t} \boldsymbol{x}_k) - 1 + \xi_k > 0 \tag{5.94}$$

のいずれかが成り立つ. 同じく，相補性条件の式 (5.75) より

$$\gamma_k > 0 \quad \text{かつ} \quad \xi_k = 0 \tag{5.95}$$

$$\gamma_k = 0 \quad \text{かつ} \quad \xi_k > 0 \tag{5.96}$$

のいずれかが成り立つ.

すでに**最適化問題 5.2**で述べたように,w^* の決定に寄与するのは,サポートベクトル,すなわち $\lambda_k^* > 0$ に対応する x_k のみである.ここでサポートベクトルを x_s,対応する b_k,ξ_k をそれぞれ b_s,ξ_s とすると,式 (5.93) より

$$b_s(w_0^* + w^{*t}x_s) - 1 + \xi_s = 0 \tag{5.97}$$

が成り立つ.これより w_0^* はサポートベクトル x_s を用いて

$$w_0^* = b_s(1 - \xi_s) - w^{*t}x_s \tag{5.98}$$

と表せる.式 (5.92), (5.98) より,求めるべき識別関数 $g(x)$ は式 (5.46) と同様にして

$$g(x) = w_0^* + w^{*t}x \tag{5.99}$$

$$= w_0^* + \sum_{k=1}^{n} \lambda_k^* b_k x_k^t x \tag{5.100}$$

となる.

ここで,λ_k^* を以下の3通りに分けて考えよう.

(1) $\lambda_k^* = 0$ のとき

パターン x_k はサポートベクトルではない.式 (5.78) より $\gamma_k = c_{pe} > 0$ であるので,式 (5.95) より $\xi_k = 0$ が成り立つ.また,$\lambda_k^* = 0$ であるので,式 (5.94) より $b_k(w_0^* + w^{*t}x_k) > 1$ となる.**図 5.5**で示された ω_1 に属するパターン($b_k = 1$)$x_1 \sim x_4$ のうち,x_1 がこの条件に該当する.

(2) $0 < \lambda_k^* < c_{pe}$ のとき

パターン x_k はサポートベクトルである.式 (5.78) より $0 < \gamma_k < c_{pe}$ であるので,式 (5.95) より $\xi_k = 0$ が成り立つ.また,$\lambda_k^* > 0$ であるので,式 (5.93) より $b_k(w_0^* + w^{*t}x_k) = 1$ となる.**図 5.5**では,超平面 H_1 上にあるパターン x_2 がこの条件に該当する.

(3) $\lambda_k^* = c_{pe}$ のとき

パターン x_k はサポートベクトルである.式 (5.78) より $\gamma_k = 0$ であるので,式 (5.96) より $\xi_k > 0$ が成り立つ.また,$\lambda_k^* > 0$ であるので,式 (5.93)

より $b_k(w_0^* + \boldsymbol{w}^{*t}\boldsymbol{x}_k) = 1 - \xi_k < 1$ となる. もし $0 < \xi_k < 1$ ならば, $\boldsymbol{x}_k$ は正しく識別されるが, $\xi_k > 1$ の場合は誤識別となる. **図 5.5** では, 超平面 H_1 と H_0 の間にあるパターン $\boldsymbol{x}_3$ が前者, 超平面 H_0 を越えて ω_2 の領域にあるパターン $\boldsymbol{x}_4$ が後者の条件に該当する.

以上を, λ_k^*, γ_k, ξ_k, $\boldsymbol{x}_k$ の間の関係として整理すると以下の4通りにまとめられる. ただし, $g(\boldsymbol{x})$ は式 (5.99) で表される.

$$\lambda_k^* = 0, \qquad \gamma_k = c_{pe}, \qquad \xi_k = 0, \qquad b_k \cdot g(\boldsymbol{x}) > 1 \qquad (5.101)$$

$$0 < \lambda_k^* < c_{pe}, \quad 0 < \gamma_k < c_{pe}, \qquad \xi_k = 0, \qquad b_k \cdot g(\boldsymbol{x}) = 1 \qquad (5.102)$$

$$\lambda_k^* = c_{pe}, \qquad \gamma_k = 0, \qquad 0 < \xi_k < 1, \quad 0 < b_k \cdot g(\boldsymbol{x}) < 1 \qquad (5.103)$$

$$\lambda_k^* = c_{pe}, \qquad \gamma_k = 0, \qquad \xi_k > 1, \qquad b_k \cdot g(\boldsymbol{x}) < 0 \qquad (5.104)$$

図 5.5 の $\boldsymbol{x}_1 \sim \boldsymbol{x}_4$ は, 上の式 (5.101)〜(5.104) にそれぞれ当てはまるパターンの例である. 以上より明らかなように, w_0^* を求めるには, 式 (5.102) を満たす λ_k^* を求め, それに対応する $\boldsymbol{x}_k$ をサポートベクトル $\boldsymbol{x}_s$ として式 (5.98) に代入すればよい. 式 (5.102) で示されているように $\xi_k = 0$ であるので, 式 (5.98) より w_0^* は式 (5.102) を満たすサポートベクトル $\boldsymbol{x}_s$ とその教師信号 b_s を用いて

$$w_0^* = b_s - \boldsymbol{w}^{*t}\boldsymbol{x}_s \qquad (5.105)$$

$$= b_s - \sum_{k=1}^{n} \lambda_k^* b_k \boldsymbol{x}_k^t \boldsymbol{x}_s \qquad (5.106)$$

として求めることができ, 式 (5.43) と同じ結果が得られる. 実際の計算方法は, 95 ページの脚注を参照のこと.

以下では, 線形分離不可能な学習パターンを用いて, 線形 SVM の実験を行ってみよう. 使用するデータは, **図 2.1** で示した線形分離不可能な2クラスの2次元学習パターンである. 結果を**図 5.6**, **図 5.7** に示す. ペナルティに対する重みを, **図 5.6** では $c_{pe} = 0.1$, **図 5.7** では $c_{pe} = 10.0$ にそれぞれ設定した. 凸二次計画問題を解くことによって, 式 (5.99) の線形識別関数 $g(\boldsymbol{x})$ が得られる. 図では, 決定境界 $g(\boldsymbol{x}) = 0$ を示す超平面 H_0 を太線で描き, $g(\boldsymbol{x}) = 1$ を示す超平面 H_1 および $g(\boldsymbol{x}) = -1$ を示す超平面 H_2 を細線で描いている.

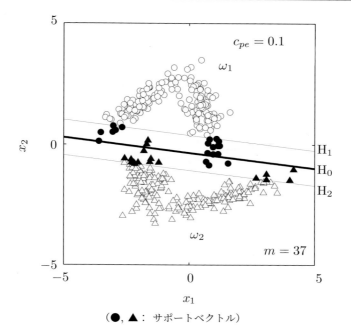

図で示された内容

（●，▲：サポートベクトル）

図 5.6　SVMによる決定境界（$c_{pe} = 0.1$）

　図で，非サポートベクトルは白抜きで描き，サポートベクトルは黒く塗り潰している．**図 5.6**を例にとって説明すると，非サポートベクトルは計363パターンであり，式 (5.101) を満たす．また，サポートベクトルは計37パターンであり，式 (5.102)〜(5.104) のいずれかを満たす．

　式 (5.102) を満たすサポートベクトルは3パターンであり，これらは超平面 H_1 または H_2 上にある．式 (5.103) を満たすサポートベクトルは29パターンであり，これらは超平面 H_0 と H_1 の間，もしくは H_0 と H_2 の間の自クラスの領域に存在する．式 (5.104) を満たすサポートベクトルは5パターンであり，これらは超平面 H_0 を越えて他クラスの領域に存在するので，誤識別される．

　ペナルティに対する重み c_{pe} の値が大きければ，超平面 H_1 あるいは H_2 を越えて他クラスの領域に近づくことを抑制するようになるため，H_1 と H_2 との距離は小さくなる．**図 5.6**では両超平面の距離は1.454であったのに対し，

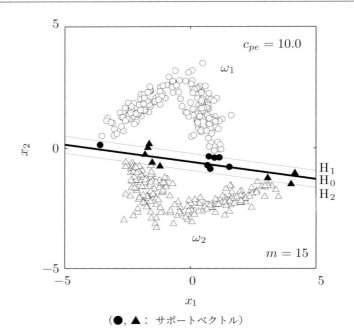

（●，▲：　サポートベクトル）

図 5.7　SVM による決定境界（$c_{pe} = 10.0$）

図 5.7 では 0.693 と 1/2 以下となっている．その結果，**図 5.7** では**図 5.6** に比べて超平面 H_1 と H_2 の間に存在するパターン数が減少し，サポートベクトルすなわち決定境界の決定に寄与するパターン数も減少する．実際，**図 5.7** では，サポートベクトルの数は 15 であり，**図 5.6** の場合に比べて減少している．

　ここでもう一度式 (5.101)〜(5.104) を眺めてみよう．学習パターンの分布が線形分離可能な場合，決定境界 H_0 を定めるためのサポートベクトルは，すべて超平面 H_1 または H_2 上に存在している．このことは**図 5.4** で確かめることができる．

　一方，分布が線形分離不可能な場合，ソフトマージンを導入することによって得られるサポートベクトルは，必ずしも H_1，H_2 上に存在するとは限らない．たとえば，式 (5.102) のサポートベクトルは H_1，H_2 上にあるが，式 (5.103) のサポートベクトルは H_1，H_2 上にはない．それだけでなく，式 (5.104) のよう

に，誤識別となるパターンもサポートベクトルとして決定境界H_0の決定に関わることに注意しなくてはならない．このことは**図5.6**，**図5.7**からも明らかである．

式(5.101)は，決定境界H_0からの距離が大きいパターンはサポートベクトルになり得ないことを示している．言い換えれば，サポートベクトルは，決定境界H_0に近接したパターンの中から選択されるということである．

線形分離不可能な学習パターンに対して線形SVMを適用する，より単純な例を**演習問題5.3**に示したので，参照されたい．

5.4　Φ関数によるSVMの非線形化

前節では，線形SVMの手法について述べた．線形SVMで得られる決定境界はあくまで超平面であるので，線形分離不可能なデータに対しては誤識別は避けられない．したがって，高い識別性能を達成するには，非線形な識別関数によって複雑な決定境界を実現する必要がある．

第3章では，Φ関数による非線形変換，すなわち元のd次元空間

$$\boldsymbol{x} = (x_1, \ldots, x_d)^t \tag{5.107}$$

から，D次元空間

$$\boldsymbol{\phi}(\boldsymbol{x}) = (\phi_1(\boldsymbol{x}), \ldots, \phi_D(\boldsymbol{x}))^t \tag{5.108}$$

への変換を紹介した．変換されたΦ空間（D次元）では，元の空間（d次元）での線形演算手法がそのまま適用できることを，これまで実験を交えて示した（3.3節参照）．本章で紹介したSVMについても同様に，Φ空間での処理が可能である．変換後のΦ空間で線形SVMを適用した結果は，元のd次元空間では非線形識別関数を適用したことになる．このようにして構築される識別関数が**非線形SVM**（nonlinear SVM）である．

実は，SVMの非線形化は，次章で述べるカーネル法によって実現するのが一般的である．カーネル法とそのSVMへの応用については次章で詳しく述べるので，ここではその準備としてΦ関数によるSVMの非線形化を試みておく．

〔1〕　非線形関数 $\phi(x)$ の適用

　非線形変換を施した後の D 次元空間上で線形 SVM を適用するには，これまでの x を $\phi(x)$ に置き換えればよい．すると，式 (5.37) あるいは式 (5.90) の $\mathbf{H} = (h_{ij})$ は，式 (5.32) に代わって

$$h_{ij} = b_i b_j \phi(x_i)^t \phi(x_j) \qquad (i, j = 1, \ldots, n) \tag{5.109}$$

となり，解くべき最適化問題は，**最適化問題 5.2**，5.4 と全く同じ形となる．また，求める識別関数は式 (5.46)，(5.100) の代わりに下式となる．

$$g(x) = w_0^* + \sum_{k=1}^{n} \lambda_k^* b_k \phi(x_k)^t \phi(x) \tag{5.110}$$

ここで，上式の w_0^* は次のようにようにして求めることができる．すなわち，式 (5.39)，(5.92) に対応して

$$w^* = \sum_{k=1}^{n} \lambda_k^* b_k \phi(x_k) \tag{5.111}$$

が成り立つので，上式を用いると，式 (5.43)，(5.105) に対応して

$$w_0^* = b_s - w^{*t} \phi(x_s) \tag{5.112}$$

$$= b_s - \sum_{k=1}^{n} \lambda_k^* b_k \phi(x_k)^t \phi(x_s) \tag{5.113}$$

と求められる．ただし，式 (5.113) の x_s は，式 (5.102) より，$0 < \lambda_k^* < c_{pe}$ を満たすサポートベクトルであり，b_s はその教師信号である（95 ページの脚注参照）．

　これまでと同様，**図 2.1** の学習パターンを用いた実験結果を示そう．実験は，2 次元特徴空間上で 3 次識別関数を設定することによって行う．このような 3 次識別関数を実現するための $x \to \phi(x)$ の非線形変換として式 (4.20) を用いる．

　識別関数を求めるには，式 (5.109) により行列 $\mathbf{H}$ を計算し，**最適化問題 5.2** の双対問題を解いて λ^* を式 (5.110) に代入すればよい．その結果を**図 5.8** に示す．決定境界を太線で，$g(x) = \pm 1$ に対応する境界を細線でそれぞれ示した．

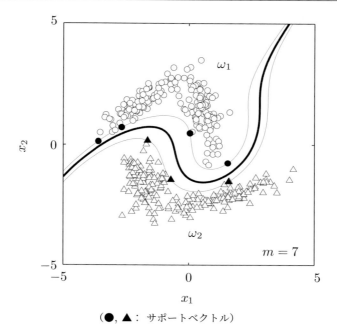

（●，▲：サポートベクトル）

図5.8　関数 $\phi(x)$ を用いた非線形SVMによる決定境界

この決定境界により両クラスが正しく分離できていることがわかる．サポートベクトルはクラス ω_1 で4個，クラス ω_2 で3個の合計7個であり，図ではそれらをそれぞれ●と▲で示した．これらのサポートベクトルは，$g(x) = \pm 1$ の細線上にあることが確認できる．

　第4章で，同じく式 (4.20) を用いて非線形変換を施し，基本パーセプトロンの学習規則を適用して得られた決定境界を図 4.6 に示した．図 4.6 では決定境界とパターン間に余裕がないのに対し，図 5.8 ではマージン最大化の効果により，決定境界とパターン間に余裕が確保できている．また，サポートベクトル数も図 4.6 の寄与ベクトル数13に比べて7と少ない．

〔2〕　カーネルトリックの適用

　以上の実験では，非線形変換の関数 $\phi(x)$ を式 (4.20) で示した形で陽に設定

し，$D\,(=10)$ 次元空間での演算を実行した．ここで 4.5 節〔2〕（75 ページ）で紹介したカーネルトリックが適用できる．

すなわち，式 (4.20) の $\phi(\boldsymbol{x})$ を用いると，式 (4.23) が成り立つので，下式のようにポテンシャル関数 $K(\boldsymbol{x}_i, \boldsymbol{x}_j)$ を設定できる．

$$K(\boldsymbol{x}_i, \boldsymbol{x}_j) = \phi(\boldsymbol{x}_i)^t \phi(\boldsymbol{x}_j) \tag{5.114}$$

$$= (1 + \boldsymbol{x}_i^t \boldsymbol{x}_j)^3 \tag{5.115}$$

その結果，$\mathbf{H} = (h_{ij})$ は式 (5.109) の代わりに下式によって求めることができる．

$$h_{ij} = b_i b_j K(\boldsymbol{x}_i, \boldsymbol{x}_j) \tag{5.116}$$

$$= b_i b_j (1 + \boldsymbol{x}_i^t \boldsymbol{x}_j)^3 \qquad (i, j = 1, \ldots, n) \tag{5.117}$$

以上より，式 (5.110)，式 (5.113) は下式のように書き換えられる．

$$g(\boldsymbol{x}) = w_0^* + \sum_{k=1}^{n} \lambda_k^* b_k K(\boldsymbol{x}, \boldsymbol{x}_k) \tag{5.118}$$

$$w_0^* = b_s - \sum_{k=1}^{n} \lambda_k^* b_k K(\boldsymbol{x}_s, \boldsymbol{x}_k) \tag{5.119}$$

ただし，式 (5.119) の $\boldsymbol{x}_s$ は，式 (5.113) と同様，$0 < \lambda_k^* < c_{pe}$ を満たすサポートベクトルであり，b_s はその教師信号である．

カーネルトリックを用いる場合には，式 (5.116) により行列 $\mathbf{H}$ を計算し，**最適化問題 5.2** の双対問題を解いて式 (5.118) の識別関数を求める．式 (5.109) では関数 $\phi(\boldsymbol{x})$ の設定と，$D\,(=10)$ 次元ベクトルの内積計算が必要となるが，式 (5.116) では $d\,(=2)$ 次元ベクトル間の計算で済ませることができる．当然のことながら，その結果は**図 5.8** と一致する．

上式の $K(\boldsymbol{x}, \boldsymbol{x}_k)$ は，第 6 章のカーネル関数に相当し，特に式 (5.115) の形で表されるカーネル関数は多項式カーネルと呼ばれることはすでに述べた．カーネル関数 $K(\boldsymbol{x}, \boldsymbol{x}_k)$ は D 次元ベクトル同士の内積 $\phi(\boldsymbol{x}_k)^t \phi(\boldsymbol{x})$ を，d 次元ベクトル $\boldsymbol{x}, \boldsymbol{x}_k$ の関数として表すことができる．このような $K(\boldsymbol{x}, \boldsymbol{x}_k)$ は，多項式カーネルに限らず，式 (4.7) のガウス関数

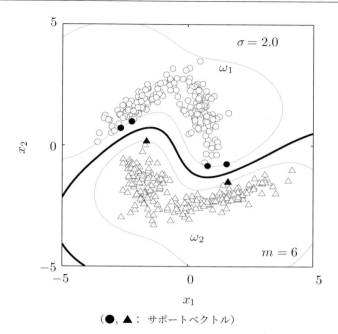

（●, ▲：サポートベクトル）

図 5.9 ガウスカーネルを用いた非線形SVMによる決定境界 (1)

$$K(\boldsymbol{x}, \boldsymbol{x}_k) = \exp\left[-\frac{\|\boldsymbol{x} - \boldsymbol{x}_k\|^2}{2\sigma^2}\right] \tag{5.120}$$

もガウスカーネルと呼ばれ，式 (4.13)のような内積として表せることは，すで
に71ページで述べたとおりである．カーネル関数の満たすべき条件について
は第 6 章で詳しく述べる.

　ガウスカーネルを用い，**図 2.1** の学習パターンに対して非線形SVMを適
用した実験結果を**図 5.9**に示す．図の見方はこれまでと同じである．関数
$K(\boldsymbol{x}, \boldsymbol{x}_k)$のパラメータは$\sigma = 2.0$とした．太線で示した決定境界が両クラス
を正しく分離できていることがわかる．サポートベクトル数は，クラスω_1, ω_2
でそれぞれ4，2の合計6個であり，それらは$g(\boldsymbol{x}) = \pm 1$に対応する細線上に
ある.

　同じくガウスカーネルを用い，上記と同等の条件で**図 2.10** の学習パターン

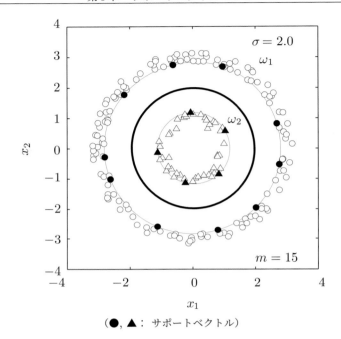

（●，▲： サポートベクトル）

図 5.10　ガウスカーネルを用いた非線形SVMによる決定境界 (2)

に対して非線形SVMを適用した実験結果を**図 5.10** に示す．サポートベクトル
数は，クラスω_1，ω_2でそれぞれ10, 5の合計15個であり，それらは$g(\boldsymbol{x}) = \pm 1$
に対応するほぼ同心円の細線上にある．その結果，決定境界も同心円となり，
かつクラス間分離の余裕も**図 3.4**，**図 4.4** に比べて大きい．この結果より，非
線形SVMによるマージン最大化の効果が確認できる．

　　以上の結果を第4章のポテンシャル関数法の実験結果と比較すると，寄与
ベクトルとサポートベクトルとの関連性がわかる．非線形SVMで得られた
式 (5.118) は式 (4.1) に対応しており，識別関数の形はポテンシャル関数法と
同じである[*8]．しかし，識別関数の決定方法は，非線形SVMとポテンシャル
関数法とでは次の点で大きく異なっている．

[*8]　定数項 w_0^* の有無は本質的な違いではない．

すなわち，ポテンシャル関数法のアルゴリズムは，69ページで紹介したように反復法であり，場合によっては収束までに長時間を要する場合がある．しかし，非線形SVMの計算法は直接法であり，凸二次計画問題を解くことに帰着されるので，ポテンシャル関数法に比べ，扱いが容易である．また，ポテンシャル関数法の寄与ベクトルと異なり，非線形SVMではサポートベクトルは一意に決まる．より単純な例を**演習問題 5.4**として掲げたので，参照されたい．

以上述べたように，カーネルトリックは$\phi(\boldsymbol{x})$の具体的な形を指定する必要がなく，高次元空間でのベクトル演算を不要にしたという点で，極めて重要な意味を持ち，SVMと結びついたことで注目を集めることになった[*9]．このSVMの発案者であるボザーらの最大の功績は，マージン最大化とカーネル法の二つのアイデアを組み合わせ，高い識別能力を有する識別法を実現したことである．

〔3〕 正則化問題としてのSVM最適化

ここで，SVMの最適化問題を別の視点から見てみよう．式 (5.61) を用いると，式 (5.55) で示した$f(\boldsymbol{w})$の最小化問題は，次のような$F(\boldsymbol{w})$の最小化問題に書き直すことができる．

$$\boldsymbol{w}^* = \operatorname*{argmin}_{\boldsymbol{w}} \ F(\boldsymbol{w}) \tag{5.121}$$

$$F(\boldsymbol{w}) \stackrel{\text{def}}{=} \frac{c'}{2}\|\boldsymbol{w}\|^2 + \frac{1}{n}\sum_{k=1}^{n} \max\{1 - b_k(w_0 + \boldsymbol{w}^t\boldsymbol{x}_k),\ 0\} \tag{5.122}$$

ここでc'は正定数であり，式 (5.55) のc_{pe}と同様，第一項と第二項のバランスを決めるパラメータである[*10]．関数$F(\boldsymbol{w})$の第二項の$\max\{\cdot\}$は式 (5.61) に相当し，$\boldsymbol{x}_k$が誤識別を起こしたときに1を超え，誤識別の損失に相当する．したがって，第二項は全パターンによる平均損失を表している．空間の次元，すなわち，$\boldsymbol{x}$の次元が十分大きければ，学習パターンに対して誤識別を起こさない

[*9]　カーネルトリックという名称こそ使われなかったものの，基本的な考え方とその重要性は，ポテンシャル関数法の研究が活発に進められていた1960年代にすでに明らかにされていたことも忘れてはならない（[ABR70] 邦訳書 p.36）．

[*10]　ただし，$c_{pe} \to 0$は$c' \to \infty$に，$c_{pe} \to \infty$は$c' \to 0$にそれぞれ対応している．

w が存在し，$b_k(w_0 + w^t x_k)$ は常に正となる．このとき，ノルムが十分大きな w を適当にとりさえすれば，式 (5.122) の第二項を0にすることができる．したがって，式 (5.122) の第一項は，$\|w\|$ がいたずらに大きくならないように w を抑制する機能を持つ．抑制の度合はパラメータ c' の大きさで決まる．

式 (5.55) は，その第二項が w によって陽に表されていないのでわかりにくいが，式 (5.122) のように書き直すと，この式はいわゆる**正則化** (regularization) ([改訂版] の229ページ参照) の式になっていることがわかる．式 (5.122) の第一項を正則化項と呼ぶ．式 (5.8) で示したように，マージンの大きさは $\|w\|$ に反比例するので，$\|w\|$ が小さくなるような正則化項を加えることは，マージン最大化を行っていることにほかならない．最適な w は，式 (5.122) の $F(w)$ を偏微分して $\mathbf{0}$ と置き

$$\frac{\partial F(w)}{\partial w} = c' w - \frac{1}{n} \sum_{k=1}^{n} b_k x_k = \mathbf{0} \tag{5.123}$$

として w を高速に求めることができる．

上記の議論はもちろん非線形SVM その場合は x を $\phi(x)$ に置き替えた下式の $F(\mathbf{w})$ を最小化する問題となる．

$$F(\mathbf{w}) = \frac{c'}{2} \|\mathbf{w}\|^2 + \frac{1}{n} \sum_{k=1}^{n} \max\{1 - b_k \mathbf{w}^t \phi(x_k),\ 0\} \tag{5.124}$$

この手法を第6章で紹介するカーネル法と組み合わせることはできないが，明示的に Φ が与えられているのであれば一般化線形識別関数法と組み合わせることは可能である．

5.5 SVMを利用する上での留意点

すでに5.1節で述べたように，SVMは，(1) 高い汎化能力を有する，(2) 非線形化により複雑な決定境界を設定できる，(3) パラメータが大域的最適解に収束する，(4) 解を一意に決定できる，などの長所がある．一方，SVMの利用にあたっては，以下に示すように注意しなければならない点もある．

(1) 基本的な定式化が二クラス問題を解く形になっているため，そのままの形では多クラス問題に適用できない．多クラス問題を解くために，2クラスの識別器を多数用意するという標準的な方法がある．たとえば，クラス数がcの場合，あるクラスとそれ以外の$(c-1)$クラスという二クラス問題をc種設定し，SVMを適用する方法が考えられる．また，すべてのクラス対を考え，$c(c-1)/2$種の二クラス問題にSVMを適用した後，**多数決**（majority voting）法を用いる方法も考えられる．多数決法については[改訂版]の4.3節〔2〕を参照されたい．

(2) 凸二次計画法を解くための計算量に注意する必要がある．凸二次計画法を高速に解くためのアルゴリズムが提案されているが，式 (5.32) あるいは式 (5.109) の h_{ij} を要素とする行列 **H** を扱わなくてはならない．ここで注意が必要なのは，学習パターン数がnの場合，正方行列 **H** の大きさが$n \times n$になるという点である．主成分分析や判別分析などの標準的なデータ解析手法では，計算量が特徴空間の次元数に依存することが多いが，SVMでの最適化は特徴空間の次元数に依存する**最適化問題 5.1** が，次元数ではなくパターン数に依存する**最適化問題 5.2** に置き換わっている．したがって，SVMの場合，学習パターン数が多いことは識別性能向上という点では有利であるが，計算量とメモリ量の増大をもたらすという点で不利である．

(3) ペナルティ項に対する重み係数 c_{pe} の最適な値は，あらかじめ人間が決定する必要がある．このようなパラメータを**ハイパーパラメータ**（hyperparameter）[*11] と呼んでおり，その最適化の手順には注意が必要である．ただし，c_{pe} を変化させたときの振舞は直感的に掴むことができ，c_{pe} に対する識別性能の変化は単峰性になることが期待されるので，その最適値は比較的求めやすい．

(4) クラスによって学習パターン数に大きな偏りがある場合には，クラスごとにc_{pe}を変えるという工夫した方がよいこともある．これは，各クラスの

[*11] データからの学習によって決定できる本来のパラメータとは別に，学習に先立って人間があらかじめ調整する必要のあるパラメータを指す．たとえば，ニューラルネットワークの重みは本来のパラメータであり，中間層の数，ユニット数はハイパーパラメータである．ハイパーパラメータについては[改訂版]の4.5節〔1〕も参照のこと．

事前確率をどのように見積もるかということとも関連してくるであろう．
同様に，学習パターンに重要度が付与できる場合には，学習パターンごと
に c_{pe} を変えるという工夫をすることができる．

(5) 非線性SVMの設計には，次章で述べるカーネル法を利用するが，カーネ
ル関数の選択に明確な指針はない．これについては後述する．

coffee break

❖ サポートベクトルマシンの辿った長い道のり

ボザーらが1992年の論文で提案したSVMの柱となるのは，マージン最大化と
カーネルトリックという二つの技術である．マージンの考え方は，すでに1960年
から1970年台にかけて，パーセプトロンの高度化を目指す過程で提案され，議論
の俎上に上っていた[DH73]．また，カーネルトリックについても，アイゼルマン
が1964年に発表したポテンシャル関数法の論文[ABR64]で紹介している．そも
そも，カーネルトリックの基となる理論そのものは，一世紀以上の長い歴史を有し
ている[Sch00][Mer09]．

マージンやカーネルトリックが紹介され，SVMの発案を促す材料は十分揃って
いたと思えるのに，ボザーらによるSVMの発表に至るまで，実に30年を要してい
る．これほどの長い年月を要したのはなぜだろうか．

ポテンシャル関数法は，ボザーらが取り挙げるまで長い間使われず，忘れられて
いた．多くの計算量を要求するポテンシャル関数を反復法で使用するため，当時の
計算機能力では十分処理できなかったことがその主たる理由であろう．反復法の
使いにくさは，当時のマージン決定法にも当てはまる．推測の域を出ないがさらに
付け加えると，当時の研究者はマージンの効用を過小評価していた可能性がある．

マージンは大きいほど良い，というのは誰でも理解できる．しかし，マージンを
大きくすることの効用は，高次元特徴空間でこそ発揮できるということに気が付か
なかったのではないか．すでに89ページのcoffee breakでも述べたように，SVM
は高い汎化能力を有している．大きなマージンを確保すれば，パターン数に比して
特徴空間の次元数が極めて大きいとき，言い換えれば，特徴空間上でパターンが疎
らに分布しているときでも十分な学習効果を期待できる．一方，高次元特徴空間
上で少数の学習パターンにより学習を行うことは，過学習を引き起こし，**次元の呪
い**（curse of dimensionality）（[改訂版]の97ページ参照）の災厄として長い間タ
ブー視されてきた．当時はこのタブーに挑戦することにためらいもあったことと
思う．また，たとえそのような挑戦を試みようとしても，極度に高い次元での処理
は，当時の計算機能力では不可能であったろう．

　ボザーらの功績は，マージンの潜在的能力を再認識し，マージン最大化を凸二次計画問題として定式化し，直接法としての解法を示したことである．それだけにとどまらず，ボザーらは，SVMが最も力を発揮できる高次元空間での処理を可能にした．すなわち，カーネルトリックにより，高次元空間での膨大な計算を，それと等価なカーネルによる簡便な計算に置き換えたのである．このように，マージンとカーネルトリックという古くから知られている手法を巧みに組み合わせることにより，問題解決の道を開いた功績は極めて大きい．

　サポートベクトルマシンを巡る話はさらに続く．サポートベクトルマシンは，1995年のコルテス（Corinna Cortes）とヴァプニックによるソフトマージンの提案[CV95]で完成した．しかし，SVMが多くの研究者によって取り上げられ，多数の論文や書籍として世に出るようになったのは，さらに時を経て1990年代の後半から2000年以降である．サポートベクトルマシンの発案に30年を要しただけでなく，本手法がブームとなるまでになぜこれほどの年月を要したのだろうか．ボザーらによる歴史的な論文が発表された当時，その重要性に気付いていた人は少なかったのではないかと推察される．では，何がブームの起爆剤となったのであろうか．

　まず，ヴァプニックが所属していたベル研究所に在籍したショルコフをはじめとする研究者による一連の実証的研究の貢献を挙げなくてはならない．

　二つ目は，ヨアキムスによる文書分類へのSVMの適用である[Joa02]．文書処理においては，特定の単語が文書中に出現するか否かを0/1の特徴として表現するため，サンプル数に比べて特徴空間の次元数は極めて大きくなる．ヨアキムスは，このような場合でも，SVMが有効に機能することを示した．すなわち，前述のタブーへ挑戦し，それを突破したわけである．パターン認識の分野で開発されたSVMが分野を越え，自然言語処理の分野で力を発揮したことへの反響は極めて大きかった．

　三つ目が，ヨアキムスによるSVM-Lightというプログラムの公開[Joa98a]である．今でこそGitHubを通じてソースコードを公開することが当たり前になったが，当時としては珍しいことであった．このSVM-Lightの公開と普及により，SVMの価値が分野を超えて認識されるに至ったのである．

　当たり前のことであるが，いかに優れたアイデアであっても，検証しなければその価値はわからないし，その価値が認知されなければ日の目をみることはない．サポートベクトルマシンの辿った長い道のりは，そのことを雄弁に物語っている．

演習問題

5.1 式 (5.62) を導出せよ.

5.2[†]　線形 SVM を用いて, **演習問題 1.3** に掲げた線形分離可能な学習パターンを正しく識別できる識別関数 $g(\boldsymbol{x})$ を求めよ. また, 得られた識別関数によって設定される決定境界 H_0, マージンを決定する超平面 H_1, H_2 を図示するとともに, マージンの値 R を示せ. さらに, この結果を **演習問題 1.3**, **演習問題 1.4** の結果と比較せよ.

5.3[†]　線形 SVM を用いて, **演習問題 3.3** に掲げた線形分離不可能な学習パターンに対する識別関数 $g(\boldsymbol{x})$ を求めたい. 式 (5.55) のペナルティを $c_{pe} = 0.1$ に設定したときの識別関数を求めよ. また, $g(\boldsymbol{x}) = 0$ の決定境界 H_0, $g(\boldsymbol{x}) = 1$ の超平面 H_1, $g(\boldsymbol{x}) = -1$ の超平面 H_2 を図示せよ. さらに, ペナルティを $c_{pe} = 10$ に設定したときの結果についても上と同様に示せ.

5.4[†]　非線形 SVM を用いて, **演習問題 3.3** に掲げた線形分離不可能な学習パターンを正しく識別できる識別関数を求めたい.

(1)　カーネル関数として, 式 (4.7) のガウスカーネルを用いたとき, 得られる決定境界を図示せよ. ただし, ガウスカーネルのパラメータは $\sigma = 2.0$ に設定すること. また, 得られた結果を **演習問題 4.2**(1) の結果と比較せよ.

(2)　カーネル関数として, 式 (4.24) の 3 次の多項式カーネルを用いたとき, 得られる決定境界を図示せよ. また, 得られた結果を **演習問題 4.2**(2) の結果と比較せよ.

第6章
カーネル法

6.1　カーネル関数

　カーネル法（kernel method）は，線形モデルによる処理アルゴリズムを非線形モデルへ拡張するための汎用的手法であり，パターン識別の手法の一つであるサポートベクトルマシンの普及とともによく知られるようになった．その最大の特徴は，カーネル関数と呼ばれる関数を介することによって，高次元空間へ非線形写像したベクトルの内積を，低次元の原空間上の演算で計算できるという点にある．その結果，多変量データを対象にした線形の処理アルゴリズムを自然な形で非線形に拡張することが可能になった．さらにその後，構造化データを対象としたカーネル法も提案され，その裾野がさらに広がった．現在，カーネル法は，機械学習，パターン認識に限らず，コンピュータビジョン，自然言語処理，データマイニング，バイオインフォマティックスなど幅広い応用分野における基本技法の一つになりつつある．また，理論面では，再生核ヒルベルト空間の理論，正則化理論，ガウス過程などとの関係も明らかにされている [瀬戸21]．

　カーネル法は，非線形変換 ϕ によって x を $\phi(x)$ に変換するという点においては，実は第3章で述べた一般化線形識別関数法と同じであり，第4章のポテンシャル関数法にも結びつく．しかし，カーネル法は関数 ϕ を明示的な形で記述するのではなく，カーネル関数と呼ぶ特別の関数を介して ϕ を定義するという点に特徴がある．カーネル関数は以下のように定義される．

　ある関数 $\phi(x)$ $(\mathbf{R}^d \to \mathbf{R}^D)$ があって，$\mathbf{R}^d$ 上のすべての x, y $(\in \mathbf{R}^d)$ に対して，

$$k(x, y) = \phi(x)^t \phi(y) \tag{6.1}$$

が成立する関数 ϕ があるとき，関数 $k(\cdot)$ を**カーネル関数**（kernel function）と呼ぶ．ただし，ϕ は d 次元から D 次元への写像である．

したがって，$\boldsymbol{x}$，$\boldsymbol{y}$ の関数 $k(\boldsymbol{x}, \boldsymbol{y})$ がカーネル関数であるか否かは，式 (6.1) を満たす ϕ が存在するかどうかで決まる．そして，内積演算を用いて計算することができるすべての計算は内積をカーネル関数 $k(\cdot)$ で置き換えて計算できることを意味している．しかも，$k(\cdot)$ の形を決めさえすれば ϕ の具体的な形を与えなくても計算が可能となる．

ここで重要なことは，式 (6.1) の右辺が D 次元ベクトルの内積であるのに対し，カーネル関数 $k(\boldsymbol{x}, \boldsymbol{y})$ は d 次元ベクトルの関数であるという点である．ベクトル $\phi(\boldsymbol{x})$ と $\phi(\boldsymbol{y})$ の内積を計算する際には，ϕ の空間で直接内積の計算をする必要はなく，$k(\boldsymbol{x}, \boldsymbol{y})$ を計算すればよい．したがって，d に比べて D が非常に大きい（$D \gg d$）とき，計算量に大きな差が生じる．つまり，カーネル関数 $k(\cdot)$ で決まる写像 ϕ は，d 次元空間から D 次元空間への非線形写像であるにもかかわらず，$\phi(\boldsymbol{x})^t \phi(\boldsymbol{y})$ という高次元非線形の演算が $k(\boldsymbol{x}, \boldsymbol{y})$ という低次元線形演算で実現できてしまうのである．この仕掛けを，79ページで述べたように，カーネルトリックと呼ぶ．まず，カーネル関数の簡単な例を見てみよう．

[例1]

任意の2次元ベクトル $\boldsymbol{x}$，$\boldsymbol{y}$ を $\boldsymbol{x} = (x_1, x_2)^t$，$\boldsymbol{y} = (y_1, y_2)^t$ とし，2次元空間 $\mathbf{R}^2$ から3次元空間 $\mathbf{R}^3$ への写像 ϕ（$d = 2$, $D = 3$）を次のように定義する．

$$\phi(\boldsymbol{x}) = (x_1^2, x_2^2, \sqrt{2}x_1x_2)^t \tag{6.2}$$

このとき，$\phi(\boldsymbol{x})$ と $\phi(\boldsymbol{y})$ の内積を計算すると，

$$\phi(\boldsymbol{x})^t\phi(\boldsymbol{y}) = (x_1^2, x_2^2, \sqrt{2}x_1x_2)(y_1^2, y_2^2, \sqrt{2}y_1y_2)^t \tag{6.3}$$

$$= x_1^2y_1^2 + x_2^2y_2^2 + 2x_1x_2y_1y_2 \tag{6.4}$$

$$= (\boldsymbol{x}^t\boldsymbol{y})^2 \tag{6.5}$$

となる．すなわち，式 (6.1) を満たす ϕ が式 (6.2) で与えられることから

$$k_1(\boldsymbol{x}, \boldsymbol{y}) = (\boldsymbol{x}^t\boldsymbol{y})^2 \tag{6.6}$$

で定義される関数 $k_1(\boldsymbol{x}, \boldsymbol{y})$ は，カーネル関数である．

[例2]

写像 $\phi\,(d=2,\ D=10)$，すなわち2次元空間から10次元空間への写像を考える．すでに式 (4.20)，(4.23) で示したように，$\phi(\boldsymbol{x})$ を

$$\phi(\boldsymbol{x}) = (1, \sqrt{3}x_1, \sqrt{3}x_2, \sqrt{6}x_1x_2, \sqrt{3}x_1^2, \sqrt{3}x_2^2, \sqrt{3}x_1^2x_2, \sqrt{3}x_1x_2^2, x_1^3, x_2^3)^t \tag{6.7}$$

とすると，$\phi(\boldsymbol{x})$ と $\phi(\boldsymbol{y})$ の内積は，

$$\phi(\boldsymbol{x})^t\phi(\boldsymbol{y}) = (1 + \boldsymbol{x}^t\boldsymbol{y})^3 \tag{6.8}$$

となる．したがって，例1と同様に，式 (6.1) を満たす ϕ が式 (6.7) で与えられるので

$$k_2(\boldsymbol{x}, \boldsymbol{y}) = (1 + \boldsymbol{x}^t\boldsymbol{y})^3 \tag{6.9}$$

で定義される関数 $k_2(\boldsymbol{x}, \boldsymbol{y})$ はカーネル関数であり，6.3節で述べる多項式カーネルに相当する．

[例3]

次のような d 次元空間から $D\,(=d^2)$ 次元空間への写像 ϕ を考える．

$$\phi(\boldsymbol{x}) = (x_ix_j)_{i,j=1}^d \tag{6.10}$$

ここで，$(x_ix_j)_{i,j=1}^d$ は，d 次元ベクトル $\boldsymbol{x} = (x_1, x_2, \ldots, x_d)^t$ に対し，すべての $i,\ j\,(1 \le i,\ j \le d)$ について計算した d^2 個の x_ix_j を成分とする d^2 次元ベクトルである．たとえば，$d=2$ のときには，

$$\phi(\boldsymbol{x}) = (x_1^2, x_1x_2, x_2x_1, x_2^2)^t \tag{6.11}$$

となる．このとき，$\phi(\boldsymbol{x})$ と $\phi(\boldsymbol{y})$ の内積は，

$$\phi(\boldsymbol{x})^t\phi(\boldsymbol{y}) = ((x_ix_j)_{i,j=1}^d)^t((y_iy_j)_{i,j=1}^d) \tag{6.12}$$

$$= \sum_{i,j=1}^d x_ix_jy_iy_j \tag{6.13}$$

$$= \sum_{i=1}^d x_iy_i \sum_{j=1}^d x_jy_j \tag{6.14}$$

$$= (\boldsymbol{x}^t \boldsymbol{y})^2 \tag{6.15}$$

となる．したがって，

$$k_3(\boldsymbol{x}, \boldsymbol{y}) = (\boldsymbol{x}^t \boldsymbol{y})^2 \tag{6.16}$$

で定義される関数 $k_3(\boldsymbol{x}, \boldsymbol{y})$ はカーネル関数である．

　式 (6.16) は，**例1** の式 (6.6) と同じ形をしているが，$\phi(\boldsymbol{x})$ の形は式 (6.11) と式 (6.2) とで異なっている．すなわち，あるカーネル関数 $k(\cdot)$ について，式 (6.1) を満たす ϕ が一意に決まるとは限らない．

6.2　カーネル関数の条件

〔1〕　マーサーの条件を満たすカーネル関数

　カーネル関数の条件，すなわち式 (6.1) を満たす ϕ が存在するような $k(\boldsymbol{x}, \boldsymbol{y})$ の条件は何であろうか．まず，**マーサーの条件**（Mercer's condition）が知られている．

　いま，$\mathbf{R}^d$ の部分集合 S に属する任意の d 次元ベクトル $\boldsymbol{x}$, $\boldsymbol{y}$ について，

$$\int (g(\boldsymbol{x}))^2 \, d\boldsymbol{x} < \infty \tag{6.17}$$

を満たすすべての $g(\boldsymbol{x})$ に対し，

$$\iint_{S \times S} k(\boldsymbol{x}, \boldsymbol{y}) g(\boldsymbol{x}) g(\boldsymbol{y}) d\boldsymbol{x} d\boldsymbol{y} \geq 0 \tag{6.18}$$

が成り立つとき，関数 $k(\boldsymbol{x}, \boldsymbol{y})$ は，マーサーの条件を満たすといい，

$$k(\boldsymbol{x}, \boldsymbol{y}) = \sum_i \phi_i(\boldsymbol{x}) \phi_i(\boldsymbol{y}) = \phi(\boldsymbol{x})^t \phi(\boldsymbol{y}) \tag{6.19}$$

の形に書くことができる．このとき，式 (6.1) より $k(\boldsymbol{x}, \boldsymbol{y})$ はカーネル関数である．

　たとえば，自然数 p を用いて関数 $k(\boldsymbol{x}, \boldsymbol{y})$ を

$$k(\boldsymbol{x}, \boldsymbol{y}) \stackrel{\text{def}}{=} (\boldsymbol{x}^t \boldsymbol{y})^p \tag{6.20}$$

と定義してみよう．ここで，$\boldsymbol{x}$, $\boldsymbol{y}$ を S に含まれる任意の d 次元ベクトル，$p_i\ (1 \leq i \leq d)$ を

$$p_1 + p_2 + \cdots + p_d = p \tag{6.21}$$

$$0 \leq p_i \leq p \tag{6.22}$$

を満たす非負の整数とする．このとき，$(\boldsymbol{x}^t\boldsymbol{y})^p = (x_1y_1 + \cdots + x_dy_d)^p$ を多項定理を用いて展開すると

$$\iint_{S \times S} (\boldsymbol{x}^t\boldsymbol{y})^p g(\boldsymbol{x})g(\boldsymbol{y})d\boldsymbol{x}d\boldsymbol{y} \tag{6.23}$$

$$= \sum_{p_1+\cdots+p_d=p} \frac{p!}{p_1! \cdots p_d!} \iint_{S \times S} x_1^{p_1} \cdots x_d^{p_d} y_1^{p_1} \cdots y_d^{p_d} g(\boldsymbol{x})g(\boldsymbol{y})d\boldsymbol{x}d\boldsymbol{y} \tag{6.24}$$

$$= \sum_{p_1+\cdots+p_d=p} \frac{p!}{p_1! \cdots p_d!} \left(\int_S x_1^{p_1} \cdots x_d^{p_d} g(\boldsymbol{x})d\boldsymbol{x} \right)^2 \geq 0 \tag{6.25}$$

となり $k(\boldsymbol{x}, \boldsymbol{y}) = (\boldsymbol{x}^t\boldsymbol{y})^p$ はマーサーの条件を満たす．よって，式 (6.20) の $k(\boldsymbol{x}, \boldsymbol{y})$ がカーネル関数であること，すなわち，$(\boldsymbol{x}^t\boldsymbol{y})^p = \phi(\boldsymbol{x})^t\phi(\boldsymbol{y})$ を満たす ϕ が存在することが確かめられる．式 (6.6), (6.16) は，$p = 2$ の場合に相当する．

〔2〕 半正定値性を満たすカーネル関数

上述のような積分計算をするのではなく，行列の正定値性からカーネル関数の条件を判定することもできる．

大きさが $n \times n$ の実行列 $\mathbf{A}$ が対称行列で，$\boldsymbol{y} \neq \boldsymbol{0}$ なる任意の n 次元列ベクトル $\boldsymbol{y}$ に対し，

$$\boldsymbol{y}^t\mathbf{A}\boldsymbol{y} \geq 0 \tag{6.26}$$

を満たすとき，$\mathbf{A}$ は**半正定値**（positive semidefinite）であるといい，上式が等号を含まない場合は，**正定値**（positive definite）であるという[*1]

いま，n 個の d 次元パターン $\boldsymbol{x}_1, \ldots, \boldsymbol{x}_n$ と関数 $k(\boldsymbol{x}_i, \boldsymbol{x}_j)$ が与えられたとき，

[*1] 行列の半正定値性，正定値性は，対称行列に対して定義されることに注意．また，$\mathbf{A}$, $\boldsymbol{y}$ が複素行列，複素ベクトルのときは，式 (6.26) から $\mathbf{A}$ のエルミート性が導けるが，実行列，実ベクトルの場合は，同式から $\mathbf{A}$ の対称性は導けない．

その第 (i, j) 成分 k_{ij} が

$$k_{ij} = k(\boldsymbol{x}_i, \boldsymbol{x}_j) \tag{6.27}$$

で与えられる n 次正方行列を $\mathbf{K} = (k_{ij})$ とする．このとき，関数 $k(\cdot)$ がカーネル関数であるための必要十分条件は，$\mathbf{K}$ が半正定値となることである．そしてこの条件は，$\mathbf{K}$ が対称であり，かつ，そのすべての固有値が非負であることとも同値である．証明は，**演習問題 6.1**，**演習問題 6.2** を参照のこと．このように定義されるカーネル関数を**半正定値カーネル**（positive semidefinite kernel）と呼び，関数 $k(\cdot)$ が半正定値であるという言い方もする．

上述の $k(\cdot)$ がカーネル関数であるとき

$$k(\boldsymbol{x}_i, \boldsymbol{x}_j) = \boldsymbol{\phi}(\boldsymbol{x}_i)^t \boldsymbol{\phi}(\boldsymbol{x}_j) \tag{6.28}$$

となる関数 $\boldsymbol{\phi}(\cdot)$ が存在するから，このとき式 (6.27) より

$$k_{ij} = \boldsymbol{\phi}(\boldsymbol{x}_i)^t \boldsymbol{\phi}(\boldsymbol{x}_j) \tag{6.29}$$

と書ける．一般に，任意のベクトル $\boldsymbol{x}_i$，$\boldsymbol{x}_j$ $(i, j = 1, \ldots, n)$ を用いて[*2]，その第 (i, j) 成分が

$$f_{ij} = \boldsymbol{x}_i^t \boldsymbol{x}_j \tag{6.30}$$

により定義される行列 $\mathbf{F}$ を，**グラム行列**（Gram matrix）[*3] と呼ぶ．したがって，式 (6.27) で定義される $\mathbf{K}$ がグラム行列であれば，式 (6.29) より関数 $k(\cdot)$ はカーネル関数であることになる．

さらに，$k(\cdot)$ が関数形でなく，具体的な数値として与えられることもある．たとえば，$\boldsymbol{x}_i$，$\boldsymbol{x}_j$ の値はわからないが，$\boldsymbol{x}_i$ と $\boldsymbol{x}_j$ の類似度が何らかの方法で計

[*2] 式 (6.30) の $\boldsymbol{x}_i$，$\boldsymbol{x}_j$ は任意のベクトルであるので，それらをそれぞれ $\boldsymbol{\phi}(\boldsymbol{x}_i)$，$\boldsymbol{\phi}(\boldsymbol{x}_j)$ に置き換え，$f_{ij} = \boldsymbol{\phi}(\boldsymbol{x}_i)^t \boldsymbol{\phi}(\boldsymbol{x}_j)$ とすれば，より一般的である．式 (6.30) は $\boldsymbol{\phi}(\boldsymbol{x}_i) = \boldsymbol{x}_i$，$\boldsymbol{\phi}(\boldsymbol{x}_j) = \boldsymbol{x}_j$ の特別な場合と考えることができる．

[*3] 一般に，$m \times n$ の行列 $\mathbf{A}$ より得られる $n \times n$ の行列 $\mathbf{A}^t\mathbf{A}$ を，$\mathbf{A}$ に対するグラム行列という [BV18]．ただし，パターン認識の分野では，$\mathbf{X} = (\boldsymbol{x}_1, \ldots, \boldsymbol{x}_n)^t$ としているので，$\mathbf{A} = \mathbf{X}^t$ と置き，$\mathbf{X}^t$ に対するグラム行列として $\mathbf{X}\mathbf{X}^t$ を定義する．一方，行列 $\mathbf{X}\mathbf{X}^t$ の第 (i, j) 成分は内積 $\boldsymbol{x}_i^t\boldsymbol{x}_j$ であることから，この行列を $\mathbf{X}$ の内積行列とも呼ぶ．内積行列については265ページを参照のこと．

測できることがある．たとえば，151ページで紹介する多次元尺度法はこのような場合に使われる分析手法の一つである．二つのベクトル $\boldsymbol{x}_i$ と $\boldsymbol{x}_j$ の類似度を (i,j) 成分とする (n,n) 行列を**類似度行列**（similarity matrix）と呼ぶ．内積がベクトル間の類似度の一つの指標であるとすれば，類似度行列の背景にも式 (6.28) のような構造が存在するかもしれない．類似度行列の半正定値性からそれを調べることができる．ただし，半正定値性が確認できたとしても，それは選ばれた n 個の学習パターンについて成り立つのであって，任意の $\boldsymbol{x}$ について一般的に成り立つわけではない，という点に注意が必要である．

〔3〕 合成されたカーネル関数

ある関数がカーネル関数の条件を満たしていれば，それを種にして合成されたいろいろな形の関数もカーネル関数の条件を満たす．一般に，$k_1(\boldsymbol{x},\boldsymbol{y})$，$k_2(\boldsymbol{x},\boldsymbol{y})$ がカーネル関数であるとき，以下の関数 $k(\boldsymbol{x},\boldsymbol{y})$ もカーネル関数である．

$$k(\boldsymbol{x},\boldsymbol{y}) = ak_1(\boldsymbol{x},\boldsymbol{y}) \qquad (a > 0) \tag{6.31}$$

$$k(\boldsymbol{x},\boldsymbol{y}) = k_1(\boldsymbol{x},\boldsymbol{y}) + k_2(\boldsymbol{x},\boldsymbol{y}) \tag{6.32}$$

$$k(\boldsymbol{x},\boldsymbol{y}) = k_1(\boldsymbol{x},\boldsymbol{y}) \cdot k_2(\boldsymbol{x},\boldsymbol{y}) \tag{6.33}$$

$$k(\boldsymbol{x},\boldsymbol{y}) = \exp(k_1(\boldsymbol{x},\boldsymbol{y})) \tag{6.34}$$

$$k(\boldsymbol{x},\boldsymbol{y}) = p(k_1(\boldsymbol{x},\boldsymbol{y})) \tag{6.35}$$

$$k(\boldsymbol{x},\boldsymbol{y}) = f(\boldsymbol{x})k_1(\boldsymbol{x},\boldsymbol{y})f(\boldsymbol{y}) \tag{6.36}$$

$$k(\boldsymbol{x},\boldsymbol{y}) = k_1(\boldsymbol{\phi}(\boldsymbol{x}),\boldsymbol{\phi}(\boldsymbol{y})) \tag{6.37}$$

$$k(\boldsymbol{x},\boldsymbol{y}) = \boldsymbol{x}^t \mathbf{A} \boldsymbol{y} \tag{6.38}$$

ただし，a は定数，$p(\cdot)$ は非負係数の多項式，$f(\cdot)$ は任意の関数，$\mathbf{A}$ は半正定値行列，$\boldsymbol{\phi}(\boldsymbol{x})$ は，$\boldsymbol{x}$ から $\mathbf{R}^D$ への写像である．式 (6.34) は，テイラー展開することによって式 (6.32) の形になる．

6.3 カーネル関数の例

〔1〕 多項式カーネル

ベクトル x と y の内積 $x^t y$ に関する非負係数の多項式は，カーネル関数となる．先に示した例1，2，3は，これに該当する．一般に次式で定義された関数 $k_p(x, y)$ を p 次の**多項式カーネル**（polynomial kernel）と呼ぶ．

$$k_p(x, y) = (c_0 + x^t y)^p \tag{6.39}$$

$$= \sum_{i=0}^{p} {}_p\mathrm{C}_i (x^t y)^i \cdot c_0^{p-i} \tag{6.40}$$

ただし，上式で c_0 は定数である．多項式カーネル $k_p(x, y)$ で決まる写像 ϕ は，d 次元から D 次元への写像である．ベクトル $\phi(x)$ の次元 D を知るには，$(x_1 + \cdots + x_d + c_0)^p$ を展開して得られる項，$x_1^{i_1} \cdot \cdots \cdot x_d^{i_d}$ のうち，互いに独立な項の数を求めればよい．その数を $f(d, p)$ とすると，$f(d, p)$ は，

$$\begin{cases} 0 \le i_j \le p & (1 \le j \le d) \\ \sum_{j=1}^{d} i_j \le p \end{cases} \tag{6.41}$$

を満たす $(i_1, \ldots, i_d)$ の組み合わせの数になり，式 (3.10) で示したように

$$f(d, p) = {}_{d+p}\mathrm{C}_p \tag{6.42}$$

が成り立つ[*4]．証明は，**演習問題 3.2** を参照のこと．

〔2〕 ガウスカーネル

次式で与えられるカーネル関数 $k_g(x, y)$ を**ガウスカーネル**（Gaussian kernel）という．

$$k_g(x, y) = \exp\left(-\frac{\|x - y\|^2}{2\sigma^2}\right) \tag{6.43}$$

式 (6.43) は，

[*4] ただし，$\phi(x)$ の要素の一つは，x に依存しない定数となるので $\phi(x)$ の実質的な次元は $f(d, p) - 1$ である．具体例として，6.1 節の例2，**図 6.4** なども参照のこと．

$$\exp\left(-\frac{\|\boldsymbol{x}-\boldsymbol{y}\|^2}{2\sigma^2}\right) = \exp\left(-\frac{\boldsymbol{x}^t\boldsymbol{x}}{2\sigma^2}\right)\exp\left(\frac{\boldsymbol{x}^t\boldsymbol{y}}{\sigma^2}\right)\exp\left(-\frac{\boldsymbol{y}^t\boldsymbol{y}}{2\sigma^2}\right) \qquad (6.44)$$

と変形でき，式 (6.33)，式 (6.34) より $k_g(\boldsymbol{x},\boldsymbol{y})$ がカーネル関数であることが確かめられる．このとき，$\phi(\boldsymbol{x})$ の次元は無限大になる．証明は，**演習問題 4.1** を参照のこと．

次節で述べる非線形 SVM をはじめとして，カーネル関数を用いた応用例においてよく用いられるのが多項式カーネルとガウスカーネルである．

〔3〕 全部分集合カーネル

全部分集合カーネル $k_s(\boldsymbol{x},\boldsymbol{y})$ は，多項式カーネルの一つであり，式 (6.1) で示した内積の形で表せる．このとき，$\phi(\boldsymbol{x})$ の要素は，$\{x_1,\ldots,x_d\}$ の任意の組み合わせの積と定数 1 から成る．たとえば，$d=2$ として $\boldsymbol{x}=(x_1,x_2)^t$ の場合は

$$\phi(\boldsymbol{x}) = (1,\ x_1,\ x_2,\ x_1x_2)^t \qquad (6.45)$$

であり，$d=3$ として $\boldsymbol{x}=(x_1,x_2,x_3)^t$ の場合は

$$\phi(\boldsymbol{x}) = (1,\ x_1,\ x_2,\ x_3,\ x_1x_2,\ x_1x_3,\ x_2x_3,\ x_1x_2x_3)^t \qquad (6.46)$$

である．以上を，より一般的な形に定式化してみよう．

いま，1 から d までの d 個の自然数より成る集合 $\{1,\ldots,d\}$ の部分集合を A とする．部分集合 A は，d 個の自然数のうち，どれを含みどれを含まないかによって決定されるので，A の場合の数は，空集合 ϕ を含めて $2^d\,(=D)$ 通りである．たとえば，$d=2$ のときは $D=2^2=4$ となり

$$A \in \{\phi,\{1\},\{2\},\{1,2\}\} \qquad (6.47)$$

であり，$d=3$ のときは $D=2^3=8$ となり

$$A \in \{\phi,\{1\},\{2\},\{3\},\{1,2\},\{1,3\},\{2,3\},\{1,2,3\}\} \qquad (6.48)$$

である．続いて次式のような $\phi_A(\boldsymbol{x})$ を定義する．

$$\phi_A(\boldsymbol{x}) = \begin{cases} 1 & (A\text{が空集合}\phi\text{のとき}) \\ \displaystyle\prod_{i \in A} x_i & (\text{otherwise}) \end{cases} \tag{6.49}$$

たとえば，$d = 3$の場合，Aは式 (6.48) のいずれかであるので，$A = \phi$なら $\phi_A(\boldsymbol{x}) = 1$，$A = \{1,2,3\}$なら$\phi_A(\boldsymbol{x}) = x_1 x_2 x_3$となる．

　上式を用いると，$\boldsymbol{\phi}(\boldsymbol{x})$は$D$次元列ベクトルとして次式のように表せる．

$$\boldsymbol{\phi}(\boldsymbol{x}) = (\phi_1(\boldsymbol{x}),\ \phi_2(\boldsymbol{x}),\dots,\ \phi_D(\boldsymbol{x}))^t \tag{6.50}$$

$$= (\phi_A(\boldsymbol{x}))_A^t \qquad (\in \mathbf{R}^D;\ D = 2^d) \tag{6.51}$$

式 (6.51) は，すべてのAについて$\phi_A(\boldsymbol{x})$を求め，それらを要素として並べた D次元列ベクトルが$\boldsymbol{\phi}(\boldsymbol{x})$であることを表している．式 (6.49)，(6.51) を用いれば，式 (6.45) や式 (6.46) は容易に導ける．

　式 (6.51) の$\boldsymbol{\phi}$によって定義されるカーネル関数

$$k_s(\boldsymbol{x},\boldsymbol{y}) = \boldsymbol{\phi}(\boldsymbol{x})^t \boldsymbol{\phi}(\boldsymbol{y}) \tag{6.52}$$

を**全部分集合カーネル**（all-subsets kernel）と呼ぶ．ここで，式 (6.50) で示した$\boldsymbol{\phi}(\boldsymbol{x})$の要素$\phi_i(\boldsymbol{x})$ $(i = 1,\dots,D)$の和を求めてみると

$$\sum_{i=1}^{D} \phi_i(\boldsymbol{x}) = \sum_A \prod_{i \in A} x_i \tag{6.53}$$

$$= (1 + x_1)(1 + x_2)\cdots(1 + x_d) \tag{6.54}$$

$$= \prod_{i=1}^{d}(1 + x_i) \tag{6.55}$$

となることがわかる．たとえば$d = 3$とすると，式 (6.46) より

$$\sum_{i=1}^{8} \phi_i(\boldsymbol{x}) = 1 + x_1 + x_2 + x_3 + x_1 x_2 + x_1 x_3 + x_2 x_3 + x_1 x_2 x_3 \tag{6.56}$$

$$= (1 + x_1)(1 + x_2)(1 + x_3) \tag{6.57}$$

となり，式 (6.55) が成り立つことが確かめられる．式 (6.49) より

$$\phi_A(\boldsymbol{x})\phi_A(\boldsymbol{y}) = \begin{cases} 1 & (A \text{が空集合} \phi \text{のとき}) \\ \displaystyle\prod_{i \in A} x_i \prod_{i \in A} y_i = \prod_{i \in A} x_i y_i & (\text{otherwise}) \end{cases} \qquad (6.58)$$

であることに注意し，式 (6.51)，(6.52) を用いると下式が得られる.

$$k_s(\boldsymbol{x}, \boldsymbol{y}) = \phi(\boldsymbol{x})^t \phi(\boldsymbol{y}) \qquad (6.59)$$

$$= \sum_A \phi_A(\boldsymbol{x})\phi_A(\boldsymbol{y}) \qquad (6.60)$$

$$= \sum_A \prod_{i \in A} x_i y_i \qquad (6.61)$$

$$= \prod_{i=1}^{d} (1 + x_i y_i) \qquad (6.62)$$

式 (6.61) から式 (6.62) への変形は，式 (6.53) から式 (6.55) への変形と同様である.

　内積 $\phi(\boldsymbol{x})^t \phi(\boldsymbol{y})$ を ϕ から直接計算しようとすると，$\phi(\boldsymbol{x})$ と $\phi(\boldsymbol{y})$ の $D(= 2^d)$ 個の要素をそれぞれ求めた後に，それらの内積を計算しなければならないが，式 (6.62) の形のカーネル関数 $k_s(\boldsymbol{x}, \boldsymbol{y})$ を使うことによって，高々 $3d$ 回の積和演算で求められることがわかる.

　一般に，$k_s(\boldsymbol{x}, \boldsymbol{y})$ によって決まる ϕ は複雑な非線形変換となる. **図 6.1** は，$d = 2$ のとき，円 $x_1^2 + x_2^2 = 1$ の内部の点が，ϕ によって写像される様子を示す. ベクトル $\phi(\boldsymbol{x})$ の D 次元空間では，直線 $\phi_2(\boldsymbol{x}) = \phi_4(\boldsymbol{x})$，$\phi_3(\boldsymbol{x}) = \phi_4(\boldsymbol{x})$ を含む曲面となり，平面 $\phi_4(\boldsymbol{x}) = 0$ で空間を二つに分けると，$\phi_4(\boldsymbol{x}) > 0$ なる点は，原空間の第 1，3 象限，$\phi_4(\boldsymbol{x}) < 0$ なる点は原空間の第 2，第 4 象限となる.

　全部分集合カーネルは，より一般的には，

$$k_s(\boldsymbol{x}, \boldsymbol{y}) = \prod_{i=1}^{d} (c_i + x_i y_i) \qquad (6.63)$$

とすることができ，このとき $\phi_A(\boldsymbol{x})$ は下式で表される.

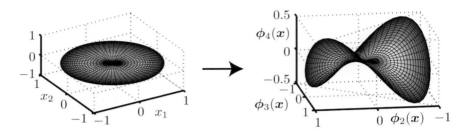

図 6.1　全部分集合カーネル（$d = 2$）による写像

$$\phi_A(\boldsymbol{x}) = \begin{cases} \displaystyle\prod_{i=1}^{d} \sqrt{c_i} & (A が空集合\phi のとき) \\[2em] \displaystyle\left(\prod_{i \notin A} \sqrt{c_i}\right) \prod_{i \in A} x_i & (\text{otherwise}) \end{cases} \tag{6.64}$$

　全部分集合カーネルは，入力対象を特徴付ける $x_1, \ldots, x_d$ のすべての部分集合を新しい特徴の組としている．この発想は，後述する構造化データに対するカーネル法（167ページの coffee break），すなわち，文字列やグラフに対してカーネル法を適用するときにも用いられている．

〔4〕 ANOVAカーネル

　全部分集合カーネルでは，$\{1, \ldots, d\}$ のすべての部分集合 A に対する ϕ_A を $\boldsymbol{\phi}(\boldsymbol{x})$ の要素にしたが，ANOVA カーネルでは，A のうち大きさ $l\,(\in \mathbf{N})$，すなわち要素数 l の部分集合のみに着目する．要素数 l の部分集合を A_l で表し，$\boldsymbol{\phi}$ を次のように定義する．

$$\boldsymbol{\phi}(\boldsymbol{x}) = (\phi_{A_l}(\boldsymbol{x}))_{A_l}^{t} \qquad (\in \mathbf{R}^D;\ D = {}_d\mathrm{C}_l) \tag{6.65}$$

$$\phi_{A_l}(\boldsymbol{x}) = \prod_{i \in A_l} x_i \tag{6.66}$$

式 (6.65) の $(\phi_A(\boldsymbol{x}))_{A_l}^{t}$ は，$\{1, \ldots, d\}$ の部分集合のうち大きさ l，すなわちその要素の数が l である部分集合 A_l のすべてについて $\phi_{A_l}(\boldsymbol{x})$ を求め，それらを要素とする $D\,(= {}_d\mathrm{C}_l)$ 次元列ベクトルを表す．すなわち $\boldsymbol{\phi}(\boldsymbol{x})$ は，$x_i\,(i = 1, \ldots, d)$

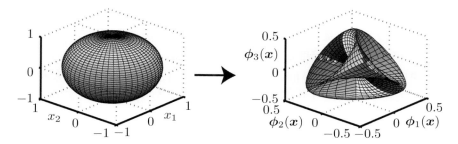

図 6.2 ANOVAカーネル $(d = 3,\ l = 2)$ による写像

に関する l 次の積を要素としたベクトルであり，たとえば，$d = 3$，$l = 2$ のときには，

$$A_l \in \{\{1, 2\}, \{2, 3\}, \{3, 1\}\} \tag{6.67}$$

$$\phi(\boldsymbol{x}) = (x_1 x_2,\ x_2 x_3,\ x_3 x_1)^t \tag{6.68}$$

となる．この ϕ によって定義されるカーネル関数 k_a を l 次の **ANOVAカーネル**（ANOVA kernel）[*5] と呼ぶ．k_a は，

$$k_a(\boldsymbol{x}, \boldsymbol{y}) = \phi(\boldsymbol{x})^t \phi(\boldsymbol{y}) \tag{6.69}$$

$$= \sum_{A_l} \phi_{A_l}(\boldsymbol{x}) \phi_{A_l}(\boldsymbol{y}) \tag{6.70}$$

$$= \sum_{1 \le i_1 < \cdots < i_l \le d} (x_{i_1} y_{i_1})(x_{i_2} y_{i_2}) \cdots (x_{i_l} y_{i_l}) \tag{6.71}$$

$$= \sum_{1 \le i_1 < \cdots < i_l \le d} \prod_{j=1}^{l} (x_{i_j} y_{i_j}) \tag{6.72}$$

となる．

図 6.2 は，$d = 3$，$l = 2$ のとき，球 $x_1^2 + x_2^2 + x_3^2 = 1$ の表面の点が，ϕ によって写像される様子を示した．x_1，x_2，x_3 軸上の点は，$\phi(\boldsymbol{x})$ の空間上の原点に写像され，$\phi(\boldsymbol{x})$ は三方から陥入したような形状をなしている．

[*5] ANOVAカーネルはV. Vapnikの命名によるもので**分散分析**（ANalysis Of Variance）に由来する．

式 (6.72) は，カーネル関数 $k_a(\boldsymbol{x}, \boldsymbol{y})$ を内積演算の形で表したに過ぎず，このままでは膨大な計算量を必要とする．しかし，$k_a(\boldsymbol{x}, \boldsymbol{y})$ を求めるには，次のような効率的な計算法を適用できる．

ベクトル $\boldsymbol{x}$，$\boldsymbol{y}$ の最初の m 個の要素をとった $m\ (\le d)$ 次元ベクトルを $\boldsymbol{x}_{1:m}$，$\boldsymbol{y}_{1:m}$，これらを引数とする l 次の ANOVA カーネルを K_l^m とする．すなわち，

$$\boldsymbol{x}_{1:m} = (x_1, \ldots, x_m)^t \tag{6.73}$$

$$\boldsymbol{y}_{1:m} = (y_1, \ldots, y_m)^t \tag{6.74}$$

$$K_l^m \overset{\text{def}}{=} k_a(\boldsymbol{x}_{1:m}, \boldsymbol{y}_{1:m}) = \sum_{1 \le i_1 < \cdots < i_l \le m} \prod_{j=1}^{l} (x_{i_j} y_{i_j}) \tag{6.75}$$

と定義すると，

$$K_l^m = \begin{cases} 1 & (l = 0 \text{のとき}) \\ 0 & (l > m \text{のとき}) \\ K_l^{m-1} + K_{l-1}^{m-1} x_m y_m & (\text{otherwise}) \end{cases} \tag{6.76}$$

という漸化式が成立する．式 (6.76) の最下段の式の第一項は，K_l^m のうちの $x_m y_m$ を含まない項，第二項は $x_m y_m$ を含む項に相当する（**演習問題 6.3** 参照）．

以降の節では，非線形 SVM，カーネル主成分分析，カーネル部分空間法など，カーネル法を利用した典型的な例を紹介する．

6.4　非線形サポートベクトルマシン

まず，前章で述べた SVM の**最適化問題 5.2**，**最適化問題 5.4** を思い出してみよう．マージン最大化基準による SVM は，式 (5.37)，式 (5.90) で表される．再掲すると下式である．

$$L(\boldsymbol{\lambda}) = \boldsymbol{\lambda}^t \mathbf{1}_n - \frac{1}{2} \boldsymbol{\lambda}^t \mathbf{H} \boldsymbol{\lambda} \tag{6.77}$$

上式の $\mathbf{H}$ は，式 (5.36)，式 (5.89) で示したように，その (i, j) 成分 h_{ij} が

$$h_{ij} = b_i b_j \boldsymbol{x}_i^t \boldsymbol{x}_j \qquad (i, j = 1, \ldots, n) \tag{6.78}$$

であるn次正方行列であった.

ここで, 5.4節〔1〕で述べた内容を再度取り上げる. 第3章で述べた一般化線形識別関数法と同様に, d次元からD次元への写像ϕを考え, d次元ベクトル$\boldsymbol{x}_i$ $(i = 1, \ldots, n)$ の代わりに, D次元ベクトル$\phi(\boldsymbol{x}_i)$ $(i = 1, \ldots, n)$ を新しいn個の特徴ベクトルとみなしてみよう. 特徴ベクトル$\phi(\boldsymbol{x}_i)$に対して線形SVMを適用すると, 最大化すべき式 (6.77) における$\mathbf{H}$は式 (6.78) の代わりに

$$h_{ij} = b_i b_j \phi(\boldsymbol{x}_i)^t \phi(\boldsymbol{x}_j) \qquad (i, j = 1, \ldots, n) \tag{6.79}$$

となる行列$\mathbf{H} = (h_{ij})$で置き換えられる. 以上が5.4節〔1〕で述べた内容であり, 上式はすでに式 (5.109) で示した.

したがって, d次元ベクトル$\boldsymbol{x}$, $\boldsymbol{y}$を入力とするカーネル関数$k(\boldsymbol{x}, \boldsymbol{y})$ があって,

$$k(\boldsymbol{x}_i, \boldsymbol{x}_j) \equiv \phi(\boldsymbol{x}_i)^t \phi(\boldsymbol{x}_j) \tag{6.80}$$

が成立するとすれば, 式 (6.79) は

$$h_{ij} = b_i b_j k(\boldsymbol{x}_i, \boldsymbol{x}_j) \qquad (i, j = 1, \ldots, n) \tag{6.81}$$

となり, **最適化問題 5.4**は以下に示す**最適化問題 6.1** として表すことができる.

最適化問題 6.1 【$\boldsymbol{\lambda}$に関する最大化問題（3）】
式 (5.12) の$\boldsymbol{\lambda}$, 式 (5.30) の$\mathbf{b}$が, 条件

$$\boldsymbol{\lambda}^t \mathbf{b} = 0 \tag{6.82}$$

$$\mathbf{0} \leq \boldsymbol{\lambda} \leq c_{pe} \cdot \mathbf{1}_n \tag{6.83}$$

を満たすとき

$$h_{ij} = b_i b_j k(\boldsymbol{x}_i, \boldsymbol{x}_j) \qquad (i, j = 1, \ldots, n) \tag{6.84}$$

となる行列$\mathbf{H} = (h_{ij})$を用いて

$$L(\boldsymbol{\lambda}) = \boldsymbol{\lambda}^t \mathbf{1}_n - \frac{1}{2} \boldsymbol{\lambda}^t \mathbf{H}^{'} \boldsymbol{\lambda} \tag{6.85}$$

を最大化する$\boldsymbol{\lambda}$ $(= \boldsymbol{\lambda}^*)$ を求める.

　これを解くことにより，最適な $\boldsymbol{w}\,(=\boldsymbol{w}^*)$，$w_0\,(=w_0^*)$，$\lambda\,(=\lambda_i^*)$ が求まる．最適な識別関数 $g(\boldsymbol{x})$，$\boldsymbol{w}^*$，w_0^* は，$\boldsymbol{\phi}(\boldsymbol{x})$ を用いてそれぞれ式 (5.110)，(5.111)，(5.113) に示されている．ここでは，以下に示すように，$\boldsymbol{\phi}(\boldsymbol{x})$ を用いず，カーネル関数 $k(\cdot)$ によって識別関数を表す．

　すなわち，識別関数 $g(\boldsymbol{x})$ は，式 (5.110) に式 (6.80) を代入することにより

$$g(\boldsymbol{x}) = w_0^* + \sum_{i=1}^{n} \lambda_i^* b_i k(\boldsymbol{x}_i, \boldsymbol{x}) \tag{6.86}$$

となる．上式の w_0^* は，式 (5.113) に式 (6.80) を代入することにより

$$w_0^* = b_s - \sum_{i=1}^{n} \lambda_i^* b_i k(\boldsymbol{x}_i, \boldsymbol{x}_s) \tag{6.87}$$

となる．ただし，上式の $\boldsymbol{x}_s$ はサポートベクトル，b_s はその教師信号である．式 (6.86) は，ポテンシャル関数法の式 (4.9) に対応しており，式 (6.80) の $k(\boldsymbol{x}, \boldsymbol{y})$ は，式 (4.13) のポテンシャル関数 $K(\boldsymbol{x}, \boldsymbol{x}_k)$ に相当する．

　このように，実際に SVM を用いるときには，適当なカーネル関数 $k(\cdot)$ を選択すれば式 (6.84) より $\mathbf{H}$ が決まり，$\boldsymbol{\phi}(\boldsymbol{x})$ を計算する必要がなく，また，$\boldsymbol{\phi}(\boldsymbol{x})$ の形が未知であっても最適解が得られることになる．得られる解は，$\boldsymbol{\phi}(\boldsymbol{x})$ の空間においてマージンを最大化する超平面であり，それは，$\boldsymbol{x}$ の空間では $\boldsymbol{\phi}$ の形に依存した非線形境界となる．

　以下では，6.3 節で述べた具体的なカーネル関数を用いた非線形 SVM による識別実験の結果を示す．実験では，図 6.3 に示す 2 クラスのデータを取り上げ，カーネル関数を用いた非線形 SVM の適用を試みる．図は，クラス ω_i が下式に示す平均ベクトル $\boldsymbol{\mu}_i$ と共分散行列 $\boldsymbol{\Sigma}_i\,(i=1,\,2)$ の 2 次元正規分布に従うと仮定して発生させた人工パターンを示している．

$$\boldsymbol{\mu}_1 = (0,\,0)^t, \qquad \boldsymbol{\Sigma}_1 = \begin{pmatrix} 4 & 0 \\ 0 & 4 \end{pmatrix} \tag{6.88}$$

$$\boldsymbol{\mu}_2 = (5,\,5)^t, \qquad \boldsymbol{\Sigma}_2 = \begin{pmatrix} 3 & 0 \\ 0 & 16 \end{pmatrix} \tag{6.89}$$

これまでと同様，クラス ω_1，ω_2 の各パターンが，それぞれ○と△で示されて

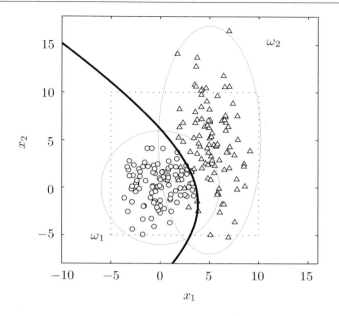

図 6.3 重なり合った二つの正規分布とベイズ識別関数による決定境界

おり，パターン数は各クラス 100 パターンで，計 200 パターンである．

　図では，正規分布の形状を細線で示した．誤り確率を最小にする識別規則は，2.2 節で述べたようにベイズ決定則である．両クラスの事前確率を等しいと仮定して，ベイズ識別関数による決定境界を求めた結果を図中の太線で示した．二つの 2 次元正規分布に従うパターンを識別する最適な境界は，2 次曲線である．この決定境界によって誤識別されるパターン数は 7 であった．

〔1〕 多項式カーネルによる非線形 SVM の実験

　図 6.4 は，式 (6.9) で示した多項式カーネルを用いた結果を示している．図では，特に**図 6.3** の点線で囲った正方形部分，すなわち両分布が重なり合った領域を拡大し，SVM がどのような決定境界を設定するかを調べた．

　設定すべきパラメータとしては，式 (5.55) で使用されるペナルティの係数 c_{pe} と，多項式カーネルのパラメータ p がある．ペナルティの効果については，

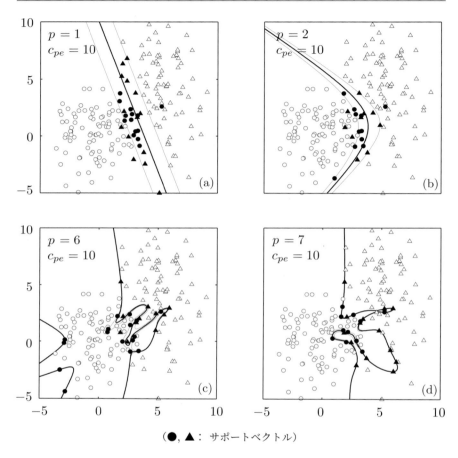

(●, ▲: サポートベクトル)

図6.4 非線形SVM（多項式カーネル）

すでに**図5.6**と**図5.7**の比較で明らかにした．そこで，実験では図の(a)〜(d)に示すように，ペナルティを$c_{pe} = 10$に固定し，パラメータpを1，2，6，7と変化させた．太線はSVMによって得られた決定境界，すなわち$g(\boldsymbol{x}) = 0$となる境界を示しており，細線はマージンにあたる位置，すなわち$g(\boldsymbol{x}) = \pm 1$となる場所を示している．これまでと同様，サポートベクトルを●と▲で示した．

図からわかるように，2次元原空間上の決定境界は，(a)では直線，(b)では

2次曲線となる．そのため (b) は，**図 6.3** で 2 次曲線として示したベイズ決定則
の決定境界と近くなる．パラメータ p の値を (a)，(b)，(c)，(d) と大きくする
に従い，より複雑な決定境界が形成され，誤識別パターン数が 9，7，2，0 と
減少する．パラメータ p の値を極端に大きくすると過学習の現象が見られ，必
要以上に複雑な境界が形成される．たとえば，(c) の左下の領域には，クラス
ω_2 に属するパターンがないにもかかわらず，決定境界が形成されている．ま
た (d) では，誤識別パターン数をゼロとするため，複雑かつ不自然な決定境界
が形成され，典型的な過学習の結果となっている．

〔2〕　ガウスカーネルによる非線形 SVM の実験

図 6.5 は，同じデータに対しガウスカーネルを用いた結果で，図の見方は
図 6.4 と同じである．**図 6.4** と同様，両分布の重なり合った部分を拡大してい
る．ここでも同様にペナルティを $c_{pe} = 10$ に固定し，ガウスカーネルのパラ
メータ σ を，図の (a)〜(d) に示すように 10，5，1，0.3 と変化させた．図の (a)
のように，パラメータ σ を大きな値に設定すると，大局的な決定境界が形成さ
れ，誤識別パターン数も 8 で，**図 6.3** で示したベイズ決定則による決定境界に
近くなる．逆に (b)，(c)，(d) と σ を小さくするに従い，局所的な分布の影響を
受け，多項式カーネルの場合と同様，複雑な決定境界が形成されることがわか
る．図の (b)，(c) の誤識別パターン数は，それぞれ 7，5 であり，(d) のように
σ を極端に小さくすると，誤識別パターン数が 0 となる決定境界が形成される．
このとき，多くのパターンがサポートベクトルとして決定境界の形成に寄与す
ることになる．

　ここで用いたデータは，2 次元正規分布から生成しているので，パターン数
を限りなく増やしたときの最適決定境界は，ベイズ決定則による決定境界に近
づき，2 次曲線で記述できる．したがって図の (c)，(d) は，必要以上に複雑な
境界が形成された過学習の例であるとみなすことができる．

〔3〕　汎化能力と正則化

　すでに 89 ページの coffee break で述べたように，SVM は，学習パターンが
高次元ベクトルであって，かつ十分な数のパターンがないという条件において
も高い識別性能を持つことが多い．この優れた汎化能力は，SVM が提案され

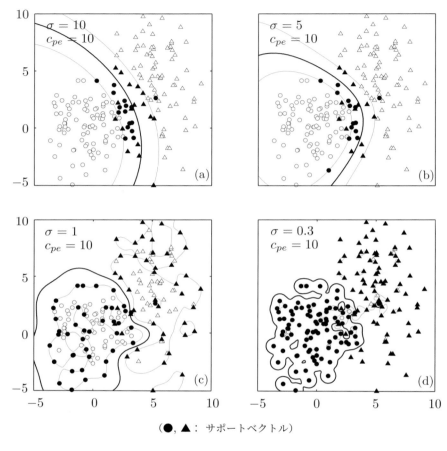

（●, ▲：　サポートベクトル）

図 6.5　非線形 SVM（ガウスカーネル）

るまでの識別アルゴリズムにはなかった最大の長所であり，その意味で画期的
であった．二つのクラスに属するパターンが合わせて n 個あるとき，$\phi(\boldsymbol{x})$ の
次元 D が $n-1$ より大きければ，特別な場合を除いて，2クラスを正しく分離で
きる超平面が必ず存在する（[改訂版]の図4.3参照）．したがって，カーネル法
によって $\boldsymbol{x}$ を超高次元へ写像していることは，学習パターンを線形分離可能な
状況に変換していると見なすこともできる．マージン最大化という一見簡単な

最適化基準が，この高い汎化能力の大きな要因であることはcoffee break で述べたとおりである．一方，カーネル法によって定義される超高次元空間上の決定境界は，2クラス間のわずかな隙間を見出していることに相当し，**図 6.4**(c)，(d)で見たように，ペナルティ c_{pe} によっては，容易に過学習を引き起こすこともある．第5章の115ページで述べたように，SVM の最適化は正則化問題として捉えることができ，適切な正則化項を加えたことによって，過学習が抑制されたと解釈することも可能である．

6.5　カーネル主成分分析

　本節では，次元削減にカーネル法を利用した例として，**カーネル主成分分析**（kernel principal component analysis），略してカーネルPCA を紹介する．カーネルPCAはSVMと同様に，既存の線形手法のアルゴリズムの中の内積計算をカーネル関数で置き換え，カーネルトリックを利用することにより非線形次元削減を実現する．

　主成分分析（PCA：principal component analysis）は，多変量解析の一手法であり，多変量データ（多次元ベクトル）として表現される多数のデータから，データの分布に最も沿った軸，すなわちその軸へのパターンの射影が最も大きな分散をもつ軸を見出す手法である．この手法は，信号処理において**カルーネン・レーヴェ展開**（Karhunen-Loève expansion），略して**KL展開**（KL expansion）と呼ばれている技術と基本的に等価である．このPCAは，多変量データの分析，情報圧縮，可視可などのための道具として使われているほか，パターン識別手法の一つである部分空間法の数学的基礎にもなっている．

　図 6.6は，2次元のパターン分布にPCAを適用した例である．図の(a)のようにパターンがほぼ直線上に分布していれば，その直線 ν_1 に沿った1次元空間によって，パターンを近似することができる．しかし，PCAは線形の解析手法であるので，非線形なパターン分布を効率よく表現することができない．たとえば2次元分布にPCAを適用すると，図の(b)のような非線形な分布形を表現することはできないし，(c)のような等方的な分布に対しては意味のある軸を得ることができない．しかし，PCAは非線形SVMと同様に，カーネル法

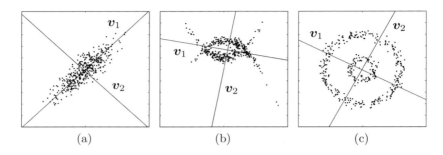

図 6.6　線形 PCA によって得られる第一主成分（$\boldsymbol{v}_1$）と第二主成分（$\boldsymbol{v}_2$）

を使って非線形化することができるので，上記の分布に対しても有効に機能する．このような PCA を**カーネル PCA**（kernel PCA）と呼ぶ [SSM98]．線形の解析手法として使われる従来の PCA を**線形 PCA**（linear PCA），非線形化した PCA を**非線形 PCA**（nonlinear PCA）と呼ぶ．

　以下では，線形 PCA における数学的手順を説明する．まず，d 次元空間上のパターン $\boldsymbol{x}_1, \ldots, \boldsymbol{x}_n$ からその共分散行列 $\mathbf{C}_X$ を求め，$\mathbf{C}_X$ の**固有値**（eigenvalue）と**固有ベクトル**（eigenvector）を計算する．共分散行列 $\mathbf{C}_X$ の d 個の固有値を λ_i（$\lambda_1 \geq \cdots \geq \lambda_d$）とし，$\lambda_i$ に対応する固有ベクトル $\mathbf{v}_i$ を第 i 主成分と呼ぶ．上位 d' 個の固有値に対応する固有ベクトル $\mathbf{v}_1, \ldots, \mathbf{v}_{d'}$ によって張られる d' 次元空間は，パターン $\boldsymbol{x}_1, \ldots, \boldsymbol{x}_n$ の分布を最もよく近似する d'（$< d$）次元空間となる．ここで

$$v_p = \lambda_i \left/ \sum_{j=1}^{d} \lambda_j \right. \tag{6.90}$$

を $\mathbf{v}_i$ の**寄与率**（contribution ratio）と呼び，

$$c_p = \sum_{j=1}^{i} \lambda_j \left/ \sum_{j=1}^{d} \lambda_j \right. \tag{6.91}$$

を $\mathbf{v}_1, \ldots, \mathbf{v}_i$ の**累積寄与率**（cumulative contribution ratio）と呼ぶ．以下の説明では，各種行列の定義，パターン行列による定式化を伴うので，詳細は**付録 A.4** を参照されたい．

パターン $\boldsymbol{x}_1, \ldots, \boldsymbol{x}_n$ の平均ベクトルを $\bar{\boldsymbol{x}}$ とすると，共分散行列 $\mathbf{C}_X$ は，パターン行列 $\mathbf{X} = (\boldsymbol{x}_1, \ldots, \boldsymbol{x}_n)^t \in \mathbf{R}^{n \times d}$ に対して，付録の式 (A.4.19) に従って求めた平均偏差行列 $\mathbf{X}_M = (\boldsymbol{x}_1 - \bar{\boldsymbol{x}}, \ldots, \boldsymbol{x}_n - \bar{\boldsymbol{x}})^t$ を用いて，

$$\mathbf{C}_X = \frac{1}{n} \mathbf{X}_M^t \mathbf{X}_M \tag{6.92}$$

と表すことができる．

この従来の主成分分析である線形PCAをカーネル法によって非線形PCAへ拡張するには，$\boldsymbol{x}$ を非線形変換 $\boldsymbol{\phi}$ によって変換した $\boldsymbol{\phi}(\boldsymbol{x})$ に対して，同様の手順を試みればよい．すなわち，線形PCAにおける $\boldsymbol{\phi}(\boldsymbol{x}_i)$ $(i = 1, \ldots, n)$ によるパターン行列を $\mathbf{X}_\phi$ とすると，$\boldsymbol{x}_i$, $\mathbf{X}$ を

$$\boldsymbol{x}_i \Rightarrow \boldsymbol{\phi}(\boldsymbol{x}_i) \tag{6.93}$$

$$\mathbf{X} = (\boldsymbol{x}_1, \ldots, \boldsymbol{x}_n)^t \Rightarrow \mathbf{X}_\phi \stackrel{\text{def}}{=} (\boldsymbol{\phi}(\boldsymbol{x}_1), \ldots, \boldsymbol{\phi}(\boldsymbol{x}_n))^t \in \mathbf{R}^{n \times D} \tag{6.94}$$

のように置き換えて問題を解けばよい．以下，その解法を説明する．まず，カーネル主成分分析の算法について，重要な点を二つ指摘しておく．

第一に，主成分分析の対象とするのは，n 個の D 次元ベクトル $\boldsymbol{\phi}(\boldsymbol{x}_i)$ $(i = 1, \ldots, n)$ であるが，実際の計算で $\boldsymbol{\phi}(\boldsymbol{x}_i)$ を直接使用することはないという点である．カーネルトリックを利用することにより，$\boldsymbol{\phi}(\cdot)$ を明示的与えなくともカーネル関数 $k(\cdot)$ によって同等の計算が可能である．

第二に，パターン行列を $\mathbf{X}$ として問題を解くとき，通常なら $\mathbf{X}^t \mathbf{X}$ を用いるのに対し，カーネル主成分分析では $\mathbf{X} \mathbf{X}^t$ を用いる点である．行列 $\mathbf{X}$ が $n \times d$ の大きさなら，$\mathbf{X}^t \mathbf{X}$ は $d \times d$ であるのに対し，$\mathbf{X} \mathbf{X}^t$ は $n \times n$ の行列となる．もし，$n \ll d$ なら，後者を用いることは計算量の大きな削減になる．この算法はよく使われており，これをカーネルトリックと呼ぶこともある [BV18]．**演習問題 6.4** も参照されたい．

ここで，式 (6.92) の $\mathbf{X}_M$ $(\in \mathbf{R}^{n \times d})$，$\mathbf{C}_X$ $(\in \mathbf{R}^{d \times d})$ に加え，$\mathbf{X}_\phi$ から求まる平均偏差行列を $\mathbf{X}_{\phi_M}$ $(\in \mathbf{R}^{n \times D})$，共分散行列を $\mathbf{C}_{X_\phi}$ $(\in \mathbf{R}^{D \times D})$ とする．また，$\mathbf{X}$, $\mathbf{X}_\phi$, $\mathbf{X}_M$, $\mathbf{X}_{\phi_M}$ の内積行列 $(\in \mathbf{R}^{n \times n})$ （265ページ参照）をそれぞれ $\mathbf{Q}_X$, $\mathbf{Q}_{X_\phi}$, $\mathbf{Q}_{X_M}$, $\mathbf{Q}_{\mathbf{x}_{\phi_M}}$ とすると，これらの対応関係は次のようになる．

$$\mathbf{X}_M = \mathbf{X} - \frac{1}{n} \mathbf{1}_{nn} \mathbf{X} \quad \Rightarrow \quad \mathbf{X}_{\phi_M} = \mathbf{X}_\phi - \frac{1}{n} \mathbf{1}_{nn} \mathbf{X}_\phi \tag{6.95}$$

$$\mathbf{C}_X = \frac{1}{n}\mathbf{X}_M^t\mathbf{X}_M \qquad \Rightarrow \qquad \mathbf{C}_{X_\phi} = \frac{1}{n}\mathbf{X}_{\phi M}^t\mathbf{X}_{\phi M} \tag{6.96}$$

$$\mathbf{Q}_X = \mathbf{X}\mathbf{X}^t \qquad \Rightarrow \qquad \mathbf{Q}_{X_\phi} = \mathbf{X}_\phi\mathbf{X}_\phi^t = \mathbf{K}(\mathbf{X}, \mathbf{X}) \tag{6.97}$$

$$\mathbf{Q}_{X_M} = \mathbf{X}_M\mathbf{X}_M^t \qquad \Rightarrow \qquad \mathbf{Q}\mathbf{x}_{\phi M} = \mathbf{X}_{\phi M}\mathbf{X}_{\phi M}^t \tag{6.98}$$

ただし，式 (6.95) の $\mathbf{1}_{nn}$ は，すべての要素が 1 の $n \times n$ の行列である．また，式 (6.97) の $\mathbf{K}(\mathbf{X}, \mathbf{X})$ は，その (i, j) 成分 k_{ij} が $\phi(\boldsymbol{x}_i)^t\phi(\boldsymbol{x}_j)$ であるので，式 (6.29) で示したように，大きさ $n \times n$ のグラム行列である．

カーネル法においてあらかじめ与えられるのは，カーネル関数であり，$\phi(\cdot)$ は明示的に与えられるわけではない．したがって，共分散行列 $\mathbf{C}_{X_\phi}$ を直接求めることができない．一方，$\mathbf{Q}_{X_\phi}$ はグラム行列の形で与えられているため求めることができることに注意しよう．

そこで，付録の式 (A.4.28)〜(A.4.31) に基づいて，$\mathbf{Q}_{X_M}$ を $\mathbf{Q}_X$ を用いて書き直すと，

$$\mathbf{Q}_{X_M} = \mathbf{X}_M\mathbf{X}_M^t \tag{6.99}$$

$$= (\mathbf{X} - \frac{1}{n}\mathbf{1}_{nn}\mathbf{X})(\mathbf{X} - \frac{1}{n}\mathbf{1}_{nn}\mathbf{X})^t \tag{6.100}$$

$$= (\mathbf{I}_n - \frac{1}{n}\mathbf{1}_{nn})\mathbf{X}\mathbf{X}^t(\mathbf{I} - \frac{1}{n}\mathbf{1}_{nn}) \tag{6.101}$$

$$= \mathbf{J}_n\mathbf{Q}_X\mathbf{J}_n \tag{6.102}$$

となる．ただし，上式の $\mathbf{J}_n$ は下式で定義される[*6].

$$\mathbf{J}_n \overset{\text{def}}{=} \mathbf{I}_n - \frac{1}{n}\mathbf{1}_{nn} \tag{6.103}$$

式 (6.102) と同様に，$\mathbf{Q}\mathbf{x}_{\phi M}$ は次のように書き直すことができる．

$$\mathbf{Q}\mathbf{x}_{\phi M} = \mathbf{J}_n\mathbf{Q}_{X_\phi}\mathbf{J}_n \tag{6.104}$$

$$= \mathbf{J}_n\mathbf{K}(\mathbf{X}, \mathbf{X})\mathbf{J}_n \tag{6.105}$$

上式からわかるように，$\mathbf{Q}\mathbf{x}_{\phi M}$ はグラム行列 $\mathbf{K}(\mathbf{X}, \mathbf{X})$ を用いて計算可能であ

[*6]　式 (6.102) は，付録の式 (A.4.31) に相当する．ここでは，より単純な表記とするため，$\mathbf{P}_n^\perp$ の代わりに $\mathbf{J}_n$ を用いた．

り，その固有値，固有ベクトルも求まることがわかる．ここで，

$$\mathbf{Q}\mathbf{x}_{\phi_M} = \mathbf{X}_{\phi_M}\mathbf{X}_{\phi_M}^t \tag{6.106}$$

$$n \cdot \mathbf{C}_{X_\phi} = \mathbf{X}_{\phi_M}^t\mathbf{X}_{\phi_M} \tag{6.107}$$

であることに着目して，行列 $\mathbf{X}_{\phi_M}$ に対して特異値分解を行う（特異値分解については**付録 A.3** を参照のこと）．行列 $\mathbf{X}_{\phi_M}\mathbf{X}_{\phi_M}^t$ の固有値を λ_i $(\lambda_1 \geq \cdots \geq \lambda_n)$ とおくと，その正の固有値は r $(= \mathrm{rank}(\mathbf{X}_{\phi_M}))$ 個存在し，$\mathbf{X}_{\phi_M}^t\mathbf{X}_{\phi_M}$ の正の固有値と一致する．固有値 λ_i に対応する $\mathbf{X}_{\phi_M}\mathbf{X}_{\phi_M}^t$，$\mathbf{X}_{\phi_M}^t\mathbf{X}_{\phi_M}$ の正規直交固有ベクトルをそれぞれ $\mathbf{u}_i$，$\mathbf{v}_i$ とし，行列 $\mathbf{U}$，$\mathbf{V}$，$\mathbf{\Lambda}^{1/2}$ を

$$\mathbf{U} = (\mathbf{u}_1, \ldots, \mathbf{u}_r) \qquad (\in \mathbf{R}^{n \times r}) \tag{6.108}$$

$$\mathbf{V} = (\mathbf{v}_1, \ldots, \mathbf{v}_r) \qquad (\in \mathbf{R}^{D \times r}) \tag{6.109}$$

$$\mathbf{\Lambda}^{1/2} = \begin{pmatrix} \sqrt{\lambda_1} & & 0 \\ & \ddots & \\ 0 & & \sqrt{\lambda_r} \end{pmatrix} \qquad (\in \mathbf{R}^{r \times r}) \tag{6.110}$$

と置けば

$$\mathbf{X}_{\phi_M} = \mathbf{U}\mathbf{\Lambda}^{1/2}\mathbf{V}^t \tag{6.111}$$

となる．式 (6.107) で示したように，$\mathbf{X}_{\phi_M}^t\mathbf{X}_{\phi_M}$ はパターンベクトル $\{\phi(\boldsymbol{x}_1), \ldots, \phi(\boldsymbol{x}_n)\}$ から求まる共分散行列の n 倍であるから，$\mathbf{v}_i$ はパターン集合の i 番目の主成分であることを意味する．ただし，グラム行列から求まるのは，$\mathbf{U}$ であって $\mathbf{V}$ ではないことに注意が必要である．いま，ϕ によって d 次元ベクトルを D 次元ベクトルに非線形変換した後，さらに原点が $\phi(\boldsymbol{x}_i)$ $(i = 1, \ldots, n)$ の重心となるように平行移動する変換を ϕ_M とする．すなわち，$\boldsymbol{y}$ を d 次元ベクトルとすると

$$\phi_M(\boldsymbol{y}) = \phi(\boldsymbol{y}) - \frac{1}{n}\sum_{i=1}^{n}\phi(\boldsymbol{x}_i) \tag{6.112}$$

$$= \phi(\boldsymbol{y}) - \frac{1}{n}\mathbf{X}_\phi^t\mathbf{1}_n \tag{6.113}$$

である．上式の ϕ_M を用いると，式 (6.95) の $\mathbf{X}_{\phi_M}$ は

$$\mathbf{X}_{\phi_M} = (\phi_M(\boldsymbol{x}_1), \ldots, \phi_M(\boldsymbol{x}_n))^t \tag{6.114}$$

と書ける.

付録の式 (A.3.11) で示したように,特異値分解の性質から

$$\mathbf{v}_i = \frac{1}{\sqrt{\lambda_i}} \mathbf{X}_{\phi_M}^t \mathbf{u}_i \tag{6.115}$$

が成り立つので,ベクトル $\phi_M(\boldsymbol{y})$ の $\mathbf{v}_i$ への射影の長さは,それらの内積として下式により求めることができる.

$$\mathbf{v}_i^t \phi_M(\boldsymbol{y}) = \frac{1}{\sqrt{\lambda_i}} \mathbf{u}_i^t \mathbf{X}_{\phi_M} \phi_M(\boldsymbol{y}) \tag{6.116}$$

一般に,l 個および m 個の d 次元列ベクトルからなるパターン行列をそれぞれ

$$\mathbf{Y} = (\boldsymbol{y}_1, \ldots, \boldsymbol{y}_l)^t \qquad (\in \mathbf{R}^{l \times d}) \tag{6.117}$$

$$\mathbf{Z} = (\mathbf{z}_1, \ldots, \mathbf{z}_m)^t \qquad (\in \mathbf{R}^{m \times d}) \tag{6.118}$$

とすると,式 (6.94) より

$$\mathbf{Y}_\phi = (\phi(\boldsymbol{y}_1), \ldots, \phi(\boldsymbol{y}_l))^t \tag{6.119}$$

$$\mathbf{Z}_\phi = (\phi(\mathbf{z}_1), \ldots, \phi(\mathbf{z}_m))^t \tag{6.120}$$

となる.カーネル関数 $k(\boldsymbol{y}_i, \mathbf{z}_j) = \phi(\boldsymbol{y}_i)^t \phi(\mathbf{z}_j)$ を (i, j) 成分とする,大きさ $l \times m$ の行列を**カーネル行列**（kernel matrix）と呼び,$\mathbf{K}(\mathbf{Y}, \mathbf{Z})$ と書くと

$$\mathbf{K}(\mathbf{Y}, \mathbf{Z}) = \mathbf{Y}_\phi \cdot \mathbf{Z}_\phi^t \tag{6.121}$$

である.同様にして,式 (6.114) より下式が得られる.

$$\mathbf{Y}_{\phi_M} = (\phi_M(\boldsymbol{y}_1), \ldots, \phi_M(\boldsymbol{y}_l))^t \tag{6.122}$$

$$\mathbf{Z}_{\phi_M} = (\phi_M(\mathbf{z}_1), \ldots, \phi_M(\mathbf{z}_m))^t \tag{6.123}$$

したがって,$\phi_M(\boldsymbol{y}_i)$ と $\phi_M(\mathbf{z}_j)$ との内積を (i, j) 成分とする $l \times m$ の行列を $\mathbf{G}_X(\mathbf{Y}, \mathbf{Z})$ と記すと,$\mathbf{G}_X(\mathbf{Y}, \mathbf{Z})$ は $\mathbf{K}(\mathbf{Y}_{\phi_M}, \mathbf{Z}_{\phi_M})$ に等しく,式 (6.121) の定義より

$$\mathbf{G}_X(\mathbf{Y}, \mathbf{Z}) = \mathbf{K}(\mathbf{Y}_{\phi_M}, \mathbf{Z}_{\phi_M}) \tag{6.124}$$

$$= \mathbf{Y}_{\phi_M} \mathbf{Z}_{\phi_M}^t \tag{6.125}$$

$$= \left(\mathbf{Y}_\phi - \frac{1}{n}\mathbf{1}_{ln}\mathbf{X}_\phi\right)\left(\mathbf{Z}_\phi - \frac{1}{n}\mathbf{1}_{mn}\mathbf{X}_\phi\right)^t \tag{6.126}$$

$$= \mathbf{K}(\mathbf{Y}, \mathbf{Z}) - \frac{1}{n}\mathbf{K}(\mathbf{Y}, \mathbf{X})\mathbf{1}_{nm} - \frac{1}{n}\mathbf{1}_{ln}\mathbf{K}(\mathbf{X}, \mathbf{Z})$$
$$+ \frac{1}{n^2}\mathbf{1}_{ln}\mathbf{K}(\mathbf{X}, \mathbf{X})\mathbf{1}_{nm} \tag{6.127}$$

となる．上式の $\mathbf{K}(\mathbf{Y}, \mathbf{Z})$, $\mathbf{K}(\mathbf{Y}, \mathbf{X})$, $\mathbf{K}(\mathbf{X}, \mathbf{Z})$, $\mathbf{K}(\mathbf{X}, \mathbf{X})$ は，すべてカーネル行列である．なお，カーネル行列 $\mathbf{K}(\mathbf{X}, \mathbf{X})$ はグラム行列である．

ここで式 (6.109)，式 (6.122) より

$$\mathbf{V} = (\mathbf{v}_1, \ldots, \mathbf{v}_i, \ldots, \mathbf{v}_r) \tag{6.128}$$

$$\mathbf{Y}_{\phi_M} = (\phi_M(\boldsymbol{y}_1), \ldots, \phi_M(\boldsymbol{y}_j), \ldots, \phi_M(\boldsymbol{y}_l))^t \tag{6.129}$$

であり，ベクトル $\phi_M(\boldsymbol{y}_j)$ の $\mathbf{v}_i$ への射影の長さをすべての $\phi_M(\boldsymbol{y}_j)$ $(j = 1, \ldots, l)$ と $\mathbf{v}_i$ $(i = 1, \ldots, r)$ に対して求めたい．そのためには，式 (6.116) で示した内積 $\mathbf{v}_i^t\phi_M(\boldsymbol{y}_j)$ を (i, j) 成分として持つ行列を求めればよい．そのような行列が $\mathbf{V}^t\mathbf{Y}_{\phi_M}^t$ であることは明らかであり，それは次のようにして求めることができる．なお，以下では $(\mathbf{\Lambda}^{1/2})^{-1}$ を $\mathbf{\Lambda}^{-1/2}$ と記す．

式 (6.125) および式 (6.111) より

$$\mathbf{G}_X(\mathbf{X}, \mathbf{Y}) = \mathbf{X}_{\phi_M}\mathbf{Y}_{\phi_M}^t \tag{6.130}$$

$$= \mathbf{U}\mathbf{\Lambda}^{1/2}\mathbf{V}^t\mathbf{Y}_{\phi_M}^t \tag{6.131}$$

であるので，式 (6.131) の両辺に左から $\mathbf{\Lambda}^{-1/2}\mathbf{U}^t$ を乗ずることにより

$$\mathbf{V}^t\mathbf{Y}_{\phi_M}^t = \mathbf{\Lambda}^{-1/2}\mathbf{U}^t\mathbf{G}_X(\mathbf{X}, \mathbf{Y}) \tag{6.132}$$

が得られる．上式の $\mathbf{G}_X(\mathbf{X}, \mathbf{Y})$ は，汎用的な式 (6.127) を用いて以下のように求めることができる．

$$\mathbf{G}_X(\mathbf{X}, \mathbf{Y}) = \mathbf{X}_{\phi_M}\mathbf{Y}_{\phi_M}^t \tag{6.133}$$

$$= \left(\mathbf{X}_\phi - \frac{1}{n}\mathbf{1}_{nn}\mathbf{X}_\phi\right)\left(\mathbf{Y}_\phi - \frac{1}{n}\mathbf{1}_{ln}\mathbf{X}_\phi\right)^t \tag{6.134}$$

$$= \mathbf{K}(\mathbf{X}, \mathbf{Y}) - \frac{1}{n}\mathbf{K}(\mathbf{X}, \mathbf{X})\mathbf{1}_{nl} - \frac{1}{n}\mathbf{1}_{nn}\mathbf{K}(\mathbf{X}, \mathbf{Y})$$
$$+ \frac{1}{n^2}\mathbf{1}_{nn}\mathbf{K}(\mathbf{X}, \mathbf{X})\mathbf{1}_{nl} \qquad (6.135)$$

　以上の結果を用いると，$\phi_M(\boldsymbol{y})$ の $\mathbf{v}_i$ への射影はカーネル行列 $\mathbf{K}(\mathbf{X}, \mathbf{Y})$ と $\mathbf{K}(\mathbf{X}, \mathbf{X})$ から計算することができる．すなわち，143ページで述べたように，$\phi(\cdot)$ を明示的に与えなくてもカーネル関数 $k(\cdot)$ のみによって問題を解くことができる．これは，$\phi_M(\boldsymbol{x})$ の空間において線形主成分分析を行ったことに相当し，ϕ がカーネル関数を介して定義される非線形写像であることから，非線形主成分分析を行っていることに相当する．

　図 6.7，図 6.8 は，多項式カーネル，ガウスカーネルを用いたカーネル PCA の計算例である．それぞれ2種類の分布 (a)，(b) に対して適用し，第1，第2，第3主成分の向きに垂直な等高線を表示した．矢印の方向はより高い等高線の向きを表す．等高線は，式 (6.116) の値を示しており，図 6.8 では等高線は（高さについて）等間隔であるが，図 6.7 では，$\mathbf{v}_i^t\phi_M(\boldsymbol{y}) = 0$ 付近の分解能が高くなるように表示してある．これらの図において，$\phi(\boldsymbol{x})$ の空間における主軸は，等高線と垂直な方向となる．複雑な非線形変換を施した空間における軸であるため，原2次元空間上で観察すると，位置が少し変わるだけで軸の方向も変わることになる．これらの図から，カーネル PCA によって，パターン分布の多様な表現を示すことができていることがわかる．ただし，このカーネル PCA が役に立つかどうかは，それぞれの目的ごとに評価する必要がある．

　これまで，SVM と PCA の例で見てきたように，内積計算を基礎にしている方法は，カーネル法を利用して非線形化を行うことができ，PCA 以外の多変量解析手法と組み合わせることが可能である．本方法は，たとえばパターンのクラス識別に適した次元削減を行うフィッシャーの方法 [BA00][MRW+99]，多変量間の相関を求める**正準相関分析**（CCA：canonical correlation analysis）[LF00][Aka01][BJ03] などについて実績がある．次節では，PCA を利用したパターン識別法である部分空間法に対してカーネル法を利用したカーネル部分空間法 [前田99][津田99] について説明する．

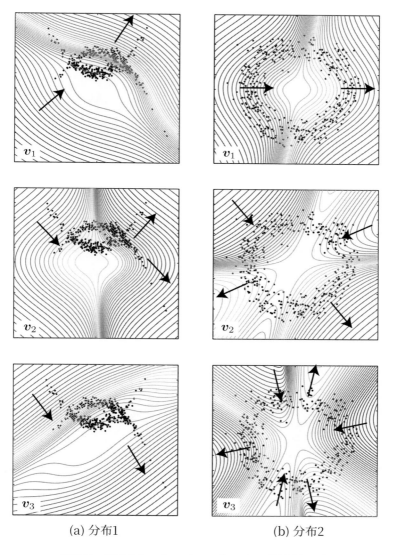

(a) 分布1　　　　　　　　(b) 分布2

図6.7　多項式カーネル（$p = 3$）による非線形PCA

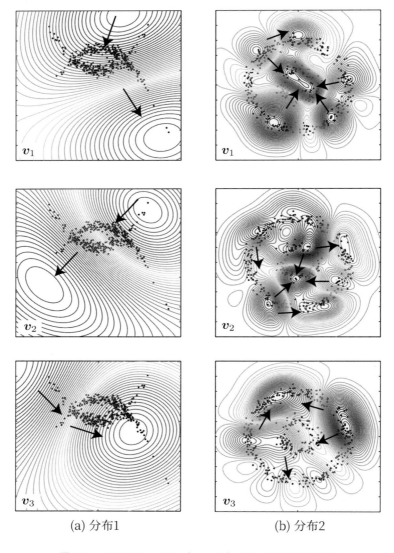

(a) 分布1　　　　　　　　　(b) 分布2

図 6.8　ガウスカーネル（$\sigma = 40$）による非線形PCA

coffee break

❖ もう一つの次元削減法―多次元尺度法

主成分分析（PCA）は，多次元ベクトルとして表現されるパターンを低次元に射影するための標準的な方法として用いられる．特に2次元平面に射影すれば，パターンの分布を可視化できるので，効果的である．これと同じ目的で多用されている類似の方法に，**多次元尺度法**（MDS：multidimensional scaling）がある．主成分分析は，n個のd次元ベクトル，$\boldsymbol{x}_1, \ldots, \boldsymbol{x}_n$が与えられたとき，その低次元表現（分布の主軸方向）を求める方法であるのに対し，多次元尺度法は，すべてのi, jに対して$\boldsymbol{x}_i$と$\boldsymbol{x}_j$との**相違度**（dissimilarity）d_{ij}が与えられたとき，d_{ij}を用いてd次元ベクトル$\boldsymbol{x}_1, \ldots, \boldsymbol{x}_n$の低次元表現を求める方法である．

実際，個々の$\boldsymbol{x}_1, \ldots, \boldsymbol{x}_n$を多次元ベクトルとして表現できなくとも，単なる事例として捉え，各事例間の相違度あるいは類似度は定量化できる場合がある．たとえば，各種商品の類似性を主観評価によって定量化した場合や遺伝子配列から定義される生物間の遺伝的類似度が得られている場合などである．また，複数の変量によって測定されたデータにおいて，二つの変量間の相関係数は変量間の類似性を表現する指標でもある．多次元尺度法は，心理学やマーケティングなどでは多用されている．また，対象によっては事例間の相違度ではなく，**類似度**（similarity）s_{ij}（ただし，$s_{ij} \leq s_{ii}$）を扱う場合もある．この場合，何らかの方法によって類似度s_{ij}を相違度d_{ij}へ変換すればよい．次式，

$$d_{ij} = (s_{ii} - 2s_{ij} + s_{jj})^{1/2} \tag{6.136}$$

は，その標準的な方法の一つである．

いま，n個のパターンを次元数d'の列ベクトル$\boldsymbol{y}_1, \ldots, \boldsymbol{y}_n$で表わし，これらをまとめてパターン行列$\mathbf{Y} = (\boldsymbol{y}_1, \ldots, \boldsymbol{y}_n)^t$（$\in \mathbf{R}^{n \times d'}$）として表す．多次元尺度法は，$d_{ij}$を$(i, j)$成分とする$n \times n$の行列$\mathbf{D} = (d_{ij})$が与えられたとき，$\mathbf{D}$から$\mathbf{Y}$を求める方法ということができる．すなわち，この方法により，観測値あるいは計測値である$\mathbf{D}$の背景にあるパターン$\boldsymbol{x}_1, \ldots, \boldsymbol{x}_n$の低次元表現$\boldsymbol{y}_1, \ldots, \boldsymbol{y}_n$が得られる．この行列$\mathbf{D}$を**距離行列**（distance matrix）と呼ぶ．ここで注意が必要なのは，$\mathbf{D}$の背景にある距離の定義は自明ではないという点である．ただし，$d_{ii} = 0$，$d_{ij} = d_{ji}$（$i \neq j$）は成り立つものとする．

まず，距離行列$\mathbf{D}$がユークリッド距離によって定義されている特別な場合を考える．ここで，d_{ij}^2を(i, j)成分とする行列$\mathbf{D}^{(2)} = (d_{ij}^2)$と，式 (6.103)で定義した$n \times n$行列$\mathbf{J}_n$（**付録 A.4**参照）とを用いて，行列$\mathbf{L}$を次式のように定義する．

$$\mathbf{L} \stackrel{\text{def}}{=} -\frac{1}{2}\mathbf{J}_n\mathbf{D}^{(2)}\mathbf{J}_n \qquad (\in \mathbf{R}^{n \times n}) \tag{6.137}$$

このとき，行列 $\mathbf{L}$ の (i, j) 成分 l_{ij} は，

$$l_{ij} = -\frac{1}{2}\left(d_{ij}^2 - \frac{1}{n}\sum_k d_{ik}^2 - \frac{1}{n}\sum_k d_{kj}^2 + \frac{1}{n^2}\sum_k\sum_l d_{kl}^2\right) \qquad (6.138)$$

であることが確かめられる．証明は，**演習問題 6.6** を参照のこと．上式で示した，距離行列 $\mathbf{D}$ から $\mathbf{L}$ を求める変換を**ヤング・ハウスホルダー変換**（Young-Householder transformation）と呼ぶ．距離行列 $\mathbf{D}$ がユークリッド距離に基づいて設定されているなら，$\mathbf{L}$ は半正定値となり，126 ページで述べたように，$\mathbf{L}$ の n 個の固有値はすべて非負である．逆に $\mathbf{L}$ が半正定値であるならば，ユークリッド距離によって定義された $\mathbf{D}$ を $\mathbf{L}$ から求めることができる．証明は，**演習問題 6.7** を参照のこと．

　しかし，一般に $\mathbf{D}$ がユークリッド距離で定義されているとは限らないし，観測などによって得られた $\mathbf{D}$ には雑音が重畳している．したがって，行列 $\mathbf{L}$ が半正定値であるとは限らず，その固有値には負の値も含まれる可能性がある．そこで，多次元尺度法ではこのような一般的な $\mathbf{D}$ を想定し，以下の手順を用いる．

　行列 $\mathbf{L}$ の固有値を大きい順に $\lambda_1, \ldots, \lambda_{d'}$ $(\lambda_1 \geq \cdots \geq \lambda_{d'} > 0)$ と d' 個選択する．ただし，選択するのは正となる固有値のみである．固有値 λ_i に対応する固有ベクトル $\mathbf{u}_i$ からなる行列を $\mathbf{U}_{d'}$ とすると

$$\mathbf{U}_{d'} \overset{\text{def}}{=} (\mathbf{u}_1, \ldots, \mathbf{u}_{d'}) \qquad (\in \mathbf{R}^{n \times d'}) \qquad (6.139)$$

と書ける．ここで，固有値 $\lambda_1, \ldots, \lambda_{d'}$ を対角成分とする大きさ $d' \times d'$ の行列を $\mathbf{\Lambda}_{d'}$ とし，固有値の平方根を対角成分とする行列を式 (6.110) で示したように $\mathbf{\Lambda}_{d'}^{1/2}$ と記す．このとき，$n \times d'$ 行列 $\mathbf{Y}$ を

$$\mathbf{Y} = \mathbf{U}_{d'}\mathbf{\Lambda}_{d'}^{1/2} \qquad (\in \mathbf{R}^{n \times d'}) \qquad (6.140)$$

として，求めることができる．行列 $\mathbf{Y}$ は，距離行列 $\mathbf{D}$ の背景にある n 個のパターンの d' 次元表現であると考えることができる．上位 2 個の固有値に着目し，すなわち，$d' = 2$ として $\mathbf{Y}$ を求め，パターンを 2 次元平面上に表示することが多い．多次元尺度法は，$\mathbf{y}_1, \ldots, \mathbf{y}_n$ から算出されるユークリッド距離によって構成される距離行列が，$\mathbf{D}$ の最良近似となるような $\mathbf{Y}$ を求めることに相当する．詳細は**演習問題 6.8** を参照されたい [MKB79]．また，具体例として**演習問題 6.9** も参照のこと．

6.6 カーネル部分空間法

前節で述べたカーネル主成分分析は，主成分ベクトルへの射影の長さを内積で記述でき，カーネル法を利用して主成分分析の非線形化を行う手法といえる．同様にして，部分空間法に非線形化を施した非線形部分空間法を考えることができる．カーネルを利用した非線形部分空間法である**カーネル部分空間法**（kernel subspace method）は，非線形PCAが実際に効果を発揮する好例であり，本節で紹介する．本手法の説明の前に，まず線形部分空間法の概要を紹介する．

〔1〕 線形部分空間法

一般に部分空間法といえば**線形部分空間法**（linear subspace method）を指し，**CLAFIC法**（class featuring information compression）[Wat69][改訂版] として知られている．ここでは部分空間法を広義の意味で捉え，各クラスを特徴付ける部分空間を学習パターンからクラスごとに決定し，そのクラス部分空間を利用して未知パターンの識別を行う方法を**部分空間法**（subspace method）と呼ぶこととする．この広義の線形部分空間法にはCLAFIC法に加え，**投影距離法**（projection distance method）[池田83] を含めることができる（**図6.9**）．

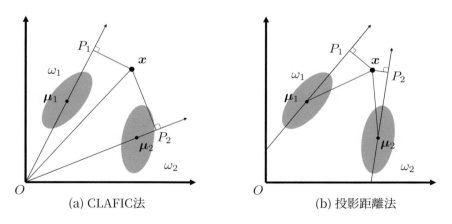

(a) CLAFIC法 (b) 投影距離法

図6.9 2種類の線形部分空間法

　第一のCLAFIC法は，特徴空間の原点を起点としてクラスごとにKL展開を行ってクラス部分空間を決定し，パターンxから各クラスの部分空間への距離$\overline{xP_i}$が最小となる部分空間のクラスを識別結果とする方法である（**図6.9**(a)）．図は，原空間の次元を$d = 2$，各クラスの部分空間の次元を$d' = 1$とした例である．特徴空間の原点とクラス部分空間の原点は同じであるので，この識別規則は，未知パターンのクラス部分空間への射影ベクトルOP_iの長さが最大となる部分空間のクラスに判定することと等価であり，さらに，未知パターンとその射影ベクトルとのコサイン類似度（後述の式(8.39)）で判定することと等価である．射影ベクトルの長さの代わりに重み付けされた長さで評価する**複合類似度法**（multiple similarity method）[飯島89]はその変形手法とみなせる[Oja83]．

　第二の投影距離法は，各クラスの重心を原点として各クラス分布ごとにKL展開を行ってクラス部分空間を決定し，未知パターンからクラス部分空間への投影距離が最小となる部分空間のクラスを識別結果とする方法である（**図6.9**(b)）．**図6.9**に示すように，パターンxはCLAFIC法ではω_1に識別されるが，投影距離法ではω_2に識別されることになる．第一のCLAFIC法は，クラス部分空間を作るときの原点を特徴空間の原点に置くが，第二の投影距離法では各クラスの重心に置くという点がこれら二つの手法の本質的な違いである．したがって，CLAFIC法では特徴空間の原点と各クラスの分布との相対位置に識別結果が依存するが，投影距離法では依存しない．また，分布が特徴空間の原点をまたいでいる場合には明らかにCLAFIC法は有効に機能しない．

　図6.10は，2種類の線形部分空間法を，**図2.1**に示した2次元特徴空間上（$d = 2$）に分布する線形分離不可能な二つのクラス（$c = 2$）ω_1，ω_2のパターンに適用した結果である．図の(a)はCLAFIC法，(b)は投影距離法を適用している．すでに述べたように，分布が特徴空間の原点をまたいでいる場合には，CLAFIC法はその効果を発揮できないため，**図2.1**における全パターンをあらかじめ(10, 10)だけ平行移動した．部分空間の次元はいずれも$d' = 1$である．図において，二つのクラス部分空間までの距離の差を等高線として細実線で示し，距離の差が0となる位置を決定境界として太実線で示した．また，この決定境界によって誤識別されるパターンを黒く塗り潰し，●，▲で示した．エラー数は，CLAFIC法で70パターン（エラー率17.50％），投影距離法で9パ

ターン（エラー率2.25%）である．

図**6.11**は，**図6.3**に示した2クラス（$c = 2$），2次元（$d = 2$）のデータに対して，全パターンを$(10, 8)$だけ平行移動した後，線形部分空間法を適用した例である．図の(a)がCLAFIC法，(b)が投影距離法の適用結果である．本データも線形分離不可能であるが，両クラスの分布が重なっている点でクラス間分離の困難さは**図2.1**に比べて大きい．エラー数（エラー率）は，CLAFIC法，投影距離法でそれぞれ99パターン（49.50%），30パターン（15.00%）である．

上記二例では，CLAFIC法より投影距離法の方が高い識別率を示しているが，両者の性能差について一概に結論を下すことはできない．部分空間法は，そもそもパターンが比較的高次元に分布していることを前提にして，各クラスの分布を特徴付ける部分空間の違いを識別に利用する方法であり，低次元パターンへの適用には不向きである．また，CLAFIC法について渡辺（Satoshi Watanabe）は，各クラスの平均パターンに各クラスの特徴が現れているはずであるから原点を動かすべきではないとも述べている [Wat69]．

この線形部分空間法は，多クラスの識別を少ない計算量で実現でき，識別性

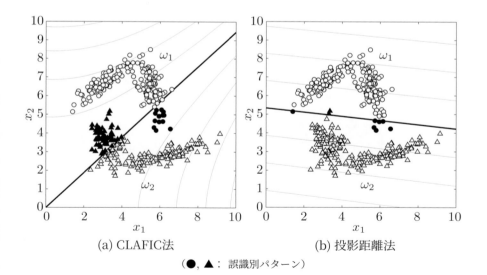

(a) CLAFIC法　　　　　　　　(b) 投影距離法

（●，▲： 誤識別パターン）

図6.10　線形部分空間法(1)

能も高いことから，日本では文字認識などへの適用が進んでいたが，一方で，二つの欠点がある．まず第一に，分布が非線形な軸に沿って広がる場合，線形主成分分析によって定まる主成分方向は意味をなさない．したがって，得られるクラス部分空間が必ずしもそのクラスを特徴付ける部分空間にはならない．第二に，クラス数に対する特徴空間の次元の比d/cが小さい場合，各クラスで部分空間同士の重なりが増え，一般に識別性能が低下する．特徴空間の次元を大きくするためには特徴の数を増やせばよいが，これは必ずしも容易ではない．クラス数が多い課題に対して部分空間法を適用する場合には大きな問題となる．

　第一の欠点を補う方法として，自己想起型ニューラルネットワークを用いた次元削減型の非線形主成分分析と部分空間法とを組み合わせた識別手法が提案されている [井上 97]．この方法では，クラス部分空間を構成する際に分布の非線形性を吸収することが可能であり，線形部分空間法よりも高い識別性能が期待できる．しかしながら，クラス部分空間を構成するためにはニューラルネットワークの学習が必要となり，局所解に陥る危険性を避けることができない．

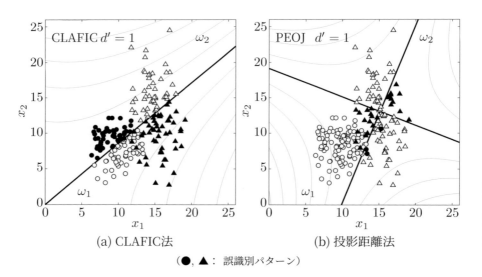

(a) CLAFIC法　　　　　　(b) 投影距離法

（●，▲： 誤識別パターン）

図 6.11　線形部分空間法 (2)

さらに，次元削減型の自己想起型回路を用いているので，先に述べた線形部分空間法の第二の欠点を克服することができない．

　一方，SVMで使われているカーネル関数を介して定義された非線形変換は，非常に高い次元への非線形変換である．そこで，このカーネル非線形変換と部分空間法とを組み合わせることができれば上で述べた部分空間法の二つの欠点を克服できると期待できる．さらに，部分空間法はカーネル関数による定式化が可能なのでϕを陽に用いることなく識別が可能となり，計算コストの点でも有利となる．まさに部分空間法は，カーネル法がその長所を最大限活かせる応用例である．

　以下では，広義の線形部分空間法にカーネル法を適用し，非線形化したカーネル部分空間法について述べる．

〔2〕　部分空間法のカーネル化

　以下では，CLAFIC法を例にとって説明する．前節の式 (6.97) で示したように，$\mathbf{X}$ の Φ 空間上における内積行列は下式で表される[7].

$$\mathbf{Q}_{X_\phi} = \mathbf{X}_\phi \mathbf{X}_\phi^t = \mathbf{K}(\mathbf{X}, \mathbf{X}) \tag{6.141}$$

ここで $\mathbf{X}_\phi$ は式 (6.94) で示したように

$$\mathbf{X}_\phi = (\boldsymbol{\phi}(\boldsymbol{x}_1), \ldots, \boldsymbol{\phi}(\boldsymbol{x}_i), \ldots, \boldsymbol{\phi}(\boldsymbol{x}_n))^t \tag{6.142}$$

である．行列 $\mathbf{Q}_{X_\phi}$ の上位 d' 個の固有値を λ_i $(i = 1, \ldots, d')$ とし，固有値 λ_i に対応する正規直交固有ベクトルを $\mathbf{u}_i$ とする．また，$\mathbf{X}_\phi^t \mathbf{X}_\phi$ も $\mathbf{Q}_{X_\phi}$ と同じ固有値を持ち，固有値 λ_i に対応する $\mathbf{X}_\phi^t \mathbf{X}_\phi$ の正規直交固有ベクトルを $\mathbf{v}_i$ とする．下式に示すように，d' 個の $\mathbf{u}_i$, $\mathbf{v}_i$, λ_i から式 (6.108)，(6.109)，(6.110) と同様に

$$\mathbf{U}_{d'} = (\mathbf{u}_1, \ldots, \mathbf{u}_{d'}) \qquad (\in \mathbf{R}^{n \times d'}) \tag{6.143}$$

$$\mathbf{V}_{d'} = (\mathbf{v}_1, \ldots, \mathbf{v}_{d'}) \qquad (\in \mathbf{R}^{D \times d'}) \tag{6.144}$$

---

[7]　もし，投影距離法を用いるなら，処理対象とするベクトルと行列は，$\mathbf{X}_\phi$ と $\mathbf{Q}_{X_\phi}$ ではなく，$\mathbf{X}_{\phi_M}$ と $\mathbf{Q}_{\mathbf{x}_{\phi_M}}$ となる．

$$\mathbf{\Lambda}_{d'}^{1/2} = \begin{pmatrix} \sqrt{\lambda_1} & & 0 \\ & \ddots & \\ 0 & & \sqrt{\lambda_{d'}} \end{pmatrix} \quad (\in \mathbf{R}^{d' \times d'}) \tag{6.145}$$

を定義する. また, 式 (6.111) の代わりに下式が成り立つ.

$$\mathbf{X}_\phi = \mathbf{U}_{d'} \mathbf{\Lambda}_{d'}^{1/2} \mathbf{V}_{d'}^t \tag{6.146}$$

ここで, $\mathbf{V}_{d'} = (\mathbf{v}_1, \ldots, \mathbf{v}_{d'})$ で張られる部分空間への $\boldsymbol{\phi}(\mathbf{z})$ の射影ベクトルの長さを $P(\mathbf{z})$ とする. 式 (6.116) で示したように, ベクトル $\boldsymbol{\phi}(\mathbf{z})$ の $\mathbf{v}_i$ への射影の長さは $\mathbf{v}_i{}^t \boldsymbol{\phi}(\mathbf{z})$ であるから

$$P^2(\mathbf{z}) = \sum_{i=1}^{d'} \left(\mathbf{v}_i{}^t \boldsymbol{\phi}(\mathbf{z}) \right)^2 = \|\mathbf{V}_{d'}^t \boldsymbol{\phi}(\mathbf{z})\|^2 \tag{6.147}$$

となる. 式 (6.121) より

$$\mathbf{K}(\mathbf{X}, \mathbf{Z}) = \mathbf{X}_\phi \cdot \mathbf{Z}_\phi^t \tag{6.148}$$

であり, 上式の $\mathbf{Z}$, $\mathbf{Z}_\phi$ は下式で表される.

$$\mathbf{Z} = (\mathbf{z}_1, \ldots, \mathbf{z}_m)^t \tag{6.149}$$

$$\mathbf{Z}_\phi = (\boldsymbol{\phi}(\mathbf{z}_1), \ldots, \boldsymbol{\phi}(\mathbf{z}_m))^t \tag{6.150}$$

上式の特別な場合として $m = 1$ を考えると, $\mathbf{Z} = \mathbf{z}^t$, $\mathbf{Z}_\phi = \boldsymbol{\phi}(\mathbf{z})^t$ となるので, 式 (6.148), (6.146) より

$$\mathbf{K}(\mathbf{X}, \mathbf{z}^t) = \mathbf{X}_\phi \cdot \boldsymbol{\phi}(\mathbf{z}) \tag{6.151}$$

$$= \mathbf{U}_{d'} \mathbf{\Lambda}_{d'}^{1/2} \mathbf{V}_{d'}^t \boldsymbol{\phi}(\mathbf{z}) \tag{6.152}$$

となる. 行列 $\mathbf{X}_\phi$ は式 (6.142) で表されるので, 式 (6.151) の $\mathbf{K}(\mathbf{X}, \mathbf{z}^t)$ は, $\boldsymbol{\phi}(\boldsymbol{x}_i) \, (i = 1, \ldots, n)$ と $\boldsymbol{\phi}(\mathbf{z})$ の内積を成分とする n 次元ベクトルである. また, d' はクラス部分空間の次元である.

式 (6.152) の両辺に左から $\mathbf{\Lambda}_{d'}^{-1/2} \mathbf{U}_{d'}^t$ を乗ずることにより

$$\mathbf{\Lambda}_{d'}^{-1/2} \mathbf{U}_{d'}^t \mathbf{K}(\mathbf{X}, \mathbf{z}^t) = \mathbf{V}_{d'}^t \boldsymbol{\phi}(\mathbf{z}) \tag{6.153}$$

となる. 上式を式 (6.147) に代入することにより, 下式が得られる.

$$P^2(\mathbf{z}) = \|\mathbf{\Lambda}_{d'}^{-1/2}\mathbf{U}_{d'}^t\mathbf{K}(\mathbf{X}, \mathbf{z}^t)\|^2 \tag{6.154}$$

識別を実行するには, **図6.9**(a) に示すように, 各クラスについて $P^2(\mathbf{z})$ を求め, その値が最大となるクラスを識別結果として出力すればよい. 前節で述べたように, $\mathbf{U}_{d'}$, $\mathbf{\Lambda}_{d'}^{1/2}$ は, 式 (6.141) の固有値, 固有ベクトルによって構成されているので, $K(\mathbf{X}, \mathbf{X})$ から求まる. したがって, カーネル関数 $k(\boldsymbol{x}, \boldsymbol{y})$ の定義式と学習パターンが与えられれば ϕ の形を知らなくても未知パターンの識別が可能である.

また, 線形部分空間法の場合と同様に, カーネル部分空間法においてクラス部分空間の次元 d' は識別結果に影響する. 通常, d' をクラスにかかわらず一定とするか, 累積寄与率がクラスにかかわらず等しくなるように d' の値を定めることが多い. ただし, 累積寄与率は式 (6.91) で示したとおりであり, ここでは

$$c_p = \sum_{i=1}^{d'}\lambda_i \bigg/ \sum_{i=1}^{r}\lambda_i \tag{6.155}$$

によって定義される. 最適な d' と c_p の値は課題ごとに異なる. なお, 投影距離法の識別法については, **演習問題6.5** を参照されたい.

〔3〕 カーネル部分空間法による識別実験

図6.12, **図6.13** は, **図2.1** で示したデータに対し, カーネル部分空間法を適用した結果であり, 前者はガウスカーネル, 後者は多項式カーネル各図の (a), (b) は, それぞれ CLAFIC 法, 投影距離法の適用結果であり, 求めた等高線, 決定境界, 誤識別パターンを示した. ガウスカーネルのパラメータ σ, 多項式カーネルのパラメータ p, 部分空間の次元数 d' を図の左上に示した. 非線形化を行うことにより, 曲線で描かれた識別境界が得られ, エラー数は, **図6.12**(b) で 1 パターン (エラー率 0.25 %), **図6.13**(b) で 5 パターン (エラー率 1.25 %) であり, 他はいずれも 0 パターンである. 図では誤識別パターンを黒く塗りつぶした.

一方, **図6.14**, **図6.15** は, **図6.3** で示したデータに対して同様の条件でカーネル部分空間法を適用した結果である. エラー数 (エラー率) は, **図6.14**(a),

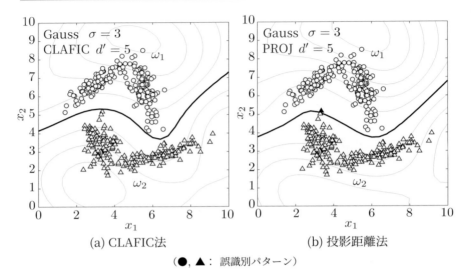

(a) CLAFIC法 　　　　　　　　 (b) 投影距離法

（●, ▲ : 誤識別パターン）

図 6.12　ガウスカーネルによるカーネル部分空間法 (1)

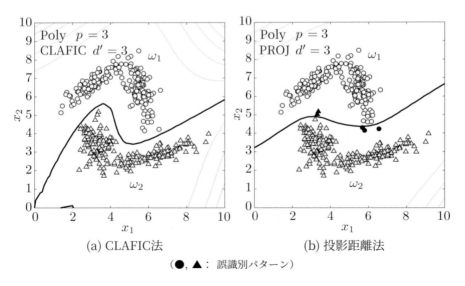

(a) CLAFIC法 　　　　　　　　 (b) 投影距離法

（●, ▲ : 誤識別パターン）

図 6.13　多項式カーネルによるカーネル部分空間法 (1)

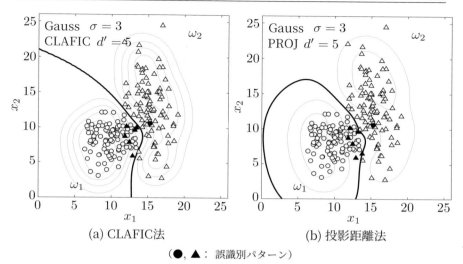

(a) CLAFIC法　　　　　　　　(b) 投影距離法

（●, ▲ : 誤識別パターン）

図 6.14　ガウスカーネルによるカーネル部分空間法 (2)

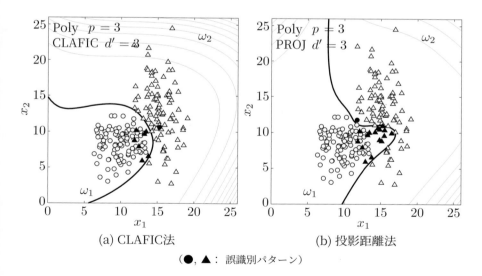

(a) CLAFIC法　　　　　　　　(b) 投影距離法

（●, ▲ : 誤識別パターン）

図 6.15　多項式カーネルによるカーネル部分空間法 (2)

表 6.1　MNIST データに対する線形部分空間法の実験

1-NN：最近傍決定則，LSS：線形部分空間法，

CLF：CLAFIC法，PRJ：投影距離法

実験 No.	手法	CLF/ PRJ	c_p	部分空間の 次元数 d'		エラー率（%）	
				平均	標準 偏差	学習 pat.	テスト pat.
1	1-NN	—	—	—	—	4.80	5.94
2	LSS	CLF	0.80	10.3	3.7	7.10	8.28
3	LSS	CLF	0.90	28.4	8.2	3.46	5.46
4	LSS	CLF	0.95	59.2	13.6	2.09	5.51
5	LSS	CLF	0.98	119.8	21.8	1.19	7.39
6	LSS	PRJ	0.80	30.0	6.9	2.81	5.13
7	LSS	PRJ	0.90	62.0	11.6	1.79	5.75
8	LSS	PRJ	0.95	107.0	16.9	1.12	7.29
9	LSS	PRJ	0.98	176.8	25.1	0.82	9.07

(b) がいずれも 7 パターン（3.50 %），**図 6.15**(a)，(b) がそれぞれ 8 パターン（4.00 %），17 パターン（8.50 %）で，**図 6.11** の線形部分空間法に比べ減少している．

　本章冒頭で述べたように，部分空間法の強みは多クラスの識別に適している点であり，日本語のように文字種の多い言語の文字認識に適した手法である．以下では，多クラス，多次元の識別問題に対してカーネル部分空間法を適用した実験結果を示す．使用したのは，手書き数字データとして知られる MNIST（8.6 節参照）であり，クラス数は 10（$c = 10$）である．学習パターンは各クラス 1 000 パターンで合計 10 000 パターン，テストパターンは各クラス 800 パターンで合計 8 000 パターンより成る（230 ページの脚注参照）．次元数 d は，$d = 28 \times 28 = 784$ である．

　結果を**表 6.1**，**表 6.2**，**表 6.3**に示す．**表 6.1**は比較用として実施した最近傍決定則と線形部分空間法の実験結果であり，**表 6.2**，**表 6.3**がカーネル部分空間法の実験結果である．表では，学習パターン，テストパターンに対するエ

表 6.2　MNIST データに対するカーネル部分空間法の実験(1)

KSS：カーネル部分空間法，CLF：CLAFIC法

実験 No.	手法	CLF/ PRJ	c_p	部分空間の 次元数 d'		カーネル		エラー率（%）	
				平均	標準 偏差	ガウス σ	多項式 σ	学習 pat.	テスト pat.
10	KSS	CLF	0.30	96.5	48.4	3		0.45	4.85
11	KSS	CLF	0.50	253.4	97.6	3		0.00	4.38
12	KSS	CLF	0.70	458.5	146.1	3		0.00	4.30
13	KSS	CLF	0.90	740.2	150.0	3		0.00	4.16
14	KSS	CLF	0.95	840.7	122.1	3		0.00	4.16
15	KSS	CLF	0.30	2.1	0.7		3	17.64	13.84
16	KSS	CLF	0.50	9.0	3.8		3	8.75	6.70
17	KSS	CLF	0.70	43.5	18.4		3	4.11	4.64
18	KSS	CLF	0.90	244.2	74.9		3	1.11	3.90
19	KSS	CLF	0.95	409.8	101.8		3	0.53	3.77

ラー率を%で示した．**表 6.1**の実験No.1は，最近傍決定則（1-NN）の実験結果であり，実験No. 2〜5は，線形部分空間法（LSS）をCLAFIC法（CLF）と組み合わせた実験結果である．表中のc_pは累積寄与率であり，固有値の大きい順に，指定した累積寄与率に到達するまで固有ベクトルを選択することを示している．選択した固有ベクトルの個数が部分空間の次元数d'であり，クラスごとに異なっている．表では，種々のc_pに対するd'の平均と標準偏差を示している．実験No. 6〜9は，同じく部分空間法を投影距離法（PRJ）と組み合わせた実験結果である．

　一方，**表 6.2**に示した実験は，すべてカーネル部分空間法（KSS）をCLAFIC法と組み合わせた実験結果である．実験No. 10〜14では$\sigma = 3$のガウスカーネルを用い，実験No. 15〜19では$p = 3$の多項式カーネルを用いている．**表 6.1**と同様，種々のc_pに対するd'の平均と標準偏差を示している．本実験では，σ，pの値を固定し，c_pの値を変化させた．逆にc_pの値を固定し，σ，pの値を変化させたのが**表 6.3**に示した実験結果である．

表6.3　MNIST データに対するカーネル部分空間法の実験 (2)

KSS：カーネル部分空間法，CLF：CLAFIC法

実験 No.	手法	CLF/ PRJ	c_p	部分空間の 次元数 d'		カーネル		エラー率（%）	
				平均	標準 偏差	ガウス σ	多項式 σ	学習 pat.	テスト pat.
20	KSS	CLF	0.90	895.1	14.4	1		0.00	5.90
21	KSS	CLF	0.90	740.2	150.0	3		0.00	4.16
22	KSS	CLF	0.90	451.8	150.9	5		0.00	3.57
22	KSS	CLF	0.90	191.4	81.5	7		0.09	3.44
24	KSS	CLF	0.90	64.6	29.7	9		0.81	3.67
25	KSS	CLF	0.90	28.2	8.2		1	3.38	5.10
26	KSS	CLF	0.90	244.2	74.9		3	1.11	3.90
27	KSS	CLF	0.90	262.0	65.2		5	2.17	4.63
28	KSS	CLF	0.90	189.4	51.0		7	3.88	5.99
29	KSS	CLF	0.90	118.0	41.7		9	5.50	7.75

　実験No. 20〜24では$c_p = 0.90$としてガウスカーネルのσを1, 3, 5, 7, 9と変化させた．また実験 No. 25〜29では多項式カーネルのpを同様に1, 3, 5, 7, 9と変化させた．その他の見方は**表 6.2**と同じである．

　表 6.1〜**表 6.3**の実験結果に対する考察については，**演習問題 6.10**を参照されたい．

6.7　多様体学習

　次元削減（dimensionality reduction）とは，d次元空間上のパターンの分布をより小さな次元の空間を用いて表現することを指し，パターンの分布をより少ない情報量で表現する情報圧縮の手段であると同時に，特徴変換の手段でもある．カーネル法の導入によって，パターン認識手法，多変量解析手法の非線形化が試みられるようになった．パターンの分布を表現する，より小さな次元

の空間を**多様体**（manifold）と呼び，そのような空間を求める処理，特に非線形手法を用いて求める処理を，**次元埋め込み**（dimension embedding），あるいは，**多様体学習**（manifold learning）などと呼ぶ．かつて2000年にScience誌に掲載された**Isomap**（isometric mapping）[TdSL00]，**LLE**（locally linear embedding）[RS00]などは，ソウル（Lawrence Saul）らの論文[SRS03]のタイトルに "Think Globally, Fit Locally" とあるように，パターン間の局所的な近接関係を保存しつつ，全体的な主軸を求めるという考えに基づいた手法である．たとえば，Isomapは，各パターンのk近傍のみに着目してパスを作り，そのパスに沿った距離をパターン間の距離とする．

　図6.16に示した3次元空間上の分布は，**スイスロール**（Swissroll）と呼ばれ，2次元空間上の分布を3次元空間中に埋め込んだ結果として得られる．この例では，kを適切な値に設定すれば，スイスロールのシート上にのみパスが設定され，図の矢印で示したような，層をまたぐパターン間にはパスができない．このパスに沿った距離をパターン間の距離として，MDSの手順を行うのがIsomapである．このような次元削減法は，人間の脳内情報処理とも関連づけて議論されている[SL00]．たとえば，多様な表情をもつさまざまな人の顔画像が脳内に記憶されており，我々は，個人の同定，感情の認識が可能である．それぞれのクラスの顔画像は，特徴空間上で非線形な多様体をなしていると解釈することができる．顔画像の高次元空間での情報をある軸で切り出すと，非線形のより低次元の空間で表現される（**図6.17**）．これ以降，さまざまな非線形な次元削減法が多様体学習法として提案されている．上述の Isomap, LLE をはじめ，**graph Laplacian** [BN02]など，多くの方法が特別なカーネル関数（グラム行列）を選択したカーネルPCA として解釈できることが知られている[HLMS04]．

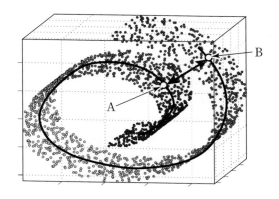

図 6.16　スイスロール分布

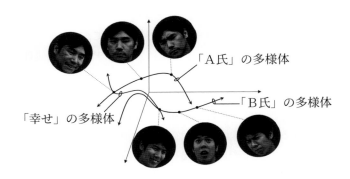

図 6.17　顔画像空間において特定の個人・表情を表す多様体の例

coffee break

❖ 構造化データに対するカーネル法

カーネル法は，文字列，木構造，グラフなどの**構造化データ**（structured data）に対してその類似性を評価する方法としても使われている．構造化データを対象とするカーネル法として代表的なものがハウスラー（David Haussler）が提案した**畳み込みカーネル**（convolution kernel）である [Hau99]．畳み込みカーネルは，構造化データの構成要素となる部分構造をすべて数え上げ，その類似性を評価する関数である．畳み込みカーネルの考え方は，実際に，文字列 [LSST+02]，木構造 [CD01]，グラフ [KTI03] などさまざまな構造化データに対して適用されている．特に，木やグラフの形で情報が表現される自然文を扱う自然言語処理，大量の遺伝子の塩基配列やタンパク質のアミノ酸配列を解析の対象とするバイオインフォマティックスなどの分野で使われることが多い．畳み込みカーネルは，自然言語に代表される非ベクトルデータをベクトル空間へ "埋め込む" ことによって，その応用領域を広げた初期の成功例の一つであった．

演習問題

6.1 二つのd次元ベクトル$\boldsymbol{x}$, $\boldsymbol{y}$に対して定義される関数$k(\boldsymbol{x}, \boldsymbol{y})$がある. ここで, n個のd次元ベクトル$\boldsymbol{x}_1, \ldots, \boldsymbol{x}_n$を用いて, (i,j)成分が$k(\boldsymbol{x}_i, \boldsymbol{x}_j)$となる行列$\mathbf{K}$を, 次式のように定義する.

$$\mathbf{K} = \begin{pmatrix} k(\boldsymbol{x}_1, \boldsymbol{x}_1) & k(\boldsymbol{x}_1, \boldsymbol{x}_2) & \ldots & k(\boldsymbol{x}_1, \boldsymbol{x}_n) \\ k(\boldsymbol{x}_2, \boldsymbol{x}_1) & k(\boldsymbol{x}_2, \boldsymbol{x}_2) & \ldots & k(\boldsymbol{x}_2, \boldsymbol{x}_n) \\ \vdots & \vdots & \ldots & \vdots \\ k(\boldsymbol{x}_n, \boldsymbol{x}_1) & k(\boldsymbol{x}_n, \boldsymbol{x}_2) & \ldots & k(\boldsymbol{x}_n, \boldsymbol{x}_n) \end{pmatrix} \tag{6.156}$$

関数$k(\boldsymbol{x}, \boldsymbol{y})$がカーネル関数であれば, 行列$\mathbf{K}$は半正定値であることを示せ.

6.2 大きさが$n \times n$の行列$\mathbf{K}$が与えられたとする. 行列$\mathbf{K}$が半正定値であれば, n個のd次元ベクトル$\boldsymbol{x}_1, \ldots, \boldsymbol{x}_n$ と, カーネル関数$k(\boldsymbol{x}, \boldsymbol{y})$ を用いて, $\mathbf{K}$は式 (6.156)のように表されることを示せ.

6.3 式 (6.76)の漸化式が, $d = 3$, $l = 2$の場合について成り立つことを示せ.

6.4 パターン認識, 機械学習の分野では

$$J = \|\mathbf{A}\boldsymbol{x} - \mathbf{b}\|^2 + \lambda\|\boldsymbol{x}\|^2 \tag{6.157}$$

を最小化する$\boldsymbol{x}$ $(= \boldsymbol{x}^*)$を求めるという最適化問題を解くことが多い (143ページ参照). 上式で$\mathbf{A}$は大きさ$n \times d$の行列, $\boldsymbol{x}$はd次元列ベクトル, $\mathbf{b}$はn次元列ベクトルである.

(1) 上式のJを偏微分して$\mathbf{0}$と置くことにより下式を導出せよ.

$$\boldsymbol{x}^* = (\mathbf{A}^t\mathbf{A} + \lambda\mathbf{I})^{-1}\mathbf{A}^t\mathbf{b} \tag{6.158}$$

(2) 上式の解$\boldsymbol{x}^*$を変形し, 式中の$\mathbf{A}^t\mathbf{A}$の代わりに, $\mathbf{A}\mathbf{A}^t$を用いた解

$$\boldsymbol{x}^* = \mathbf{A}^t(\mathbf{A}\mathbf{A}^t + \lambda\mathbf{I})^{-1}\mathbf{b} \tag{6.159}$$

を導出せよ.

6.5 投影距離法は，図 6.9(b) における x と P_i の二乗距離 D^2 が最も短くなるクラス ω_i を識別結果とする．この投影距離法にカーネル法を適用すると，

$$D^2(\mathbf{z}) = G_X(\mathbf{z}^t, \mathbf{z}^t) - \|\boldsymbol{\Lambda}_{d'}^{-1/2}\mathbf{U}_{d'}^t G_X(\mathbf{X}, \mathbf{z}^t)\|^2 \qquad (6.160)$$

となることを証明せよ．ただし，$\mathbf{U}_{d'}$，$\mathbf{V}_{d'}$，$\boldsymbol{\Lambda}_{d'}^{1/2}$ は，式 (6.143)，(6.144)，(6.145) と同様に，$G_X(\mathbf{X}, \mathbf{X}) = \mathbf{X}_{\phi_M}\mathbf{X}_{\phi_M}^t$ の上位 d' 個の固有値を λ_i $(i = 1, \ldots, d')$，固有値 λ_i に対応する $\mathbf{X}_{\phi_M}\mathbf{X}_{\phi_M}^t$，$\mathbf{X}_{\phi_M}^t\mathbf{X}_{\phi_M}$ の正規直交固有ベクトルをそれぞれ $\mathbf{u}_i$，$\mathbf{v}_i$ とし，d' 個の $\mathbf{u}_i$，$\mathbf{v}_i$，λ_i によって定義される行列である．

6.6 式 (6.138) が成り立つことを確かめよ．

6.7 以下を証明せよ．

(1) 距離行列 $\mathbf{D}$ がユークリッド距離で定義され，$d_{ij}^2 = \|\boldsymbol{x}_i - \boldsymbol{x}_j\|^2$ とする．このとき，式 (6.137) の $\mathbf{L}$ は，式 (6.95) の平均偏差行列 $\mathbf{X}_M$ を用いて $\mathbf{L} = \mathbf{X}_M\mathbf{X}_M^t$ と表され，$\mathbf{L}$ は半正定値の対称行列となる．

(2) 逆に，$\mathbf{L}$ が半正定値の対称行列であるならば，ユークリッド距離によって定義された $\mathbf{D}$ を求めることができる．

(3) 距離行列 $\mathbf{D}$ がユークリッド距離で定義されるなら，多次元尺度法は主成分分析と等価である．

6.8 式 (6.140) が成り立つことを示し，求めた $\mathbf{Y}$ で得られる $\boldsymbol{y}_1, \ldots, \boldsymbol{y}_n$ の平均は，原点と一致することを示せ．

6.9† 互いに比較可能な 6 種の事例 $\boldsymbol{x}_1, \ldots, \boldsymbol{x}_6$ があり，$\boldsymbol{x}_i$ と $\boldsymbol{x}_j$ との相違度（距離）が d_{ij} として定量化されているとする $(i, j = 1, \ldots, 6)$．ここで，d_{ij}^2 を (i, j) 成分とする大きさ 6×6 の行列 $\mathbf{D}^{(2)}$ が次式で与えられている．

$$
\mathbf{D}^{(2)} = \begin{pmatrix}
0 & 49 & 65 & 16 & 13 & 113 \\
49 & 0 & 16 & 65 & 34 & 50 \\
65 & 16 & 0 & 49 & 26 & 10 \\
16 & 65 & 49 & 0 & 5 & 73 \\
13 & 34 & 26 & 5 & 0 & 52 \\
113 & 50 & 10 & 73 & 52 & 0
\end{pmatrix} \tag{6.161}
$$

このとき, $d' = 2$ とし, 多次元尺度法を用いてパターン行列 $\mathbf{Y}$ を求め, $\boldsymbol{y}_1, \ldots, \boldsymbol{y}_6$ を d' 次元 (2次元) 空間上にプロットせよ.

6.10 部分空間法についての実験結果を示した**表 6.1**〜**表 6.3** を分析し, 考察せよ.

第7章
ニューラルネットワーク

7.1　ニューロブームの幕開け

　コンピュータの登場以来，人間の知的機能を機械で実現しようという試みは，さまざまな分野の研究者を魅了し，今日に至るも精力的な挑戦が続いている．その先駆的研究として位置づけられるのは，第1章で紹介したパーセプトロン（1957）であり，これが第一次ニューロブームの嚆矢となった．しかし，パーセプトロンは学習機能は持つものの，入力層と出力層よりなる2層の構造であるため，線形な識別関数しか実現できず，その適用範囲は限定されていた．この限界を乗り越えるべく，非線形な識別関数を実現するための試みはいくつかなされてきた．その一つは，2層のパーセプトロンを発展させて多層化することであるが，多層構造を持つネットワークの学習法を考案するには至らなかった．

　第2章で紹介した区分的線形識別関数は，線形識別関数の組み合わせで構成された非線形な識別関数であり，極限において上記の多層ニューラルネットワークと等価であることが知られている[Nil65]．ただし，有効な学習法がないという点は，当時の多層ニューラルネットワークと同様である．

　第3章，第4章でそれぞれ紹介した一般化線形識別関数法，ポテンシャル関数法は，非線形な識別関数を実現し，かつ学習可能性も備えている．しかし一般化線形識別関数は，非線形変換により元のパターンをΦ空間に写像し，線形分離可能な状態に変換した上で，パーセプトロンの学習規則を適用している．そのため，Φ関数の決定に恣意性が残り，かつΦ空間に写像した結果が線形分離可能となる保証がないという問題がある．また，ポテンシャル関数法は，すでに述べたように一般化線形識別関数法と等価であるので，同様の問題を抱えている．このように，両手法で採られている学習法は，いずれもパーセ

プトロンの学習規則に基づいており，学習法の新たな枠組みを提供するには至らなかった．このような事情でブームは下火となり，長い冬の時代を迎えることとなった．

その後30年近くが経過した1986年に，ラメルハート（David E. Rumelhart）が多層ニューラルネットワークの学習法として誤差逆伝播法を提案するに及び，再びニューラルネットワークが脚光を浴び，第二次ニューロブームの到来となった．冬の時代が長かっただけに，ニューラルネットワークに対する期待は大きく，多くの研究者によって活発な研究活動が繰り広げられた．

しかし，このニューラルネットワーク研究も，後で述べる勾配消失問題，過学習など致命的な問題が明らかになり，再び冬の時代を迎えることになった．これらの諸問題の解決を見るには，深層学習の登場を待たなければならなかった．深層学習こそが第三次ニューロブームの火付け役となった技術である．深層学習の話題に埋もれがちではあるものの，第二次ニューロブームの牽引役を果たした誤差逆伝播法は画期的なアイデアであり，その後の深層学習の研究においても重要な役割を果たしている．

そこで本章では，次章の深層学習への導入準備として，まず誤差逆伝播法など第二次ニューロブームを支えた重要な技術について紹介することにする．なお，本章で取り上げる正規化線形関数やドロップアウトの考え方は，深層学習の研究を進める過程で生まれた技術である．しかし，これらは深層学習に特化した技術ではなく，従来型のニューラルネットワークでも十分有効に機能し得る技術であるので，本章で取り上げることにする．誤差逆伝播法をはじめとする従来型のニューラルネットワークについては，[改訂版] の3.3節で紹介済みであり一部重複するが，その後提案された上記関連技術も取り上げつつ，新たな視点で述べてみたい．

7.2　誤差逆伝播法

以下では，入力パターンをc個のクラス$\omega_1, \ldots, \omega_c$ のいずれかに分類する多クラス問題を扱うことにする．**ニューラルネットワーク**（neural network）は，複数の**ユニット**（unit）を持つ層を重ねた構造を持っている．特に，層を多数

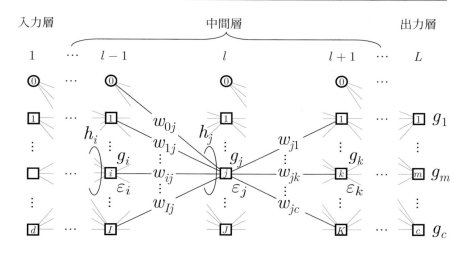

図7.1 ニューラルネットワークの構造（第 l 層が中間層の場合）

重ねたことを強調する場合には，**多層ニューラルネットワーク**（multi-layer neural network）と呼ぶ．**図 7.1** は L 層のニューラルネットワークを示しており，第 1 層の**入力層**（input layer），第 L 層の**出力層**（output layer），その間に存在する複数の**中間層**（internal layer）より構成されている．信号の流れは入力層から出力層に向かう一方向である．

　以下では，第 l 層を取り上げて説明する．もし，$1 < l < L$ なら第 l 層は中間層であり，$l = L$ なら出力層である．第 l 層の j 番目のユニットをユニット $j\,(= 0, 1, \ldots, J)$，その一つ前の第 $(l-1)$ 層の i 番目のユニットをユニット $i\,(= 0, 1, \ldots, I)$ と呼ぶ．第 l 層が中間層の場合は，さらに一つ後の第 $(l+1)$ 層が存在し，その k 番目のユニットをユニット $k\,(= 0, 1, \ldots, K)$ と呼ぶことにする．また，第 L 層，すなわち出力層の m 番目のユニットをユニット $m\,(= 1, \ldots, c)$ と呼ぶ．

　図 7.1 では，第 l 層が中間層の場合を示している．図で，各層のユニット 0 は○印，その他のユニットは□印の記号で示し，ユニットの番号を記号中に記した．ただし，出力層にはユニット 0 はなく，c クラスの識別問題であれば，ユニットはユニット 1 からユニット c の c 個である．第 2 層以降の各ユニットは

前層のすべてのユニットと重みを介して結ばれている．このような結合の形態を**全結合**（fully-connected）という．ただし，○印のユニット0には前層からの入力はなく，次層への出力のみで，その出力値は1である．本措置は，1.4節で述べたように，バイアスも含めて学習対象とするためである．ユニット i からユニット j への結合の重みを w_{ij}，ユニット j からユニット k への結合の重みを w_{jk} とする．

　入力パターン $\mathbf{x} = (x_0, x_1, \ldots, x_d)^t$ が入力され（$x_0 \equiv 1$），出力層からの出力が $g_1, \ldots, g_m, \ldots, g_c$ であったとき，識別処理は

$$\max_m \{g_m\} = g_{m*} \quad \Longrightarrow \quad \boldsymbol{x} \in \omega_{m*} \tag{7.1}$$

に基づいて行われる．

　以下では，**図7.1**を用いながら，ニューラルネットワークの重み学習法について述べる．学習対象として，第 $(l-1)$ 層と第 l 層の重み w_{ij} を取り上げる．学習パターンを入力したとき，第 l 層のユニット j への入力を h_j，ユニット j からの出力を g_j と記す．同様にして第 $(l-1)$ 層の h_i, g_i，第 $(l+1)$ 層の h_k, g_k が定義できる[*1]．入力 h_j はユニット j と結合している第 $(l-1)$ 層内のすべてのユニットからの出力の線形和であるから

$$h_j = \sum_{i=0}^{I} w_{ij}\, g_i \qquad (j = 1, \ldots, J) \tag{7.2}$$

と書ける[*2]．さらにユニット j からの出力 g_j は非線形関数 $f(\cdot)$ を用いて

$$g_j = f(h_j) \qquad (j = 1, \ldots, J) \tag{7.3}$$

と表される．この非線形関数 $f(\cdot)$ を**活性化関数**（activation function）という．多層ニューラルネットワークにおいて，非線形な活性化関数の果たす役割は大きい．活性化関数が線形関数なら，多層化しても線形識別関数が得られるだけ

[*1]　厳密には，どの層であるかを明示するため，h_j^l, g_j^l, w_{ij}^l などと表記すべきであるが，煩雑になるので層の表記は省いた．その代わりに**図7.1**に示したように，添字 i, j, k により $l-2$, l, $l+1$ の各層を区別することにする．

[*2]　ここで，i は0から始まるが，j は1から始まることに注意．また，$g_0 \equiv 1$ である．式 (7.4)，(7.5) の j, k に対しても同様である．

で，高度な非線形識別関数を実現することはできない．

以上，第 l 層への入力と同層からの出力について述べた．**図 7.1** のように，第 l 層が中間層の場合は，第 $(l+1)$ 層の入力 h_k と出力 g_k は式 (7.2)，(7.3) と同様にして

$$h_k = \sum_{j=0}^{J} w_{jk}\, g_j \qquad (k = 1, \ldots, K) \tag{7.4}$$

$$g_k = f(h_k) \qquad (k = 1, \ldots, K) \tag{7.5}$$

と書ける．

学習によって最適な重みを獲得するには，何らかの評価方法が必要である．そのために教師信号を設定し，学習過程では出力層からの出力をできるだけ教師信号に近づけるよう重みの修正を繰り返す．評価尺度としては，実際の出力と教師信号との不一致度を定義し，不一致度を最小化することを目指す．

二クラス問題（$c = 2$）の場合の教師信号については，式 (1.36) で示した．クラスが $\omega_1, \ldots, \omega_c$ と多クラス（$c > 2$）の場合の教師信号は $b_1, \ldots, b_m, \ldots, b_c$ で表される．パターンがクラス ω_i に所属するなら，出力層からの出力 $g_1, \ldots, g_m, \ldots, g_c$ に対し，教師信号を下式を満たすように与える．

$$\max_{m=1,\ldots,c} \{b_m\} = b_i \tag{7.6}$$

これにより，式 (7.1) の識別処理を実行することができる．上式は，教師信号の一般的な定義である．ここで b_m は 0 または 1 の二値とし

$$(b_1, \ldots, b_m, \ldots, b_c) = (\overset{1}{0}, \ldots, 0, \overset{m}{1}, 0, \ldots, \overset{c}{0}) \tag{7.7}$$

とすれば式 (7.6) の実現形態としては単純でわかりやすい．上式で示したような，特定の 1 要素のみ 1 で，他の要素はすべて 0 であるベクトルを **ワンホットベクトル**（one-hot vector）という．教師信号としては，b_m を 0，1 の二値ではなく

$$\sum_{m=1}^{c} b_m = 1 \qquad (0 \le b_m \le 1) \tag{7.8}$$

とすれば，より汎用的である．たとえば数字の「0」と「6」のいずれとも判定

し難い曖昧なパターンには，二つのクラスの該当する b_m として 0.5 ずつを与え，他は 0 とすればよい．すなわち，教師としては「0」，「6」のいずれの判定結果も半々の可能性があり得ると判断していることになる．言い換えれば b_m は，パターンがクラス ω_m に所属する確率を表しているとみなせる．

ある学習パターン $\boldsymbol{x}_p \, (p = 1, \ldots, n)$ が入力されたとき，出力層からの出力と教師信号との不一致度を J_p と記すと，全学習パターンに対する不一致度 J_a は

$$J_a = \sum_{p=1}^{n} J_p \tag{7.9}$$

と書ける．学習では，J_a を最小化する重みを最急降下法によって求める．学習法としてバッチ学習を適用する場合は，全学習パターンが示された後，一括して重みの修正を行うので，重み修正は下式に従う．

$$w'_{ij} = w_{ij} - \rho \cdot \frac{1}{n} \cdot \frac{\partial J_a}{\partial w_{ij}} \tag{7.10}$$

$$= w_{ij} - \rho \cdot \frac{1}{n} \cdot \sum_{p=1}^{n} \frac{\partial J_p}{\partial w_{ij}} \quad (i = 0, \ldots, I, \ j = 1, \ldots, J) \tag{7.11}$$

ここで w'_{ij} は w_{ij} を修正した後の重み，$\rho \, (> 0)$ は学習係数である．一方，オンライン学習では，学習パターンを 1 パターン識別するたびに重み修正を行うので，重み修正は下式に従う．

$$w'_{ij} = w_{ij} - \rho \frac{\partial J_p}{\partial w_{ij}} \quad (i = 0, \ldots, I, \ j = 1, \ldots, J) \tag{7.12}$$

いずれの学習法でも，収束するまで上式の重み修正を繰り返し適用することになる．以下ではオンライン学習を適用することにする．

不一致度を示す評価尺度 J_p としては，出力と教師信号の**二乗誤差** (squared error) が考えられる．学習パターン $\boldsymbol{x}_p \, (p = 1, \ldots, n)$ が入力され，出力層のユニット m からの出力が g_m であったとすると（$m = 1, \ldots, c$），パターン $\boldsymbol{x}_p$ に対する教師信号と実際の出力との二乗誤差 J_p は

$$J_p = \frac{1}{2} \sum_{m=1}^{c} (g_m - b_m)^2 \tag{7.13}$$

である[*3]. 学習では，パターンを識別するたびに g_m と b_m を比較し，J_p の最小化を目指して重みの修正を繰り返す．このような学習法を二乗誤差最小化学習と呼ぶことは2.3節で述べた．他の評価尺度としては交差エントロピーがあるが，これについては187ページで述べることにする．

式 (7.12) の $\partial J_p / \partial w_{ij}$ は下式のように書き換えられる．

$$\frac{\partial J_p}{\partial w_{ij}} = \frac{\partial J_p}{\partial h_j} \cdot \frac{\partial h_j}{\partial w_{ij}} \qquad (i = 0, \ldots, I, \ j = 1, \ldots, J) \qquad (7.14)$$

上式右辺の第1項 $\partial J_p / \partial h_j$ は，後で述べるように，ニューラルネットワークの出力と教師信号との誤差に関連する重要な項であるので，下式のように ε_j と置く．

$$\varepsilon_j \stackrel{\text{def}}{=} \frac{\partial J_p}{\partial h_j} \qquad (7.15)$$

また，式 (7.14) 右辺の第2項 $\partial h_j / \partial w_{ij}$ は，式 (7.2) を用いることにより

$$\frac{\partial h_j}{\partial w_{ij}} = g_i \qquad (7.16)$$

である．式 (7.14)，(7.15)，(7.16) より，重み修正の式 (7.12) は下式のように書ける．

$$w'_{ij} = w_{ij} - \rho \cdot \varepsilon_j \cdot g_i \qquad (i = 0, \ldots, I, \ j = 1, \ldots, J) \qquad (7.17)$$

ここで，上式に現れる ε_j を詳しく見てみよう．式 (7.15) より ε_j は

$$\varepsilon_j = \frac{\partial J_p}{\partial h_j} = \frac{\partial J_p}{\partial g_j} \cdot \frac{\partial g_j}{\partial h_j} \qquad (7.18)$$

$$= \frac{\partial J_p}{\partial g_j} \cdot f'(h_j) \qquad (7.19)$$

[*3] 厳密には，p 番目のパターン $\boldsymbol{x}_p$ に対する出力であることを示すため g_{mp} と記し，

$$J_p = \frac{1}{2} \sum_{m=1}^{c} (g_{mp} - b_m)^2$$

とすべきであるが，煩雑になるので，以下 J_p 以外では，パターン番号を示す添字 p は省くことにする．また，式中の $1/2$ は，その後の計算式を簡略にするための定数項である．

と書ける．式 (7.18) の $\partial g_j / \partial h_j$ は，式 (7.3) で示した活性化関数 $g_j = f(h_j)$ の h_j による微分であるので

$$\frac{\partial g_j}{\partial h_j} = f'(h_j) \tag{7.20}$$

と書けることを用いた．式 (7.19) の $\partial J_p / \partial g_j$ は，第 l 層が出力層の場合と中間層の場合とで計算方法が異なるので，以下のように場合分けを行う．

(1) 第 l 層が出力層の場合（$l = L$）

ユニット j が出力層にあるときである．式 (7.13) で示したように，評価尺度 J_p は，出力層からの出力 g_m を用いて定義され，g_m によって直接微分できる．したがって，第 l 層が出力層の場合，式 (7.19) の $\partial J_p / \partial g_j$ は，式 (7.13) の m を j と読み替えて

$$\frac{\partial J_p}{\partial g_j} = g_j - b_j \tag{7.21}$$

となり，その結果，式 (7.19) より下式が得られる．

$$\varepsilon_j = (g_j - b_j) \cdot f'(h_j) \tag{7.22}$$

(2) 第 l 層が中間層の場合（$2 \leq l \leq L - 1$）

ユニット j が中間層にあるときである．この場合，$\partial J_p / \partial g_j$ は，偏微分の**連鎖率** (chain rule) を用い，第 $(l+1)$ 層のユニット k を含んだ形で

$$\frac{\partial J_p}{\partial g_j} = \sum_{k=1}^{K} \frac{\partial J_p}{\partial h_k} \cdot \frac{\partial h_k}{\partial g_j} \tag{7.23}$$

として求めることになる．式 (7.15) と同様にして ε_k が下式で定義できる．

$$\varepsilon_k \overset{\text{def}}{=} \frac{\partial J_p}{\partial h_k} \tag{7.24}$$

また，式 (7.4) より下式が得られる．

$$\frac{\partial h_k}{\partial g_j} = w_{jk} \tag{7.25}$$

これらを式 (7.23) に代入することにより

$$\frac{\partial J_p}{\partial g_j} = \sum_{k=1}^{K} \varepsilon_k \cdot w_{jk} \tag{7.26}$$

となるので，式 (7.19) より下式が得られる．

$$\varepsilon_j = \left(\sum_{k=1}^{K} \varepsilon_k \cdot w_{jk} \right) \cdot f'(h_j) \qquad (j = 1, \ldots, J) \tag{7.27}$$

上式で注目すべきは，左辺の ε_j が，右辺に ε_k として現れていることである．すなわち，第 l 層の ε_j は，次の第 $(l+1)$ 層の ε_k を用いて再帰的に求めることになる．したがって，第 $(l-1)$ 層の ε_i は，第 l 層の ε_j を用いて

$$\varepsilon_i = \left(\sum_{j=1}^{J} \varepsilon_j \cdot w_{ij} \right) \cdot f'(h_i) \qquad (i = 1, \ldots, I) \tag{7.28}$$

として求めることができる．

　以上，重みの学習法について述べた．実際にこの学習法を適用するには，式 (7.22)，(7.27) に含まれる活性化関数 $f(\cdot)$ を定めなくてはならない．活性化関数については，7.3 節で詳しく述べることとし，ここではとりあえず $f(\cdot)$ としたまま，ニューラルネットワークにおける重み w_{ij} の学習法をまとめると以下のようになる．

$$w'_{ij} = w_{ij} - \rho \cdot \varepsilon_j \cdot g_i \tag{7.29}$$

$$\varepsilon_j = (g_j - b_j) \cdot f'(h_j) \qquad (\text{第} l \text{層が出力層} (l = L)) \tag{7.30}$$

$$\varepsilon_j = \left(\sum_{k=1}^{K} \varepsilon_k \cdot w_{jk} \right) \cdot f'(h_j) \quad (\text{第} l \text{層が中間層} (2 \leq l \leq L-1)) \tag{7.31}$$

　ここで注目すべきは，各ニットに対して求められる ε_j である．これらは次節で明らかになるように，ニューラルネットワークの出力と教師信号との差に関連している．そのため ε_j を第 l 層のユニット j における誤差と呼ぶ．

　本手法を**誤差逆伝播法**（BP：back propagation method）と呼ぶのは，誤差 ε_j を出力層から入力層へと逆向きに伝播させながら重み修正を行うからで

ある[*4]一方，識別時の信号は入力層から出力層に向かって伝わるので，この信号の流れを**順伝播**（forward propagation）と呼ぶ[*5]．誤差逆伝播法の重み修正手順を以下に示す．なお，教師信号としては式 (7.7) のワンホットベクトルを用いるものとする．

誤差逆伝播法

Step 1 所属クラスが既知の学習パターンを教師信号とともに用意する．

Step 2 重みの初期値を設定する．

Step 3 学習パターンを一つ選び，ニューラルネットワークにより識別させる．

Step 4 出力層（第 L 層）の各ユニットからの出力 g_m と教師信号 b_m を比較し（$m = 1, \ldots, c$），両者が一致すれば[*6]Step 3 に戻り，一致しなければ Step 5 に進む．すべての学習パターンに対して g_m と b_m が一致すれば収束と判定し，終了する．

Step 5 出力 g_m と教師信号 b_m を用いて，出力層に於ける誤差 ε_m を式 (7.30) によって求める（式 (7.30) の j を m と読み替える）．

Step 6 第 $(L-1)$ 層と第 L 層間の重みを，式 (7.29) によって修正する．

Step 7 第 $(L-1)$ 層の誤差 ε_j を，上で求めた誤差 ε_m と修正後の重みを用いて式 (7.31) により求める．

Step 8 第 $(L-2)$ 層と第 $(L-1)$ 層間の重みを，上と同様にして式 (7.29) により修正する．

Step 9 第 $(L-2)$ 層より前の各層に対しては，式 (7.31) により誤差を再帰的に求めながら，式 (7.29) により重みの修正を行う．

Step 10 第 2 層と第 1 層間の重み修正まで終了したら，Step 3 に戻って同じ処理を繰り返す．

[*4] 誤差逆伝播法のアニメーション（[改訂版] 用に作成）が理解に役立つので，オーム社のウェブページ（https://www.ohmsha.co.jp/book/9784274224508/）を参照されたい．

[*5] 順伝播では式 (7.2) に示したように，重みの 1 番目の添字を変化させている．一方，逆伝播では式 (7.27) に示したように，重みの 2 番目の添字を変化させている．

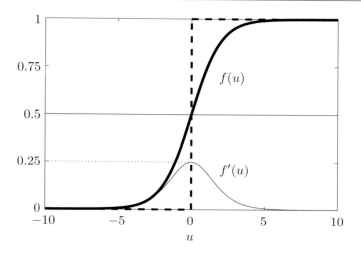

図7.2　シグモイド関数 $f(u)$

7.3　活性化関数と評価尺度

　以上，誤差逆伝播法の算法について述べてきた．実際に使用するには，式 (7.30)，(7.31) に現れる活性化関数 $f(\cdot)$ を定めなくてはならない．また，評価尺度 J_p としては，式 (7.13) の二乗誤差を用いたが，これに限定されるわけではない．以下では，活性化関数の具体例および二乗誤差以外の評価尺度について述べる．

　活性化関数としては種々提案されているが，以下ではシグモイド関数，正規化線形関数，ソフトマックス関数を取り上げて説明する．

〔1〕　シグモイド関数

　最もよく知られている活性化関数は次式の**シグモイド関数**（sigmoid function）であり，**図7.2**に太い実線で示した．

---

*6　通常，出力 g_m が教師信号 b_m と完全に一致することはない．したがって収束判定時には，たとえば $0 \le g_m \le 0.1$ なら $g_m = 0$ とみなし，$0.9 \le g_m \le 1$ なら $g_m = 1$ とみなすという手法が採られる．

$$f(u) = \frac{1}{1 + \exp(-u)} \tag{7.32}$$

本来，$f(u)$ としては図の太い点線で示した**しきい値関数**（threshold function）を用いたいが，この関数は微分不可能である．そこで，しきい値関数を近似する微分可能な非線形関数として用いられたのがシグモイド関数である．シグモイド関数には，以下に示す重要な関係式が成り立つ．

$$f'(u) = \frac{\exp(-u)}{(1 + \exp(-u))^2} \tag{7.33}$$

$$= f(u)\,(1 - f(u)) \tag{7.34}$$

式 (7.3) の $f(\cdot)$ としてシグモイド関数を用いると，式 (7.34) より

$$f'(h_j) = f(h_j)\,(1 - f(h_j)) \tag{7.35}$$

$$= g_j(1 - g_j) \tag{7.36}$$

が成り立つ．さらに，評価尺度 J_p として式 (7.13) に示した二乗誤差を用いると，式 (7.30)，(7.31) はそれぞれ下式のように書ける．

$$\varepsilon_j = (g_j - b_j) \cdot g_j(1 - g_j) \qquad （第 l 層が出力層（l = L）） \tag{7.37}$$

$$\varepsilon_j = \left(\sum_{k=1}^{K} \varepsilon_k \cdot w_{jk}\right) \cdot g_j(1 - g_j) \quad （第 l 層が中間層（2 \leq l \leq L - 1）） \tag{7.38}$$

以上の ε_j により，(7.29) を用いて重み修正を行う．

　ここでシグモイド関数のもたらす重要な問題点に触れておく．第 l 層で定義されている ε_j を用いて，一つ前の第 $(l-1)$ 層の ε_i を求めてみよう．第 l 層のユニット j における誤差 ε_j は，式 (7.31) で表される．同様にして，一つ前の第 $(l-1)$ 層のユニット i における誤差 ε_i は，式 (7.28) より

$$\varepsilon_i = f'(h_i) \sum_{j=1}^{J} \varepsilon_j\, w_{ij} \tag{7.39}$$

$$= f'(h_i) \sum_{j=1}^{J} \left(f'(h_j) \sum_{k=1}^{K} \varepsilon_k \, w_{jk} \right) w_{ij} \tag{7.40}$$

$$= \sum_{j=1}^{J} \sum_{k=1}^{K} f'(h_i) \, f'(h_j) \, \varepsilon_k \, w_{ij} \, w_{jk} \qquad (i = 1, \ldots, I) \tag{7.41}$$

と書ける．式 (7.32) および**図 7.2**から明らかなように，$f(u)$ の値域は

$$0 < f(u) < 1 \tag{7.42}$$

である．また，式 (7.34) で示した $f(u)$ と $f'(u)$ の関係より

$$0 \leq f'(u) \leq 1/4 \tag{7.43}$$

が成り立つ．すなわち，$f'(u)$ の値は正で，高々 $1/4$ に留まることがわる．このことは，式 (7.33) を用いて $f'(u)$ を u に対してプロットしたグラフ（**図 7.2**の細線）でも確認できる．

　ここで式 (7.41) を眺めてみると，式中に $f'(h_i) \, f'(h_j)$ という項が含まれていることがわかる．これは，一段前の層の誤差を再帰的計算で求める際に，最初の誤差計算で得た $f'(h_j)$ に $f'(h_i)$ が新たに乗じられた結果である．この操作を入力層に向かって繰り返すたびに $f'(\cdot)$ が乗じられ，r 層遡るとこの項は $f'(\cdot)^r$ となる．ニューラルネットワークが 3 層程度であれば，この項はそれほど小さくはないが，多層になるとたとえ $f'(\cdot)$ が最大値 $1/4$ をとったとしても，$(1/4)^5 \approx 0.000977$，$(1/4)^7 \approx 0.000061$，$(1/4)^{10} \approx 0.000001$ と極端に小さくなる．その結果，入力層に近い層では式 (7.29) の誤差項が $\varepsilon_j \approx 0$ となり，重み修正がほとんど機能しない．

　ニューラルネットワークを多層化すれば高度な識別系を実現できるが，その学習法を実現する上でこの現象は大きな障害となる．この現象を**勾配消失問題**（vanishing gradient problem）と呼び，第二次ニューロブームが低迷する原因ともなった．活性化関数としてシグモイド関数を用いることの最大の問題点の一つは，この勾配消失問題である．

〔2〕　正規化線形関数（ReLU 関数）

　勾配消失問題を避ける方法はいくつか提案されているが，その一つはシグモ

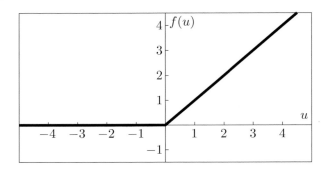

図7.3　ReLU関数

イド関数に代わる活性化関数を使用する方法である．その候補の一つとなるのが深層学習の研究過程で提案された**正規化線形関数**（rectified linear function）である．その関数形は次式で表され，その形状を**図7.3**に示した．

$$f(u) = \begin{cases} u & (u \geq 0) \\ 0 & (u < 0) \end{cases} \tag{7.44}$$

このような機能を持つユニットを**ReLU**（rectified linear unit）と呼び，正規化線形関数を**ReLU関数**（ReLU function）と呼ぶこともある．全領域にわたって$f(u) = u$であれば$f(u)$は単なる恒等写像であり線形関数であるが，$u < 0$では0となるので，$f(u)$は非線形関数となる．

活性化関数として正規化線形関数を用いたときの重み修正について述べる．正規化線形関数の場合も式(7.30)，(7.31)はそのまま適用できる．評価尺度J_pとしてはこれまでと同様，式(7.13)の二乗誤差を用いるとすると式(7.21)が成り立つ．

一方，微分項$f'(h_j)$は，式(7.44)より

$$f'(h_j) = \begin{cases} 1 & (h_j \geq 0) \\ 0 & (h_j < 0) \end{cases} \tag{7.45}$$

となるので，正規化線形関数を用いた場合，式(7.30)，(7.31)はそれぞれ下式のように書ける．

$$\varepsilon_j = \begin{cases} g_j - b_j & (h_j \geq 0) \\ 0 & (h_j < 0) \end{cases} \qquad (\text{第}l\text{層が出力層 }(l = L)) \qquad (7.46)$$

$$\varepsilon_j = \begin{cases} \displaystyle\sum_{k=1}^{K} \varepsilon_k w_{jk} & (h_j \geq 0) \\ 0 & (h_j < 0) \end{cases} \qquad (\text{第}l\text{層が中間層 }(2 \leq l \leq L - 1))$$
$$(7.47)$$

重み修正は，式 (7.29) がそのまま使える．

活性化関数 $f(h_j)$ が正規化線形関数であれば，式 (7.45) が成り立つので，多層化しても誤差項が極端に小さくなることはなく，勾配消失問題は発生しない．

〔3〕 ソフトマックス関数

これまで活性化関数として紹介したシグモイド関数，正規化線形関数は，中間層，出力層のいずれにも使うことができる．しかし，これから紹介するソフトマックス関数は，原則として出力層のみに使われ，特に多クラス問題を扱う場合の活性化関数として適している．

ソフトマックス関数を用いると，出力層（第 L 層）のユニット m への入力を h_m としたとき，同ユニットからの出力 g_m は

$$g_m = f(h_1, \ldots, h_m, \ldots, h_c)$$
$$= \frac{\exp(h_m)}{\displaystyle\sum_{r=1}^{c} \exp(h_r)} \qquad (m = 1, \ldots, c) \qquad (7.48)$$

で表される．この $f(h_1, \ldots, h_m, \ldots, h_c)$ を**ソフトマックス関数**（softmax function）という．これまで紹介した活性化関数は，式 (7.3) で示したように，一変数の関数である．それに対しソフトマックス関数は，式 (7.48) で示したように，全ユニット入力 $h_1, \ldots, h_c$ の関数である．式から明らかなように

$$\sum_{m=1}^{c} g_m = 1 \qquad (7.49)$$

が成り立つので，出力 g_m は，入力パターンがクラス ω_m に所属する確率とみなすことができる．ソフトマックス関数を出力層の活性化関数として用いたとき，評価尺度 J_p としては，以下に述べる交差エントロピーが用いられる．

　学習の過程では，出力 g_m を教師信号 b_m にできるだけ近づけるよう，重み修正を行った．いま教師信号として式 (7.8) の b_m を用いることにしよう．式 (7.7) のワンホットベクトルは，式 (7.8) の特別な場合として含まれる．出力 g_m に対しては式 (7.49) が成り立ち，また b_m に対しては式 (7.8) が成り立つことから，いずれも確率として扱えることはすでに述べたとおりである．教師信号と出力を，以下のようにベクトルで表すことにする．

$$\mathbf{t} = (b_1, \ldots, b_c)^t \tag{7.50}$$

$$\mathbf{g} = (g_1, \ldots, g_c)^t \tag{7.51}$$

式 (7.50) の $\mathbf{t}$ を**教師ベクトル**（teaching vector）という[*7]．ここで，あるパターン $\boldsymbol{x}$ を N 回繰り返し識別したとしよう．教師信号 b_m は各クラスの判定頻度を 0 から 1 の範囲に正規化した値と考えられるので，教師信号を忠実に実現できる識別系であれば，$\boldsymbol{x}$ を ω_m と判定する回数は N 回のうち $N \cdot b_m$ 回となるはずである（$m = 1, \ldots, c$）．したがって，出力が式 (7.51) である識別系が，教師信号を忠実に実現する識別系となる確率 $P(\mathbf{t}; \mathbf{g})$ は

$$P(\mathbf{t}; \mathbf{g}) = \prod_{m=1}^{c} g_m^{N \cdot b_m} \tag{7.52}$$

である．上式の $P(\mathbf{t}; \mathbf{g})$ は $\mathbf{g}$ の関数であり，与えられた $\mathbf{t}$ に対する $\mathbf{g}$ の「尤もらしさ」を表していることから，**尤度**（likelihood）と呼ぶ（[続編] の 54 ページ参照）[*8]．そこで学習では，尤度 $P(\mathbf{t}; \mathbf{g})$ を評価尺度として用い，尤度を最大にするような $\mathbf{g}$ が出力できるよう重みを修正することになる．式 (7.52) の対数をとると

[*7]　教師ベクトル $\mathbf{t}$ を，式 (2.27)，式 (5.30) で使用されているベクトル $\mathbf{b} = (b_1, \ldots, b_n)$ と混同しないよう注意すること．教師ベクトル $\mathbf{t}$ は c 次元であるのに対し，ベクトル $\mathbf{b}$ は n 次元である（記号一覧を参照のこと）．

[*8]　尤度 $P(\mathbf{t}; \mathbf{g})$ は条件付き確率を表しているわけではないので，$P(\mathbf{t} \mid \mathbf{g})$ と記すのは適切ではない．

$$\log P(\mathbf{t};\ \mathbf{g}) = N \sum_{m=1}^{c} b_m \cdot \log g_m \tag{7.53}$$

が得られ[*9]，上式の右辺を N で除して負号を付与した項を $H(\mathbf{t},\ \mathbf{g})$ とし，下式により定義する．

$$H(\mathbf{t},\ \mathbf{g}) \stackrel{\text{def}}{=} -\sum_{m=1}^{c} b_m \cdot \log g_m \tag{7.54}$$

上式を**交差エントロピー**（cross entropy）という．尤度 $P(\mathbf{t};\ \mathbf{g})$ を最大化することは，交差エントロピー $H(\mathbf{t},\ \mathbf{g})$ を最小化することと等価である．交差エントロピーが最小となる $\mathbf{g}$ は $\mathbf{g} = \mathbf{t}$ である（**演習問題 7.1** 参照）．以上より，交差エントロピーを評価尺度 J_p として

$$J_p = H(\mathbf{t},\ \mathbf{g}) = -\sum_{m=1}^{c} b_m \cdot \log g_m \tag{7.55}$$

と定義できることがわかる．出力層の活性化関数にソフトマックス関数を使い，評価尺度として交差エントロピーを用いたときの出力層の誤差 ε_m は

$$\varepsilon_m = g_m - b_m \tag{7.56}$$

となることが，簡単な計算により確かめられる（**演習問題 7.2** 参照）．シグモイド関数と二乗誤差を用いたときの結果である式 (7.37) に比べると，上式はより簡潔な形になっていることがわかる．

　以上述べたように，出力層の活性化関数としてソフトマックス関数を用いた場合には，出力層（第 L 層）の誤差 ε_m は式 (7.56) で表される．それより前の層の誤差は，活性化関数がシグモイド関数なら式 (7.38) で表され，活性化関数が正規化線形関数なら式 (7.47) で表される．重みの修正は，これまでと同様，式 (7.29) によって実行される．

　ソフトマックス関数を使用するにあたって注意すべき点がある．ソフトマックス関数を表す式 (7.48) の分母，分子に同じ定数を乗じても変わらない．そこで，a を定数として $\exp(a)$ を分母，分子に乗ずると

[*9]　式 (7.53) を**対数尤度**（log likelihood）という．

$$g_m = \frac{\exp(a) \cdot \exp(h_m)}{\exp(a) \cdot \displaystyle\sum_{r=1}^{c} \exp(h_r)} = \frac{\exp(h_m + a)}{\displaystyle\sum_{r=1}^{c} \exp(h_r + a)} \qquad (7.57)$$

が得られる．上式より，出力層の各ユニットへの入力 h_m $(m = 1, \ldots, c)$ の代わりに，一律に定数 a を加えて $h_m + a$ としても同じ出力が得られることがわかる．そのため，重みが一意に決まらず，学習効率が低下するという問題が発生する．このような冗長性を除去するには，何らかの制約が必要となる．その一手段として，たとえば定数 a を常に $a = -h_1$ として，入力 $h_1, \ldots, h_c$ のうちの一つを強制的に0に設定する方法がある．

以上，活性化関数の例として，シグモイド関数，正規化線形関数，ソフトマックス関数を紹介した．また，評価尺度 J_p として式 (7.13) の二乗誤差だけでなく，式 (7.55) の交差エントロピーを紹介した．ここで，各活性化関数から導出される ε_j, ε_m の式 (7.30)，(7.46)，(7.56) を見ると，いずれも出力と教師信号の差に相当する量 $(g_m - b_m)$ を含んでいることがわかる．この ε_j, ε_m を誤差と呼ぶのはこのような理由による．

coffee break

❖ シグモイド関数の功罪

　第二次ニューロブームの火付け役となったのは，いうまでもなくラメルハートの提案した誤差逆伝播法である．第一次ニューロブームで脚光を浴びたパーセプトロンは2層のニューラルネットワークであり，多層化すれば高度化できることは知られていた．しかしながら，多層ニューラルネットワークの学習法を考案するに至らず，長い冬の時代を迎えることになった．当時使用されていた活性化関数は，しきい値関数であり，これが学習法を開発する上での妨げになっていた．

　ラメルハートの提案した活性化関数であるシグモイド関数は，まさにブレイクスルーといえる．シグモイド関数は，しきい値関数を近似しており，しかも全域にわたって微分可能で，さらに式 (7.34) に見られるような，学習処理にとってふさわしい特性も備えている．シグモイド関数こそが，誤差逆伝播法を支える核技術であったことは間違いない．

　しかし，すでに述べたように，シグモイド関数は勾配消失問題という極めて深刻な問題を抱えていた．それが仇となって，ニューロブームが再び冬の時代を迎えることになったのは何とも皮肉な結果であった．

7.4 過学習とドロップアウト

　第二次ニューロブームが冬の時代を迎えることになった原因の一つが，勾配消失問題であることはすでに述べた．もう一つ，原因として挙げなくてはならないのが**過学習**（over-fitting）である．過学習は以下の場合に発生しやすい．

(1)　学習パターンが少ない

(2)　特徴ベクトルの次元数が大きい

(3)　学習すべきパラメータが多い

第二次ニューロブームでは，誤差逆伝播法を武器に，多くの研究者が特徴の高次元化，ニューラルネットワークの多層化を目指した．この取り組みは，必然的に学習すべきパラメータ数の増大を招いた．当時の計算機能力は，現在に比べれば貧弱で，パラメータ数に見合った膨大な学習パターンを処理できる能力を備えていなかった．その結果，少数の学習パターンを識別するための決定境界を，多数のパラメータにより高精度で近似することになり，得られた識別系は汎用性に欠けるという，いわゆる過学習の問題を招くことになった．すなわち，第二次ニューロブームの取り組みは，過学習の要因となる上記(1)，(2)，(3) がすべて当てはまるといえる．

　過学習を防ぐための方法としては，これまで**早期終了**（early stopping），正則化，**アンサンブル学習**（ensemble learning）など，さまざまに考案されている．

　本節で紹介する**ドロップアウト**（dropout）[SHK+14] は，深層学習の研究を進める過程で考案された過学習抑制法である．しかし，本技術は深層学習に特化した技術というわけではなく，本章で取り上げた全結合型のニューラルネットワークであれば，十分適用可能である．そこで以下では，**図 7.4**(a)に示すような，入力層，中間層，出力層より成る三層ニューラルネットワークを用いて本技術を説明する．図では，入力層，中間層，出力層のユニット数は，それぞれ4，4，3に設定されている．ただし，入力層と中間層の第一ユニットは常に1を出力するように設定されているため，実質的なユニット数は，各層とも3である．

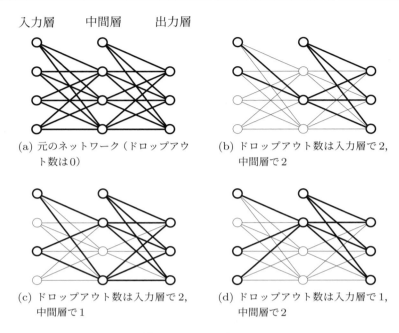

図 7.4　ドロップアウト

　各エポックで，入力層と中間層のユニットのうち，実際に使用するユニット を確率 p_r でランダムに選び出す．言い換えれば，確率 $(1 - p_r)$ で各ユニット を除去，すなわちドロップアウトする．ただし，入力層と中間層の第一ユニッ トはドロップアウトの対象とはしない．確率 p_r は層ごとに異なる値を設定し てもよいが，ここでは簡単のため全層で同一の値を用いることにする．これに より，元のネットワークから抽出した一部のユニットと一部の重みパラメータ より成る部分的ネットワークが構成できる．あるエポックでは，この部分的な ネットワークで学習を行って重みパラメータを修正する．次のエポックでは， 各層でのユニットをランダムに選び直して得られる新たな部分的ネットワーク に対して同様の処理を繰り返す．**図 7.4**(b)，(c)，(d) にはドロップアウトの結 果得られる部分的ネットワークの例を示している．図中，部分的ネットワーク を構成するユニットと，それらを結合するリンクを太線で示し，ドロップアウ

トされたユニットとリンクを細線で示した．説明文の数字は，ドロップアウトされたユニット数を示している．

学習によって得られた重みパラメータを用いて識別を行う場合には，全ユニットを用いる．したがって，識別時には学習時との違いを補正するため，入力層，中間層の各ユニット（第一ユニットは除く）からの出力を p_r 倍した値を用いる．ドロップアウトの実験結果については，次章の226ページで紹介する．

本節の冒頭で言及したアンサンブル学習は，複数の識別系を用意してそれらを個別に学習させ，識別時には，複数の識別系からの出力を平均するという手法である．ドロップアウトは，次の理由でアンサンブル学習と密接に関連している．すなわち，ドロップアウトでは，エポックごとに異なる構造のニューラルネットワークを用いているので，複数の識別系を学習しているとみなせる．また，識別時には全ユニットの出力を p_r 倍しているので，出力を平均しているとみなせる．アンサンブル学習では，学習時にも識別時にも複数の識別系が必要となるため，処理量は膨大になる．それに対して，ドロップアウトは1種のニューラルネットワークを用意するのみでアンサンブル学習と等価な処理を実現しており，効率的といえる．

演習問題

7.1 式 (7.54) の交差エントロピー $H(\mathbf{t}, \mathbf{g})$ は，$\mathbf{g} = \mathbf{t}$ のとき最小となることを示せ．

7.2 出力層の活性化関数として式 (7.48) のソフトマックス関数 $f(h_1, \ldots, h_m, \ldots, h_c)$ を用い，評価尺度 J_p として式 (7.55) の交差エントロピー $H(\mathbf{t}, \mathbf{g})$ を用いたとき，出力層の ε_m は

$$\varepsilon_m = g_m - b_m$$

となることを示せ．

第 8 章
畳み込みニューラルネットワーク

8.1　深層学習への道

　前章で述べたように，第二次ニューロブームも第一次ニューロブームと同様，冬の時代を迎えることになった．第二次ニューロブーム当時，発表論文は相当数に上ったものの，提案されている内容はいずれも実用に耐えうる性能を発揮するには至らなかった．その結果，当時のニューラルネットワーク研究は，"実用性に乏しい論文レベルの研究"との評価に留まった．

　しかしこのような逆境にあっても，地道に研究を続けていた研究者がいたことを忘れてはならない．その一人がヒントン（Geoffrey Hinton）であり，もう一人がルカン（Yann LeCun）である．画像認識の国際的競技会として 2010 年から開催されていた ILSVRC（ImageNet Large Scale Visual Recognition Challenge）が知られている．本競技会は，膨大な画像データベース ImageNet を用いて画像認識手法を競う場である．この 2012 年大会において，ヒントンのグループの提案したニューラルネットワーク AlexNet[KSH12] が抜群の成績を収めて優勝した．彼の採用した**深層学習**（deep learning）*1 の技術が一躍脚光を浴び，これが第三次ニューロブームを呼び起こす契機となった．

　ヒントンは，**ビッグデータ**（big data）と格段に高まった計算機能力を活用することにより，それまでの多層ニューラルネットワークが抱えるさまざまな問題に有効な解決法を見出した．これらの貢献ももちろん大きいが，AlexNet が成功を収めた最大の要因は，そのネットワーク構造にある．彼の提案した多層ニューラルネットワークは，**畳み込みニューラルネットワーク**（convolutional neural network）を基本としている．深層学習とは，多層ニューラルネット

---

*1　そのまま英語読みで**ディープラーニング**と称することも多い．

ワーク（4層以上）に適用される学習法の総称であり，AlexNet の出現以来，深層学習を標榜する手法のほとんどが畳み込みニューラルネットワークを基本に設計されている．深層学習で扱う多層ニューラルネットワークを特に**深層ニューラルネットワーク**（DNN：deep neural network）と呼んでいる．

　この畳み込みニューラルネットワークは，ヒントンの AlexNet に遡ること20年，先に述べたルカンが1989年に LeNet と命名し，手書き文字認識に適用して高い識別率を達成している [L+89]．しかし，LeNet を遡ることさらに10年，畳み込みニューラルネットワークの基本的考え方は，福島邦彦（Kunihiko Fukushima）の提案した**ネオコグニトロン**（neocognitron）[福島79][Fuk80]に求めることができ，そのことはルカンも前述の論文で明確に述べている．また，ルカン自身の書 [LeC19] でも，福島の研究をたびたび引用するとともにその先見性を高く評価しており，氏の取り組みに対する深い敬意が感じられる．

　今回のブームがこれまでと異なるのは，その高い実用性に大きな期待がかけられているという点である．深層学習は，音声・画像の認識，自然言語理解，機械翻訳にとどまらず，囲碁，将棋などのゲームの世界にまでその適用範囲を広げ，その実用的な価値が確認されつつある．深層学習はなおも発展途上にあり，新しい手法の提案や応用例の報告が続いている．

　そのような状況にある深層学習について，その全貌を限られた紙数で紹介するのは到底不可能である．そこで本書では，深層学習の核技術である畳み込みニューラルネットワークに焦点を当て，実験結果を交えながら重点的に述べることにする．深層学習全般については文献 [岡谷22][瀧17][GBC16] を，畳み込みニューラルネットワークの研究動向については文献 [内田19] をそれぞれ参照されたい．

coffee break

❖ ディープラーニング革命の年，2012年

　入力層，中間層，出力層より成る3層のニューラルネットワークが，任意の写像を任意の精度で実現できることは，1980年代に既に証明されていた [Fun89]．多層ニューラルネットワーク（以下，DNN）がより高い潜在的能力を発揮するであろうことも予想されていた．しかし，DNN は膨大なパラメータを持ち，学習に必要な計算量も膨大であることから，期待していた性能は必ずしも得られなかった．

そのため，ニューラルネットワークを扱う研究者は少なくなっていった．そのような中で，道具としてDNNを使うだけでなく，その特質を踏まえた上でその数学的な解析と実験検証を執拗に追い続けたのがトロント大のヒントンであった．

先述のILSVRCの2012年大会において，満を持して参戦した日本のチームが2位に甘んじ，しかも優勝したヒントンらのチームに圧倒的な差をつけられ，大きな衝撃を受けたことはよく知られている．これを契機に，ヒントンらが考案した深層学習が大きな注目を浴びることになった[RDS⁺15][内田19]．音声認識分野でも同じようなことが並行して起きていた．マイクロソフトリサーチ（MSR：Microsoft Research）の研究者が深層学習を利用した音声認識の結果を2011年に発表し[SLY11]，2021年にはトロント大，MSR，Google，IBM の四つの研究グループが連名で総説論文を執筆し，流れが明確になった[HDY⁺12] [篠田17]．

これらに共通していたのは，それまで多くの研究者によって毎年少しずつ向上していた識別性能が，劇的に向上したことである．この衝撃は瞬く間に世界中に広がり，画像や音声などの学術分野の垣根を越えて大きな影響をもたらした．その意味で，2012年はディープラーニング革命[Sej18][LeC19]の年といえる．

8.2 畳み込みニューラルネットワークの構造

畳み込みニューラルネットワークの構成例を図 8.1 に示す．本図で示したのは，あくまで典型的な構成例であり，実際には種々の変形例が存在する．前章と同様，ここでもc個のクラスを対象とした多クラス問題を扱うことにする．

畳み込みニューラルネットワークは，入力層，**畳み込み層**（convolution layer），**プーリング層**（pooling layer），出力層より構成される．畳み込み層とプーリング層はこの順で対となり，入力層と出力層の間に複数存在する．通常，この対を1層と数えるので，図は入力層と出力層を含め，5層の畳み込みニューラルネットワークの例である．信号の流れは，入力層から出力層へ向かう一方向である．

畳み込み層とプーリング層の対は，通常のニューラルネットワークにおける中間層に相当するが，大きく異なる点がある．これまでのニューラルネットワークでは，隣り合う層間の結合は全結合であった．すなわち，ある層の各ユニットは，その前の層の全ユニットと重みを介して結合していた．一方，畳み

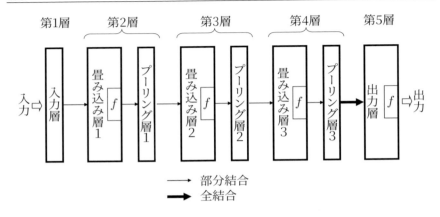

図 8.1　畳み込みニューラルネットワークの構成例

込みニューラルネットワークでは，**部分結合**（partially connected）を取り入れており，ある層の各ユニットは，一つ前の層の一部のユニットとしか結合していない．ただし，出力層とその前の層との結合は全結合である．図では全結合が太線で，部分結合が細線で示されている．畳み込み層からの出力は，非線形な活性化関数 $f(\cdot)$ を通してからプーリング層に入力される．

　層間の結合の重みは学習によって求められる．ただし，畳み込み層とプーリング層間の結合の重みは固定されており，学習の対象とはならない．畳み込みニューラルネットワークは特に画像認識に対して威力を発揮する．そこで，以下では入力パターンとしては2次元画像を用いることにする．

8.3　畳み込みニューラルネットワークの処理内容

〔1〕　神経生理学の知見

　畳み込みニューラルネットワークの構造を特徴づける構成要素として，畳み込み層とプーリング層があることを述べた．この基本的構造は，ヒューベル（David H. Hubel）とウィーゼル（Torsten N. Wiesel）による神経生理学上の発見が基になっている．彼らは猫の脳内視覚野を調べ，特定の傾きを持つ線分が視野内に示されたときのみ選択的に反応する2種の細胞があることを発見し

た．一つは**単純型細胞**（simple cell）であり，他は**複雑型細胞**（complex cell）である．前者は，視野中の特定の位置にパターンが提示されたときのみ反応するの対し，後者は，パターンに多少の位置ずれがあっても反応する．言い換えれば，単純型細胞はパターンの局所的な特徴抽出を行い，複雑型細胞は，その結果をぼかして位置ずれに対する**頑健性**（robustness）を確保していると解釈できる．

　ヒューベルとウィーゼルの神経生理学的知見に着想を得て，福島が提案したのがネオコグニトロンである．ネオコグニトロンは，単純型細胞の層と複雑型細胞の層を対にして多層化しており，まさしく畳み込みニューラルネットワークの原型ともいえる構造を有している．この単純型細胞の層が畳み込み層に，複雑型細胞の層がプーリング層にそれぞれ相当している．

　ネオコグニトロンで提案された階層モデルの重みパラメータを，誤差逆伝播法で学習し，最適化したのがルカンのLeNetである．ルカンは手書き文字認識にLeNetを適用し，高い識別率を達成した．ヒントンは，この基本構造を踏襲しつつ，勾配消失問題や過学習など，それまでのネットワークが抱えていた種々の問題を解決し，一般の画像を認識対象とするAlexNetを提案した．

〔2〕　畳み込み

　畳み込み層とプーリング層で実施されているのが，それぞれ**畳み込み**（convolution）と**プーリング**（pooling）の演算である．本節ではこの二つの処理の詳細について述べることとし，まず畳み込みを取り上げる．

　以下では濃淡画像を識別対象とし，人間が設計した特徴抽出法を介することなく，直接原パターンを入力して識別を行う場合を考える．この場合，従来のニューラルネットワークでは，パターンの各画素の濃淡レベルを画素値として1次元のベクトルに変換して入力することになる．しかし，この方法ではパターンの2次元的構造を十分活用していない．画像では一般に隣接する画素間の相関が高く，それらの画素値は相互に類似した値となる．このようなパターンを1次元の特徴ベクトルに変換したのでは，隣接関係の情報が失われてしまう．このような欠点を解消するため，畳み込みニューラルネットワークでは画像の2次元構造を保存したまま処理を進める．その具体的な処理法が畳み込みである．

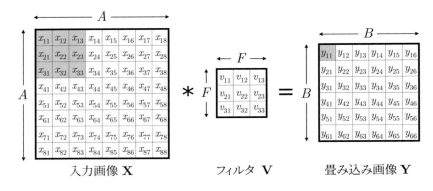

図 8.2 畳み込みの演算

　ここに $A \times A$ の大きさの画像があるとしよう．これまでであれば画像は $d = A \times A$ の画素を用いて

$$\boldsymbol{x} = (x_1, \ldots, x_d)^t \tag{8.1}$$

と，ベクトルとして1次元的に表される．ただし，x_i はi番目の画素値である．

　一方，畳み込みニューラルネットワークでは，画像は図 8.2 のように画素値 x_{ij} を持つ2次元の $\mathbf{X} = (x_{ij})$ として表される．図では $A = 8$ の例を示している．それに対して，画像より小さなサイズ $F \times F$ のフィルタ $\mathbf{V} = (v_{kl})$ を用意する．ここで v_{kl} はフィルタの (k, l) 成分に割り当てられた重みである．図では $F = 3$ のフィルタが示されている．なお，計算を簡便にするため，以後 F は奇数であることを前提とする．

　畳み込みとは，入力画像 $\mathbf{X}$ とフィルタ $\mathbf{V}$ の間で定義される下式の積和演算であり，その結果として $B \times B$ の大きさの畳み込み画像 $\mathbf{Y} = (y_{ij})$ が得られる．

$$y_{ij} = \sum_{k=1}^{F} \sum_{l=1}^{F} x_{i+k-1,\, j+l-1} \cdot v_{kl} \qquad (i, j = 1, \ldots, B) \tag{8.2}$$

すなわち，画像 $\mathbf{X}$ 上にフィルタ $\mathbf{V}$ を重ね，1画素ずつずらしながらスキャンして画像全面にわたって式 (8.2) の演算を実行した結果得られるのが画像 $\mathbf{Y}$ である．図 8.2 は，入力画像 $\mathbf{X}$ の灰色領域とフィルタ $\mathbf{V}$ の間で式 (8.2) を施して得られたのが，畳み込み画像 $\mathbf{Y}$ の灰色画素 y_{11} であることを示している．

　畳み込みは，もともと信号処理分野で使われている用語であり，それを上記演算の名称として使用している．上式は本来の畳み込みの定義（後述の式 (8.37) 参照）とは異なっているが，以後式 (8.2) の演算を畳み込みと称することにする．この点は215ページで詳しく述べる．

　畳み込み演算を記号 $*$ で表すと，式 (8.2) は

$$\mathbf{Y} = \mathbf{X} * \mathbf{V} \tag{8.3}$$

と書ける．画像 $\mathbf{Y}$ のサイズ B は

$$B = A - F + 1 \tag{8.4}$$

であり，常に画像 $\mathbf{X}$ のサイズ以下となる．図では，$B = 8 - 3 + 1 = 6$ となり，6×6 の画像 $\mathbf{Y}$ が得られることを示した．これはフィルタを画像内に収めてスキャンする限り避けられない結果である．したがって，畳み込みによって画像のサイズを変えないようにするには，画像の周りに幅 P 画素の帯を加えて画像サイズを $(A + 2P) \times (A + 2P)$ に拡大しておけばよい．この操作を幅 P の**パディング**（padding）という．畳み込み画像のサイズ B を $B = A$ とする P の値は，式 (8.4) において A を $A + 2P$ で置き換え

$$B = A + 2P - F + 1 = A \tag{8.5}$$

とすることにより

$$P = (F - 1)/2 \tag{8.6}$$

と求めることができる．パディングを行わない場合は $P = 0$ であり，式 (8.4) となる．新たに追加した幅 P 画素の画素値は0に設定するのが最も簡便であるが，それが最適であるとは限らない．また，パディングを実施すべきか否かについても，明確な指針があるわけではない．

　上で述べた畳み込みでは，フィルタの移動を1画素ずつとしていた．この移動量を**ストライド**（stride）という．ストライドは1に限る必要はなく，2, 3などの値に設定することができるが，本書では，畳み込み層でのストライドは1として議論を進めることにする．

　畳み込み層では，式 (8.2) の演算が施された後，各画素にバイアス v_0 が加算

され，さらに非線形な活性化関数 $f(\cdot)$ によって変換された後，画像は次のプーリング層に送られる．このようにして得られた画像 $\mathbf{Y}' = (y'_{ij})$ は画像 $\mathbf{Y}$ と同じサイズであり，式では以下のように書ける．

$$y'_{ij} = f(y_{ij} + v_0) \tag{8.7}$$

上式のバイアス v_0 は，すべての i, j に対して共通である．ここで画像 $\mathbf{Y}$ と同サイズで，全画素値が v_0 の画像 $\mathbf{Y}_0$ を定義する．式 (8.7) に従って $\mathbf{Y}$ から $\mathbf{Y}'$ を得る演算を下式のように略記することにする．

$$\mathbf{Y}' = f(\mathbf{Y} + \mathbf{Y}_0) \tag{8.8}$$

ただし，上式の $f(\cdot)$ は，画像 $(\mathbf{Y} + \mathbf{Y}_0)$ の各画素値に活性化関数 f を適用して，$\mathbf{Y}'$ の対応する画素値とする演算を表している．

　活性化関数 $f(\cdot)$ としてしばしば使用されるのは，シグモイド関数である．しかし，層の数を増やしたときは，前章で述べたように勾配消失問題が深刻になるため，多層ニューラルネットワークでは，正規化線形関数など，他の活性化関数を用いることが多い．上式の畳み込み層の各画素は，入力層の全画素 ($A \times A$) と結合しているわけではなく，入力層の一部の画素 ($F \times F$) と部分結合しているに過ぎない．さらに，部分結合の対象となっている画素は，式 (8.2) で明らかなように2次元画面上で互いに近接した小領域を占めている．したがって，式 (8.2) で示された畳み込み演算は，局所的な特徴抽出処理とみなせる．これは先に述べた単純型細胞の機能にほかならない．

〔3〕　プーリング

　続いてプーリングの処理について述べる．プーリング層に送られてくるのは $B \times B$ のサイズを持つ画像 $\mathbf{Y}'$ である．プーリングでは，画像 $\mathbf{Y}'$ 中の，$H \times H$ の小領域をまとめて1画素に統合し，$G \times G$ の画像 $\mathbf{Z} = (z_{ij})$ に変換する．ただし，$G = B/H$ であり，B は H で割り切れるものとする．図8.3にプーリング演算の内容を示した．図は $H = 2$ の例であり，その結果得られる画像 $\mathbf{Z}$ のサイズは 3×3 である．プーリング演算では，通常この小領域は互いに重複させないように設定する．すなわち，ストライドは小領域のサイズと同値で H である．図では，画像 $\mathbf{Y}'$ の灰色領域が統合されて，プーリング画像 $\mathbf{Z}$ の灰色画

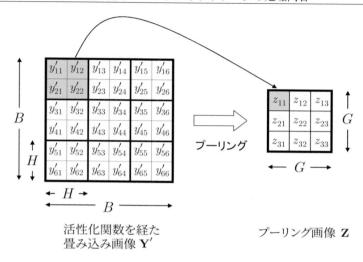

図 8.3 プーリングの演算

素 z_{11} に変換されることを示している.

　プーリング後の画像 $\mathbf{Z}$ の画素値 z_{ij} は，統合前の小領域 $H \times H$ の代表値とみなすことができ，その設定法にはいくつかの方法がある．最もよく使われるのは，$H \times H$ 画素中の最大値を代表値とする方法で，**最大プーリング**（max pooling）と呼ぶ．画素値 z_{ij} に対応する小領域 $H \times H$ を R_{ij} で表すと

$$z_{ij} = \max_{(k,l) \in R_{ij}} y'_{kl} \tag{8.9}$$

と書ける．他に，$H \times H$ 画素の平均値を代表値とする**平均プーリング**（average pooling）と呼ぶ方法があり，それは下式で表される．

$$z_{ij} = \frac{1}{H^2} \sum_{(k,l) \in R_{ij}} y'_{kl} \tag{8.10}$$

本書では最大プーリングを用いることにする.

　ここでプーリングの機能について述べる．画像として手書き文字パターンを例にとろう．文字は，特定の長さと傾きを持った複数の文字線の組み合わせで構成されている．たとえば漢字の「仁」は，左上に右斜めの文字線，左下に縦

の文字線，右の上下にそれぞれ横の文字線で構成されている．しかし，文字線の位置は書き手によって変動するので，厳密性は求められず，大まかな位置さえ正しければよい．

　畳み込み演算では，特定の位置に特定の特徴が存在することを検出できる．しかし，この位置情報にあまりにも敏感に反応したのでは安定した識別系を実現できない．プーリング演算は，特徴の位置変動に対する感度を下げ，それによって位置変動に対する頑健性を実現しているといえる．これは前述した複雑型細胞の機能である．

　畳み込み層とプーリング層の結合も，部分結合と考えることができる．ただし，最大プーリングにせよ平均プーリングにせよ，結合の重みは固定されており，学習によって更新されることはない．

　以上述べたように，畳み込み演算とプーリング演算の組み合わせは，まさしくヒューベルとウィーゼルが発見した神経生理学的知見の工学的実現例といえる．この畳み込みニューラルネットワークの基本的機能が，従来型のニューラルネットワークと比べて優位に働くことを種々の視点から明らかにしたい．そこで，以下では比較がしやすいよう，畳み込みニューラルネットワーク，従来型のニューラルネットワークともに最も浅い3層の例を用いることにする．**図 8.4**が実験に用いた畳み込みニューラルネットワークで，**CNN3**[*2]と呼び，**図 8.5**が比較のための従来型のニューラルネットワークで，**NNW3** と呼ぶことにする．**図 8.5**では，層間の結合がすべて全結合であり，それを太線で示した．

　一般に画像は多チャネルである．入力画像のチャネル数を K で表すことにすると，カラー画像ではR，G，Bの3チャネルが必要となるので $K = 3$ である．以下で扱う画像は，$K = 1$ の単純な濃淡画像とする．

〔4〕　識別処理

　これまでニューラルネットワークをはじめとする識別系への入力は，特徴抽出後のパターンであり，特徴抽出は人間の勘と経験に基づいて設計されてい

[*2]　通常，畳み込みニューラルネットワークをCNNと略記するが，考案したルカン自身はこの呼称を好まず，彼は代わりに ConvNet を用いている [LeC19]．

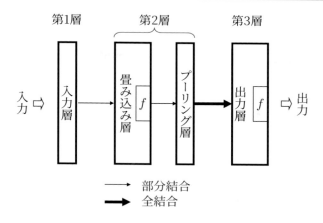

図8.4 3層の畳み込みニューラルネットワーク（CNN3）

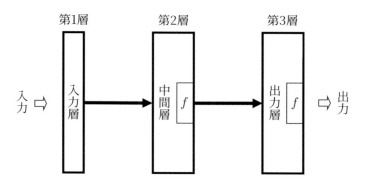

図8.5 従来型の3層ニューラルネットワーク（NNW3）

た．一方，畳み込みニューラルネットワークへの入力は原パターンそのもので
あり，学習によって最適な畳み込みフィルタを獲得している．畳み込み演算
は，フィルタを用いた特徴抽出処理と考えられるので，畳み込みニューラル
ネットワークによって特徴抽出法も学習できるといえる．

　一つのフィルタで抽出できる特徴は一種であるので，複数のフィルタを用い
れば複数の特徴を抽出でき，より高度な識別系を実現できる．実際の畳み込み

ニューラルネットワークでは，M 種のフィルタ $\mathbf{V}_1, \ldots, \mathbf{V}_M$ を用い，M 種の畳み込み画像 $\mathbf{Y}_1, \ldots, \mathbf{Y}_M$ とその活性化関数による変換画像 $\mathbf{Y}'_1, \ldots, \mathbf{Y}'_M$ を経て，M 種のプーリング画像 $\mathbf{Z}_1, \ldots, \mathbf{Z}_M$ を求めている．

これらの間に以下の関係式が成り立つことは，すでに説明した内容から明らかである．まず，式 (8.3) と同様にして

$$\mathbf{Y}_m = \mathbf{X} * \mathbf{V}_m \qquad (m = 1, \ldots, M) \tag{8.11}$$

と書ける．画像 $\mathbf{Y}_m$ から画像 $\mathbf{Y}'_m$ を得る処理は，式 (8.7)，(8.8) に示したとおりである．すなわち，$\mathbf{Y}_m = (y_{ijm})$，$\mathbf{Y}'_m = (y'_{ijm})$ とすると，式 (8.7) と同様にして

$$y'_{ijm} = f(y_{ijm} + v_{0m}) \qquad (m = 1, \ldots, M) \tag{8.12}$$

であり，式 (8.8) の略記法を用いると，全画素値が v_{0m} の画像 $\mathbf{Y}_{0m}$ を定義し

$$\mathbf{Y}'_m = f(\mathbf{Y}_m + \mathbf{Y}_{0m}) \qquad (m = 1, \ldots, M) \tag{8.13}$$

と書ける．

図 **8.6** では，識別に至るまでの処理を，図 **8.4** で示した CNN3 を例にとって示した．本図は，フィルタ数を M とし，入力パターンの所属クラスが，c 個のクラス $\omega_1, \ldots, \omega_c$ のいずれであるかを判定する例である．

プーリング層で得られたプーリング画像 $\mathbf{Z}_1, \ldots, \mathbf{Z}_M$ は，すべて 1 次元に展開され，出力層のユニットと全結合で結ばれる．プーリング画像の画素値は活性化関数を介することなく，そのままプーリング層からの出力となる．プーリング層からの出力数を Q とすると，$Q = G^2 \cdot M$ であり，出力層のユニット数はクラス数 c に等しい．プーリング層からの出力を $g_1, \ldots, g_Q$ とし，さらに恒等的に 1 の値をとる g_0 を付け加える．また，出力層の各ユニットへの入力を $h_1, \ldots, h_c$ とする．プーリング層と出力層の間は全結合であるので，その重みを w_{jk} とすると，下式のように書ける．

$$h_k = \sum_{j=0}^{Q} w_{jk} g_j \tag{8.14}$$

$$= w_{0k} + w_{1k} g_1 + \cdots + w_{Qk} g_Q \qquad (k = 1, \ldots, c) \tag{8.15}$$

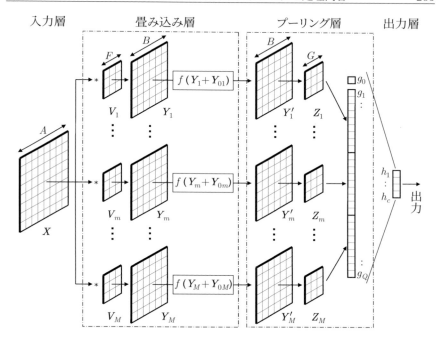

図8.6　CNN3による識別処理

式から明らかなように，w_{0k} はバイアス項である．識別は下式に従う．

$$\max_{k=1,\ldots,c}\{h_k\} = h_i \implies \mathbf{X} \in \omega_i \tag{8.16}$$

従来型のニューラルネットワークと同様，多クラス問題を扱う場合，学習時の出力層にはソフトマックス関数を使用することが多い．

　以上，畳み込みニューラルネットワークによる識別処理の手順について，順を追って説明した．ここで，これまで用いた種々の記号を整理し，**表8.1**にまとめておく．また，上記記号間に成り立つ関係式を以下にまとめておく．

$$B = A + 2P - F + 1 \tag{8.17}$$

$$G = B/H \tag{8.18}$$

$$Q = G^2 \cdot M \tag{8.19}$$

表8.1 使用した記号

記号	内容
$A \times A$	原画像 $\mathbf{X}$ のサイズ
$B \times B$	畳み込み画像 $\mathbf{Y}$ のサイズ
$F \times F$	畳み込みフィルタ $\mathbf{V}$ のサイズ
$G \times G$	プーリング画像 $\mathbf{Z}$ のサイズ
$H \times H$	プーリングのための小領域のサイズ
K	入力画像のチャネル数（ここでは $K = 1$）
M	畳み込みフィルタの数
P	パディングの幅
Q	プーリング層からの出力数

ここで，学習すべき重みパラメータの数を，**図 8.4** の CNN3 について調べてみよう．本ネットワークの入力層と畳み込み層とのユニット間結合は部分結合であると述べた．部分結合で使用される重みは，式 (8.2) の v_{kl} $(k, l = 1, \ldots, F)$ と，式 (8.7) の v_0 であり，これらは画像 $\mathbf{Y}$ の全画素値を計算する過程で共有されている．これを**重み共有**（weight sharing）という．すなわち，学習すべき重みパラメータ数は，一つのフィルタにつき $F^2 + 1$ であるので，M 個のフィルタでは，学習すべき重みパラメータ数 N_1 は

$$N_1 = M \cdot (F^2 + 1) \tag{8.20}$$

である．畳み込み層とプーリング層間の重みは固定され，学習対象とはならない．

　一方，プーリング層と出力層とのユニット間結合は全結合である．**図 8.6** および式 (8.15) から明らかなように，学習すべき重み w_{jk} の数 N_2 は下式となる．

$$N_2 = (Q + 1) \cdot c \tag{8.21}$$

　次に比較のために用意した**図 8.5** の NNW3 に対して，学習すべき重みパラメータの数を求めてみる．その際，公平な比較とするための中間層のユニット

数をどのように設定すべきかが問題となる. **図 8.5** の中間層は，**図 8.4** の "畳み込み層＋プーリング層" に対応しているので，プーリング層からの出力数 Q を中間層のユニット数とみなすのが妥当と思われる. このとき，入力層と中間層との間に存在する重みの数 $N_1{}'$ は

$$N_1{}' = (A^2 + 1) \cdot Q \tag{8.22}$$

であり，この重みが学習対象となる. 上式で $+1$ となっているのは，バイアス項があるためである.

中間層と出力層のユニット間結合に関しては，NNW3 も全結合であるので，これらの層間に存在する重みパラメータの数は式 (8.21) と同様 N_2 である.

式 (8.20) の N_1 と式 (8.22) の $N_1{}'$ を比較すると，$N_1 \ll N_1{}'$ であり，学習すべき重みパラメータ数は，CNN3 が圧倒的に少数であり有利であることがわかる. 特に画像サイズ A が大きくなったときにその傾向は顕著で，$N_1{}'$ は A^2 に比例して増大するのに対し，N_1 は A に全く依存せず一定である.

coffee break

❖ **飛行機から鳥へ**

「空を飛びたいという人間の夢は，鳥の飛行メカニズムを真似ることではなく，プロペラを使った飛行機によってかなえられた. パターン認識も同じ姿勢で取り組むのが妥当である」

多くのパターン認識研究者が長年にわたって依拠していたのはこのような研究姿勢であった. すなわち，人間の高度なパターン認識能力をブラックボックスとして捉え，入力と出力の関係さえ妥当であれば認識系の中身は問わないという姿勢である. しかし，第三次ニューロブームは，むしろこの姿勢とは逆方向の経緯を辿って花開くことになった.

第二次ニューロブームを推進したのは，**並列分散処理**（PDP：parallel distributed processing）を研究目標に掲げた研究者達である. このグループには，ラメルハート，マクレランド（James L. McClelland）を中心として，ヒントン，セイノフスキー（Terrence J. Sejnowski）ほか，その後のニューラルネットワークの発展を支えた錚々たるメンバーが参加していた. しかも彼らの専門は，物理学，数学，コンピュータ科学，神経科学，分子生物学，心理学など，実に多岐にわたっていた.

メンバーの一人，セイノフスキーの著書 [Sej18] を読むと，神経科学や認知心理学など，人間そのものを研究対象とする研究者を交えたディスカッションが，深層

学習誕生の牽引力となったことを伺い知ることができる．著者のセイノフスキー
自身も物理学と神経生物学を修めた研究者である．本書には，パーセプトロンから
深層学習に至るニューラルネットワーク研究の経緯が，知られざるエピソードとと
もに生々しく語られていて興味深い．

　今日見られる深層学習研究の活況は，ヒューベルとウィーゼルの発見に端を発し
ており，人間の脳の機能，思考のメカニズムを解明し，それをパターン認識に活か
す試みが注目されつつある．研究者が，注目の対象をかつての飛行機から鳥へと移
しつつあるように見えるのは興味深い．

8.4　畳み込みニューラルネットワークの学習法

　従来型ニューラルネットワークの学習法として前章で述べた誤差逆伝播
法は，畳み込みニューラルネットワークに対しても適用できる．まず，畳み込
みニューラルネットワークの中で，全結合となっている層間の重み修正には誤
差逆伝播法がそのまま適用できる．一方，畳み込み，プーリングを実施してい
る層ではいくつか注意すべき点がある．図 8.6 で示した CNN3 を例にとって
説明しよう．

　プーリングによって得られた画像 $\mathbf{Z}_1, \ldots, \mathbf{Z}_M$ は，1次元データ $g_0, g_1, \ldots, g_Q$
に展開され，これらは活性化関数を経ずにそのままプーリング層からの出力と
なる．出力層の c 個のユニットへの入力は，$h_1, \ldots, h_c$ であり，すでに式 (8.14)
で示したようにプーリング層からの出力とは全結合であるので，これまで述べ
た誤差逆伝播法がそのまま適用できる．

　画像 $\mathbf{Y}'_m$ からプーリング画像 $\mathbf{Z}_m$ へは，部分結合された重みによって変換さ
れるが，この重みは固定されており，学習の過程で修正されることはない．し
かし，誤差の逆伝播は必要である．以下では，図 8.3 を例にとり，プーリング
層における逆伝播の処理を説明する．図 8.7 の (a) では，2次元表記のまま，画
像 $\mathbf{Y}'$ の成分を $y'_{11} \sim y'_{66}$ から $y'_1 \sim y'_{36}$ に書き直し，画像 $\mathbf{Z}$ の成分を $z_{11} \sim z_{33}$
から $z_1 \sim z_9$ に書き直した．さらに，図 (b) では，それらを1次元のベクトルと
して表記した．その結果，2次元画像 $\mathbf{Y}'$，$\mathbf{Z}$ は下式のように1次元ベクトルと
して表すことができる．

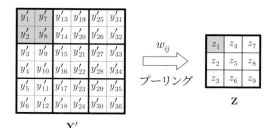

(a) プーリング演算（2次元表記）

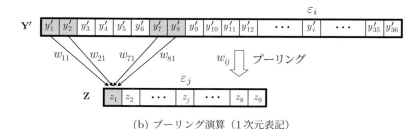

(b) プーリング演算（1次元表記）

図 8.7 プーリング層における逆伝播処理

$$\mathbf{Y}' = (y'_1, \ldots, y'_i, \ldots, y'_{36}) \tag{8.23}$$

$$\mathbf{Z} = (z_1, \ldots, z_j, \ldots, z_9) \tag{8.24}$$

ここで，$\mathbf{Y}'$ の第 i 成分 y'_i と，$\mathbf{Z}$ の第 j 成分 z_j が，重み w_{ij} を介して結合していると考える．ただし，両者は部分結合の関係にあるので，z_j は $y'_1 \sim y'_{36}$ の一部とのみ連結している．たとえば，z_1 は y'_1, y'_2, y'_7, y'_8 とのみ連結しており，連結関係にある要素が図中灰色で示されるとともに，それらが直線で結ばれている．いま，z_j と連結している y'_i を考え，そのような i の集合を R_j と記すことにする．たとえば，R_1, R_2 は次のようになる．

$$R_1 = \{1, 2, 7, 8\} \tag{8.25}$$

$$R_2 = \{3, 4, 9, 10\} \tag{8.26}$$

この記号を用いると，最大プーリングの場合の重みは

$$w_{ij} = \begin{cases} 1 & (i = \underset{k \in R_j}{\operatorname{argmax}} \, y'_k) \\ 0 & (\text{otherwise}) \end{cases} \tag{8.27}$$

である．上の例で $j = 1$ とし

$$\max_{k \in R_1} y'_k = \max\{y'_1, \, y'_2, \, y'_7, \, y'_8\} = y'_7 \tag{8.28}$$

と仮定すると，

$$i = \underset{k \in R_1}{\operatorname{argmax}} \, y'_k = 7 \tag{8.29}$$

であるので，式 (8.27) より下式が得られる．

$$\begin{cases} w_{71} = 1 \\ w_{i1} = 0 & (i \neq 7) \end{cases} \tag{8.30}$$

画像 $\mathbf{Y}'$ の第 i 成分 y'_i での誤差 ε_i，画像 $\mathbf{Z}$ の第 j 成分 z_j での誤差 ε_j とすると，y'_i は活性化関数を通さない値であるので，誤差逆伝播の式は，式 (7.28) より

$$\varepsilon_i = \sum_j \varepsilon_j \cdot w_{ij} \tag{8.31}$$

となる．上の例では，z_1 での誤差 ε_1 を，そのまま y'_7 での誤差 ε_7 として受け渡せばよいことなる．したがって，最大プーリングを用いる場合には，識別時に $\mathbf{Y}'$ のどの要素を最大値として選んだかを記憶しておかなければならない．以上の点に注意すれば，従来型の誤差逆伝播法をそのまま適用できる．なお，平均プーリングの場合の重みは，式 (8.27) の代わりに下式を用いればよい．

$$w_{ij} = \begin{cases} \dfrac{1}{H^2} & (i \in R_j) \\ 0 & (\text{otherwise}) \end{cases} \tag{8.32}$$

畳み込み層での誤差逆伝播も，基本的な処理は従来型のニューラルネットワークと変わらない．これまで取り上げてきた3層の畳み込みニューラルネットワーク CNN3 を用いて説明しよう．

式 (8.11) で示されてる畳み込み演算は，原画像と畳み込みフィルタの積和演

算である．その結果にバイアス相当の定数を加えて活性化関数による非線形変換を施した結果が畳み込み層からの出力となる．本処理は，従来型のニューラルネットワークの順伝播処理と同様である．ただし，式 (8.11) による入力画像 $\mathbf{X}$ から積和演算結果 $\mathbf{Y}_m$ を得る演算は，従来型のニューラルネットワークと異なり，部分結合を前提としている．そのため，画像 $\mathbf{X}$ と $\mathbf{Y}_m$ 間の結合は疎であり，少数の重みが共有された形になっている．したがって，$\mathbf{X}$ のどのユニットが $\mathbf{Y}_m$ のどのユニットと連結しているかをテーブルとして用意しておく必要がある．逆伝播処理では，このテーブルを用いて連結関係のあるユニット間に対してのみ重み修正を行えばよく，処理自体は従来型のニューラルネットワークと同様である．

coffee break

❖ **機械学習研究における *Drosophila***

　手書き数字のデータベースとして知られる MNIST は，アメリカ国立標準技術研究所（NIST：National Institute of Standard and Technology）が構築，公開しており，本書の 8.6 節の実験でも用いられている．深層学習の立役者であるヒントンは，「MNIST は機械学習の *Drosophila* である」と述べている [GBC16]．この *Drosophila* は，ショウジョウバエ（fruit fly）の学名であり，発生学，遺伝学におけるモデル生物[*3] として有名である．実験室環境下において，機械学習のアルゴリズムを検証，評価するための格好の材料が MNIST であったというわけである．ヒントンのこの表現は，マッカーシー（John McCarthy）[*4]の "Chess as the Drosophila of AI"[McC90] より引用している．

　同様の *Drosophila* に相当するデータベースが画像情報処理分野にも存在する．本分野における人工知能研究が 2010 年以降に大きく進んだ要因として，

(1) ヒントンによる深層学習の研究進展，

(2) NVIDIA 社による GPU の開発と普及，そして

[*3] モデル生物とは，生物学の特定の研究課題に対して広く使われている動物種のことを指す．マウス，線虫，ゼブラフィッシュなどがよく知られている．ショウジョウバエは，飼育のコストが低いこと，世代交代が早いことなどから遺伝学，発生学の材料として広く使われてきた．

[*4] 人類史上初めて「人工知能（artificial intelligence）」という用語が使われたとされるダートマス会議（Dartmouth Conference）を主催した人工知能の研究者．

(3)　ImageNet の構築と公開，

の三点が指摘されることが多い．つまり，ソフト（アルゴリズム），ハード，データの三つが揃ったことが大きい．

　　上記 (3) の ImageNet こそ，画像情報処理分野，機械学習分野の *Drosophila* である．この ImageNet は，スタンフォード大のリ（Fei-Fei Li）教授が構築したラベル付き大規模画像データベースであり，8.1 節で紹介した競技会 ILSVRC でも使用され，その後の画像認識研究に多大な貢献をした．その狙いと経緯は，彼女の TED talk "How we teach computers to understand pictures" で語られている．

8.5　人工的な画像を用いた実験

〔1〕　畳み込みフィルタの特徴抽出機能

　　畳み込み演算はフィルタを用いた特徴抽出処理であり，その処理手順については，すでに述べたとおりである．そこで以下では，畳み込み演算が画像に対してどのような効果をもたらすかを簡単な実験によって確かめてみよう．

　　実験に用いたフィルタを**図 8.8**に示す．フィルタの大きさは，5×5 $(F = 5)$ であり，図内の数字は**図 8.2** のフィルタの重み v_{kl} $(k, l = 1, \ldots, 5)$ の値を示している．どのフィルタも，5×5 の範囲で v_{kl} の総和はゼロとなるので，濃淡のレベルが一定の領域では，式 (8.2) で示した畳み込みの積和演算結果はゼロとなる．一方，濃淡のレベルが急激に変化する場所では，畳み込みの値は正負の

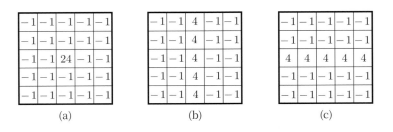

図 8.8　エッジ抽出用フィルタ（5×5）

(a) 原画像

(b) 全エッジ抽出

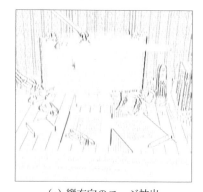
(c) 縦方向のエッジ抽出

(d) 横方向のエッジ抽出

図 8.9　フィルタ（5×5）による畳み込み演算

ピーク値が対になって現れる[*5]．したがって，**図 8.8** のフィルタを用いて畳み込み演算を行うと，画像中に存在するエッジが抽出できる．

　畳み込み演算の結果を**図 8.9** に示す．図の (a) は，画素数 384×384（$A = 384$），濃度レベル数 256 の多値画像である．ここでは，白を 0，黒を 255 としている．この原画像に，**図 8.8** のフィルタ (a)，(b)，(c) を用いて畳み込み処理を施した結果が，それぞれ**図 8.9** の (b)，(c)，(d) であり，原画像と同

---

*5　以下の実験では正値のみを用いた．

じ濃度レベル数を持つ多値画像として表している．畳み込みの結果得られた画像は，ノイズの影響を少なからず受けてはいるものの，図の(b)では，全方向のエッジが抽出され，(c)では縦方向，(d)では横方向のエッジがそれぞれ抽出されており，期待通りの結果が得られていることが確認できる．

　以上の実験から，畳み込み演算が特徴抽出機能を備えていることがわかる．ここでは特徴としてエッジを例にとったが，フィルタの設定を変えることにより，畳み込み演算はさまざまな特徴の抽出に適用することができる[田村22]．

〔2〕　空間周波数領域における畳み込み演算の機能

　畳み込み演算を原画像に施したときの効果については〔1〕で述べたとおりである．このような実空間での処理を**空間領域**（spatial domain）における処理と呼ぶ．それに対して以下では，畳み込み演算が**空間周波数領域**（spatial frequency domain）[6]でどのような機能を持つかを考える．

　畳み込み演算は，信号処理において極めて重要な役割を担っている．時間 t を変数とする二つの信号 $f(t)$, $g(t)$ に対して定義される畳み込み $h(t) \overset{\text{def}}{=} f(t) * g(t)$ は次式で表される．

$$h(t) = f(t) * g(t) = \int_{-\infty}^{\infty} f(\tau)g(t - \tau)d\tau \tag{8.33}$$

ここで，関数 $f(t)$ の**フーリエ変換**（Fourier transform）を $\mathcal{F}(f(t))$ で表すと，次式が成り立つ．

$$\mathcal{F}(h(t)) = \mathcal{F}(f(t)) \cdot \mathcal{F}(g(t)) \tag{8.34}$$

上式は，信号処理の分野で最も有力な道具として知られる**畳み込み定理**（convolution theorem）である．すなわち，二つの信号の畳み込みは，周波数領域では両者の積として表される（**演習問題 8.1**参照）．

　本定理は位置 (x, y) における濃度が $f(x, y)$, $g(x, y)$ の2次元画像信号に拡張でき，畳み込み画像 $h(x, y) \overset{\text{def}}{=} f(x, y) * g(x, y)$ は

---

[6]　ここで扱うのは2次元静止画像であり，空間的に変化する信号である．時間的に変化する信号に対して用いられる「周波数」と区別するため，**空間周波数**（spatial frequency）という語を用いる．空間周波数は，単位長さ当たりの濃淡変化の規則的繰り返し回数を計測するために用いられる．

$$h(x, y) = f(x, y) * g(x, y) = \iint_{-\infty}^{\infty} f(\alpha, \beta)g(x - \alpha, y - \beta)d\alpha d\beta \qquad (8.35)$$

で表される．ここで，関数 $f(x, y)$ の2次元フーリエ変換を $\mathcal{F}(f(x, y))$ で表すと，2次元画像に対する畳み込み定理は下式で表される．

$$\mathcal{F}(h(x, y)) = \mathcal{F}(f(x, y)) \cdot \mathcal{F}(g(x, y)) \qquad (8.36)$$

式 (8.33)〜(8.36) は，連続的関数を扱っているが，離散的関数に対しても同様に扱うことができる．これまで取り上げてきた $\mathbf{X}$，$\mathbf{Y}$，$\mathbf{V}$ は離散的関数であり，式 (8.35) の $f(x, y)$ を画像 $\mathbf{X}$，$g(x, y)$ をフィルタ $\mathbf{V}$，$h(x, y)$ を畳み込み画像 $\mathbf{Y}$ に対応させればよい．しかし，ここで注意が必要である．式 (8.35) の積分演算において，画像に対応する f では変数が (α, β) となっているのに対し，フィルタに対応する g では $(-\alpha, -\beta)$ と符号が逆転している．この操作はフィルタ g を180度回転していることに相当する．

以上に注意すると，式 (8.35) に対応する離散的な畳み込み演算は，式 (8.2) で示した定義とは異なり

$$y_{ij} = \sum_{k=1}^{F} \sum_{l=1}^{F} x_{i+k-1,\, j+l-1} \cdot v_{F-k+1, F-l+1} \qquad (i, j = 1, \ldots, B) \qquad (8.37)$$

となる．図 8.2 に示した 3×3 ($F = 3$) のフィルタを例にとると，式 (8.37) は図 8.10 に示すようにフィルタ $\mathbf{V}$ を180度回転した後，画像 $\mathbf{X}$ に重ね合わせ，1画素ずつずらしながら積和演算を実行することを示している．

畳み込み演算を式 (8.37) で定義すると，式 (8.36) に対応する畳み込み定理は

$$\mathcal{F}(\mathbf{Y}) = \mathcal{F}(\mathbf{X}) \cdot \mathcal{F}(\mathbf{V}) \qquad (8.38)$$

図 8.10　畳み込み用フィルタ

と表される．ただし，上式で$\mathcal{F}$は離散的な2次元フーリエ変換を表す．信号処理の詳細については，文献[Lat68][RK76][田村22]を参照されたい．

〔3〕 画像データとそのパワースペクトル

式(8.38)で示したように，畳み込み演算は空間周波数領域では二つの信号の積として表現できる．この性質を利用すると，空間領域での複雑な処理も，空間周波数領域では単純な処理になる．このことから，畳み込みニューラルネットワークが最もその効果を発揮するのは，空間周波数領域での処理が有効な画像と考えられる．そこで，次のような人工的な画像データを用意する．生成したのは，画素数32×32の領域中に16×16のサイズの縞模様パターンを含む画像であり，縞模様を除いた背景はノイズで占められている．**図 8.11**にその例を示す．縞模様の画素値は-1と1の二値，背景ノイズの画素値は一様乱数によっ

図 8.11　ノイズ中の縞模様パターン

て発生させた -1 から 1 の間の連続値である. 図では黒が 1, 白が -1 に対応している. 縞模様は, 白黒ともに 2 画素の幅で, 方向は縦, 横, 右斜め, 左斜めの 4 種であり, それらのいずれを含むかによって, それぞれ ω_1, ω_2, ω_3, ω_4 の 4 クラスを対応させた. パターンとしては, 学習用とテスト用の 2 種を用意し, 生成したパターン数は, いずれもクラスあたり $1\,000$ パターン, 合計 $4\,000$ パターンである. 生成に当たっては, 縞模様パターンを画像中に収まる範囲でランダムに配置し, その位置決定には一様乱数を適用する. また, 背景ノイズはパターンごとに異なっている. 図では, 各クラス 3 パターンを示している.

図 8.12 は, 上記パターンを空間周波数領域で観察した結果である. 上段には, 各クラスから 1 パターンずつ抽出した原画像を順に並べてある. 下段は, 各クラスのパターンにそれぞれ 2 次元フーリエ変換を施し, その**パワースペクトル**（power spectrum）を求めた結果であり[*7], 濃いほど大きな値であることを示している. 画素数は原画像と同じく 32×32 である. 原画像の領域 (x, y)

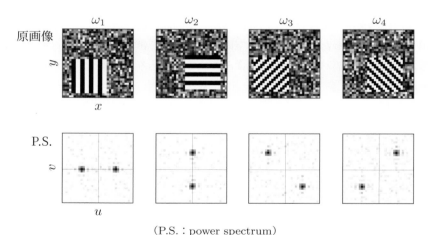

（P.S. : power spectrum）

図 8.12 空間周波数領域での観察

[*7] 一般にフーリエ変換後の信号は, 実数部と虚数部を持つ複素数となる. パワースペクトルはその絶対値の二乗 $|\mathcal{F}(\mathbf{X})|^2$ として求められる.

に対し，空間周波数領域を (u, v) で表し，その軸を図中に示した．原画像のそれぞれ x, y 方向の空間周波数を表しているのが u, v である．両軸が交叉する点 $(u, v) = (0, 0)$ は，直流成分に相当する．

パワースペクトルを見ると，縞模様パターンの周期的信号に対応したピークが観察できる．しかも，クラスによってピークを示す位置が異なっており，この情報を用いればクラス間の識別が可能であることがわかる．

たとえばクラス ω_1 の画像を取り上げよう．この画像に含まれる縦縞のパターンは，x 軸方向に変化する周期信号であり，パワースペクトルは u 軸上の対応する位置に大きなピークを持つ．すなわち，パワースペクトルは，縞と直交する方向にそれぞれピークが観察できる．横縞，右斜め縞，左斜め縞についても同様である．縞パターンの位置が変化しても，パワースペクトルのピークの位置は変わらない．位置変動の影響を受けないというパワースペクトルの特性は，空間周波数領域での処理を進める上で長所となり，大いに活用できる．

〔4〕 帯域通過フィルタの設定と畳み込み演算

縞模様パターンを含む人工的な画像が，空間周波数領域では顕著なピークを示すことがわかった．以下では，空間周波数領域で帯域通過フィルタを設定することにより，縞パターンを抽出するための畳み込みフィルタが得られることを示す．

図 8.13 は，クラス ω_1 の画像に対する畳み込み演算を例にとり，空間領域での処理と空間周波数領域での処理との関係を示している．図の (a)，(d) は，**図 8.12** の左端に示した画像と同じで，それぞれ原画像 **X** とそのパワースペクトルである．図中の $\mathcal{F}$ は，2次元フーリエ変換の操作を示している．

次に，パワースペクトルでピークを示す領域を抽出するための**帯域通過フィルタ**（band-pass filter）を用意する．図の (e) がそのフィルタで，白い部分に該当する空間周波数のみ透過させ，他は遮断することを示している．すなわち (e) は，白い部分が1，それ以外は0の画素値を持つ画像と考えられる．透過領域の大きさは，3×3 画素である．図で明らかなように，クラス ω_1 のパワースペクトルのピークは，u 軸上の2箇所に存在する．したがって，この空間周波数領域のみを透過させるフィルタ (e) を用意し，それを (d) に掛け合わせるこ

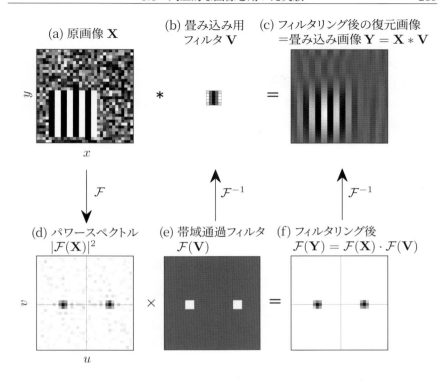

図 8.13 空間領域での処理と空間周波数領域での処理

とにより，図 (f) の画像が得られた[*8]．帯域通過フィルタを通した画像 (f) に**逆フーリエ変換**（inverse Fourier transform）を施して得られたのが図 (c) である．図中の $\mathcal{F}^{-1}$ は逆フーリエ変換の操作を示している．画像 (c) では原画像 $\mathbf{X}$ の縞模様の部分が強調され，帯域通過フィルタにより縞模様パターンが抽出されていることが確認できる．

図 8.13 の下段は，空間周波数領域での積の演算を表しており，式 (8.38) の演算に対応している．畳み込み定理によると，この処理は空間領域での畳み込み演算に対応し，式 (8.3)，すなわち式 (8.37) で表される．ここで，畳み込み

[*8] 図ではパワースペクトル $|\mathcal{F}(\mathbf{X})|^2$ との積として表しているが，実際は $\mathcal{F}(\mathbf{X})$ との積である．

に必要となるフィルタ $\mathbf{V}$ は，図 (e) の帯域通過フィルタを逆フーリエ変換することによって求めることができ，その結果を図 (b) に示す．ただしフィルタ $\mathbf{V}$ は，逆フーリエ変換して得られた 32×32 の画像から，中心部分を含む 5×5 を切り出した結果である．以下，特に断りのない限り，フィルタ $\mathbf{V}$ のサイズは 5×5 とする．フィルタの重み v_{kl} は，正負いずれの値も含むが，濃い画素ほど大きな値であることを示しており，以下同様とする．

　図 8.13 の上段は，空間領域での演算を表しており，畳み込み演算の式 (8.3) に対応している．実際，上記フィルタ $\mathbf{V}$ を用いて式 (8.2) の畳み込み演算を実行すると，(f) からの逆フーリエ変換によって求めた画像 (c) と一致することが確かめられた．畳み込みにあたってはパディングを 2 とし，畳み込み画像の大きさが原画像と同じ 32×32 となるようにした．図 (b) のフィルタ $\mathbf{V}$ は 180 度回転しても変わらないので，畳み込み演算を式 (8.2) で実行しても結果は同じである．このように，空間領域での二つの画像の畳み込み（式 (8.2)）は，空間周波数領域では両者の積（式 (8.38)）として表せることが，実験的にも確認できた．

　以上は，縦縞模様を含むクラス ω_1 の画像を例にとったが，他クラスについても同様である．クラス $\omega_1 \sim \omega_4$ に対応する帯域通通過フィルタを，図 8.14 の (a) 〜 (d) にそれぞれ示す．各帯域通過フィルタの上部には，逆フーリエ変換によって得た畳み込みフィルタ $\mathbf{V}_1 \sim \mathbf{V}_4$ を示す．本図の $\mathbf{V}_1$ は，図 8.13(b) の $\mathbf{V}$ と同じである．得られた畳み込みフィルタ $\mathbf{V}_2 \sim \mathbf{V}_4$ を用い，クラス $\omega_2 \sim \omega_4$ の画像に畳み込み演算を施せば，図 8.13 の (c) と同様，横，右斜め，左斜めの縞模様が抽出できる．

　上の説明では，図 8.14 に示した 4 種のフィルタを，クラスごとに選んで畳み込みを行っている．しかし，一つのフィルタを用いるだけで同じ結果を得ることができる．そのことを示したのが図 8.15 である．

　図 8.12 から明らかなように，パワースペクトルがピークを示す帯域は，全クラスで合計 8 箇所存在し，各クラスはそのうちの 2 箇所にピークを持つ．したがって，図 8.14 に示すように，クラスごとに異なる帯域通過フィルタを用意してもよいが，8 箇所の空間周波数領域をすべて透過させる帯域通過フィルタ 1 種でもほぼ同じ効果が期待できる．図 8.15 の中央列下に示したのがその帯域通過フィルタであり，その上の $\mathbf{V}_5$ が帯域通過フィルタの逆フーリエ変換

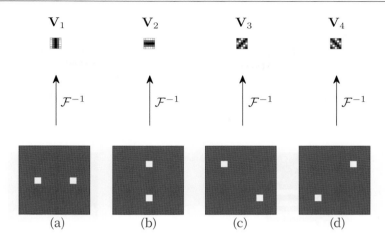

図 8.14 帯域通過フィルタと畳み込みフィルタ

によって得られる畳み込みフィルタである．畳み込みの結果が**図 8.15**の最右列に示されている．背景ノイズの影響を受け，鮮明度にはやや欠けるものの，いずれのクラスに対しても畳み込みによって縞模様の部分が抽出されていることが確かめられる．

　以上示した5×5の畳み込みフィルタ$\mathbf{V}_1 \sim \mathbf{V}_5$を，拡大して示したのが**図 8.16**である．

　以上の実験より，畳み込みフィルタは縞模様の特徴を抽出する特徴抽出機能を備えていることがわかる．本実験では単純な画像を例にとったが，フィルタの数を増やし，種々の特徴を抽出できるようにすれば，より複雑な画像に対する特徴抽出も可能となる．畳み込み演算は局所的な処理であり，これだけでは最終的な識別には結びつかない．抽出された特徴がどの位置にどのように配置されているかを俯瞰する大局的な処理を経て初めて識別処理が可能となる．その役割を果たすのが，後段の全結合のネットワークである．このように，局所的な特徴抽出処理と，それらを統合する大局的な処理の組み合わせが，畳み込みニューラルネットワークを高度な識別系として実現している最大の要因といえる．

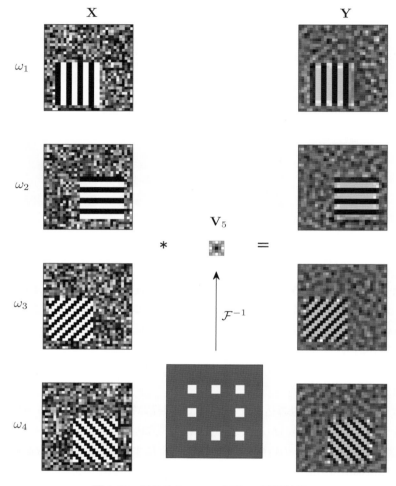

図 8.15　畳み込みフィルタ $\mathbf{V}_5$ の適用結果

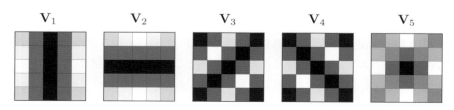

図 8.16　帯域通過フィルタに対応する畳み込みフィルタ

〔5〕 学習・識別実験

　畳み込みニューラルネットワークとしてCNN3を取り上げ，これまで紹介した人工的な画像を用いて，学習および識別の実験を行う．実験では，従来型のニューラルネットワークNNW3との比較を行い，畳み込みニューラルネットワークの機能，長所を明らかにする．

　実験では，CNN3で使用したフィルタのサイズは$F = 5$とした．パディング幅は$P = 2$とし，畳み込み画像のサイズBが元の画像のサイズAと同じになるようにした．すなわち，式 (8.17) より$B = A = 32$である．プーリングでは，$H = 2$に設定したので，式 (8.18) より$G = B/H = 16$となり，プーリング画像は16×16の大きさとなる．使用するフィルタ数をMとすると，プーリング層からの出力数Qは，式 (8.19) より$Q = G^2 \cdot M = 256 \cdot M$となり，これがNNW3の中間層ユニット数に相当する．畳み込みニューラルネットワークCNN3のフィルタ数Mを1，2，4，8，16と5通りに変化させた．それに伴い，比較用に用意したNNW3では，中間層のユニット数Qを256，512，1024，2048，4096とし，CNN3に対応させた．活性化関数としては，CNN3の畳み込み層ではシグモイド関数，出力層ではソフトマックス関数を用いた．同様にNNW3の中間層ではシグモイド関数，出力層ではソフトマックス関数を用いた．

　両ニューラルネットワークとも，各クラス1000パターン，合計4000パターンの学習パターンにより学習を行った．いずれのニューラルネットワークも，学習パターンをすべて正しく識別できる状態で収束した．学習によって得られたニューラルネットワークを用いて同数のテストパターンを識別した結果を**図 8.17**に示す．図の横軸は，CNN3に対してはフィルタ数Mを示しており，NNW3に対しては中間層のユニット数Qを（　）内に示している．また縦軸はエラー率を%で示している．

　図を見ると，CNN3はフィルタ数Mとともに，またNNW3は中間層のユニット数Qとともにエラー率が減少しており，妥当な結果となっている．しかし，両者のエラー率には大きな差があり，CNN3がNNW3に比べて格段に良好な結果を示している．

　図 8.11で示したように，クラス間を区別するのは画像の一部を占める縞模様の方向である．背景に存在するノイズは識別には役立たないので，学習の過

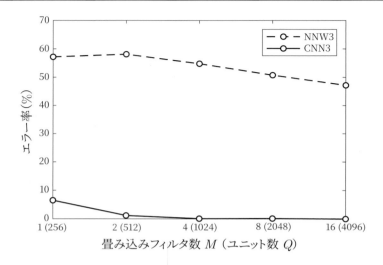

図 8.17　人工的な画像を用いた識別実験

程では無視できなくてはならない．実験結果を見ると，畳み込みニューラル
ネットワークCNN3では，周波数フィルタリングの機能により，背景ノイズを
無視し，縞模様のみに着目した学習が実現できている．それに対し，NNW3で
は背景ノイズまでも含めてクラス間識別を行おうとしており，そのためテスト
パターンに対しては低い識別率しか達成できない．背景ノイズを除いた場合，
あるいは背景ノイズを全パターンで共通にした場合は，NNW3でもCNN3と
同等の識別性能を達成できることが実験で確認できた．

　学習が収束に向かう過程で，学習パターン，テストパターンに対するエラー
率がどのように変化するかをCNN3とNNW3で比較してみよう．実験で，
CNN3では畳み込みフィルタ数$M = 4$とし，NNW3ではCNN3に対応すべ
く，中間層のユニット数$Q = 1024$とした．これまでと同様，学習パターン数，
テストパターン数は，それぞれ4 000パターンである．

　まず，CNN3に対する結果を**図 8.18**に示す．図の横軸はエポック数を示し，
縦軸はエラー率を％で示している．図中，学習パターン，テストパターンを
それぞれ太線と細線で示している．このようなグラフを**学習曲線**（learning
curve）という．学習は17エポックで終了し，学習パターンに対するエラー率

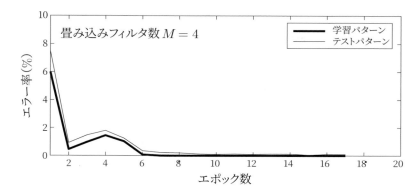

図 8.18　CNN3 に対する学習曲線

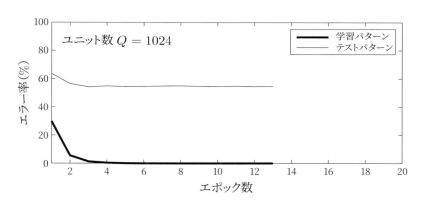

図 8.19　NNW3 に対する学習曲線

が低下するとともに，テストパターンに対するエラー率も低下しているのが確かめられる．収束した時点でのエラー率は，学習パターン，テストパターンでそれぞれ 0 ％，0.10 ％である．

　同様に，NNW3 に対する結果を**図 8.19** に示す．横軸，縦軸の内容は**図 8.18** と同じであるが，縦軸のスケールが異なっていることに注意されたい．本図からわかるように，学習は 13 エポックで終了し，学習パターンはエラー率 0 ％を達成できているにもかかわらず，テストパターンのエラー率はほとんど低下せ

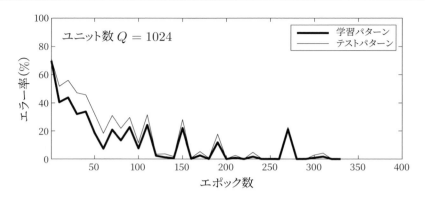

図 8.20　ドロップアウトを導入したNNW3に対する学習曲線

　ず，収束した時点でのエラー率は54.80％である．このNNW3の例に見られ
るような，学習パターンとテストパターン間でのエラー率の大きな乖離は，少
数の学習パターンを複雑な決定境界で分離しようとしたことに起因し，この現
象を過学習と呼ぶことは7.4節で述べた．

　過学習を防ぐ最も単純な方法は，学習パターン数を増大させることであり，
実際，学習パターンを増やすことでNNW3の識別性能が向上することは実験
でも確認できた．しかしそのためには膨大な学習パターンが必要となり，効率
的ではない．過学習を防ぐための効率的な手法として，7.4節でドロップアウ
トを紹介した．そこで以下では，**図 8.19**と同じ条件でドロップアウト導入に
よる効果を確かめる．**図 8.20**はドロップアウトを導入したNNW3に対する
学習曲線である．本実験では，非ドロップアウトの確率として$p_r = 0.5$に設定
した．横軸のスケールが**図 8.19**と異なることに注意されたい．煩雑になるの
を避けるため，エラー率は毎エポックではなく，10エポックごとに算出した．
学習パターン，テストパターンともに，エラー率は変動しつつも確実に低下し
ている．学習は330エポックで収束し，収束した時点でのエラー率は，学習パ
ターン，テストパターンでそれぞれ0％，0.03％である．収束に要するエポッ
ク数は増大するものの，過学習は回避できていることが確かめられる．

　これまで述べてきたことから明らかなように，畳み込みニューラルネット

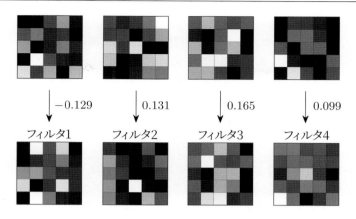

図 8.21 $M = 4$ の CNN3 によって得られた畳み込みフィルタ（初期フィルタは乱数により設定）

ワークは，少量の学習パターン，少数の重みパラメータであっても，背景ノイズに影響されることなく，局所的な特徴を的確に抽出するとともにそれらを統合し，従来型の3層ニューラルネットワークよりも高い識別性能を発揮できる．また，学習すべき重みパラメータの数も，CNN3 が圧倒的に少数で有利である．

　フィルタ数を $M = 4$ に設定した実験で，CNN3 の学習によってどのような畳み込みフィルタが得られるかを調べてみよう．**図 8.21** の上段は，CNN3 の初期フィルタすなわち学習の開始時点に設定した畳み込みフィルタを示している．初期フィルタの重み v_{kl} は，-1 から1の間の値をとる一様乱数によって決定した．一方，図の下段は，学習によって得られた畳み込みフィルタ1〜4を示している．図の矢印は，各フィルタがどの初期フィルタから得られたか，その対応関係を示している．

　本実験のような，クラス間識別を目的とする畳み込みニューラルネットワークの学習では，特徴抽出を主目的とする畳み込みフィルタに対しても，クラス間分離の機能を発揮できるような調整がなされるはずである．**図 8.21** の下段に示した畳み込みフィルタは，そのような調整がなされた結果である．しかし，この図ではそのことが必ずしも明確ではなく，初期フィルタからの継承性

も明らかではない.

　そこで,初期フィルタからの継承の程度を定量的に確認するため,得られたフィルタと初期フィルタとの類似度を求めてみる.二つの列ベクトル$\boldsymbol{x}$,$\boldsymbol{y}$の類似度を,下式で定義される**コサイン類似度**(cosine similarity)sによって算出する.

$$s = \frac{\boldsymbol{x}^t \boldsymbol{y}}{\|\boldsymbol{x}\| \cdot \|\boldsymbol{y}\|} \tag{8.39}$$

コサイン類似度sは$-1 \leq s \leq 1$の値をとり,大きいほど$\boldsymbol{x}$と$\boldsymbol{y}$は類似しているとみなせる.類似度が最大値1をとるのは,aを正の定数として$\boldsymbol{y} = a\boldsymbol{x}$が成り立つときである.**図8.21**で示した$5 \times 5$のフィルタを25次元のベクトルに変換した後,対応するフィルタ間で類似度を求め,矢印の右に記した.数値を見ると,どのフィルタも初期フィルタとの類似度は小さく,最大でもフィルタ3の0.165である.

　続いて,次のような実験を行う.すなわち,初期フィルタとして,乱数で決定したフィルタではなく,**図8.16**のフィルタ$\mathbf{V}_1 \sim \mathbf{V}_4$を用いる.これらは,識別を指向したフィルタではなく,方向の異なる4種の縞模様を検出するのに有効なフィルタであることはすでに述べた.実験の結果,学習は16エポックで終了し,収束した時点でのエラー率は,学習パターン,テストパターンでそれぞれ0%,0.05%である.乱数による初期フィルタを用いた場合では,それらはそれぞれ17エポック,0%,0.10%であるので,$\mathbf{V}_1 \sim \mathbf{V}_4$を初期フィルタとした場合の方が,わずかではあるが優れている.特徴抽出機能があらかじめ備わった初期フィルタを用いることにより,学習では識別機能を獲得するための調整だけで済むので,このような結果が得られたと考えられる.

　学習の結果得られた畳み込みフィルタ1〜4を**図8.22**の下段に,対応する初期フィルタを上段に,それぞれ示す.また,初期フィルタとの類似度を矢印右に記した.図の見方は**図8.21**と同じである.本図を見ると,フィルタ1〜4は,それぞれ初期フィルタ$\mathbf{V}_1 \sim \mathbf{V}_4$を相当程度継承し,類似していることがわかる.たとえば,フィルタ$\mathbf{V}_1$とフィルタ1との類似度は0.861であり,1に近い.他のフィルタ対も同様に1に近い値を示しており,互に類似していることを示している.**図8.21**の結果と比較すると**図8.22**での類似性は顕著である.

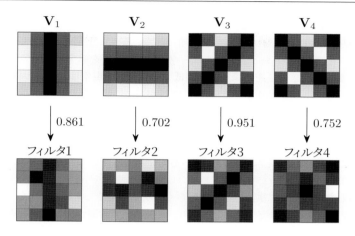

図 8.22　$M = 4$ の CNN3 によって得られた畳み込みフィルタ（初期フィルタは $\mathbf{V}_1 \sim \mathbf{V}_4$ に設定）

　フィルタ 1〜4 がフィルタ $\mathbf{V}_1 \sim \mathbf{V}_4$ と類似しているのは，前者が後者の特徴抽出機能を維持し活用しているからであり，両者が完全に一致せず異なっているのは，前者が特徴抽出機能に加えてさらにクラス間分離機能を反映したからと考えられる．このように，畳み込み層で局所的な特徴抽出，プーリング層と出力層でクラス間分離という役割分担になってはいるが，畳み込みフィルタは特徴抽出機能に加えてクラス間分離機能も学習により獲得し，ネットワーク全体として高い識別能力を発揮できるようになっている．

coffee break

❖ 二重降下

　深層ニューラルネットワーク（DNN）の特性，振る舞いについては，まだ解明されていない点も多い．最大の謎は，膨大な量のパラメータを有しながら，なぜ高い汎化能力を示すのかである．まず，1980 年代の第二次ニューロブームのとき，ニューラルネットワークの最大の欠点として指摘されていたのは，膨大な数のパラメータに起因する局所解の存在であった．ところが，DNN では何億というパラメータを有しながら，既存手法を上回る性能を発揮することが数々の実験で実証されている．この事実は，DNN に多数存在する局所解は，そのほとんどが準最適解であることを示唆している．

　また，一般にパラメータ数（モデルの自由度）と識別性能（推定誤差）との関係は，偏りと分散のジレンマとしてよく知られている（[改訂版] の122ページ参照）．つまり，大規模なニューラルネットワークほど良い性能を示す可能性があるが，規模を大きくし過ぎると逆に識別性能が低下する．この現象は，多くの教科書にも記載はあるが，なぜあのような大規模DNNが高い性能を発揮できるのかについては，解明できていなかった．

　これに関して，**二重降下**（double descent）という現象が実験的に発見されつつある [BHMM19]．従来いわれていたとおり，モデルの自由度を増やしていくと，あるところから推定誤差は増加するが，さらに増やしていくと再度減少に転じるというのである．

　準最適な局所解や二重降下などは恐らく高次元空間でこそ起こる現象であろう．高次元の世界はまだまだ謎だらけであり，今後の研究展開が楽しみである．

8.6　手書き数字パターンを用いた識別実験

　前節の実験で用いたデータは，人工的に作成したパターンであった．本節では，実際の手書き数字パターンに対して畳み込みニューラルネットワークを適用した実験結果を示す．手書き数字パターンとしては，データセット**MNIST**（Mixed National Institute of Standards and Technology database）を用いる．手書き数字0〜9の10クラスに対し，各クラス1000パターン，合計10000パターンを学習パターンとして用い，各クラス800パターン，合計8000パターンをテストパターンとして用いる．各パターンは画素数が28×28で，各画素は0〜1の値を持つ多値パターンである[*9]．

　実験では，8.5節と同様，**図8.6**に示す3層の畳み込みニューラルネットワークCNN3を用いる．入力層には，28×28（$A = 28$）のパターンが入力され，次に5×5（$F = 5$）のフィルタによって畳み込み演算が施される．その際，幅2（$P = 2$）のパディングが施されるので，式(8.17)より$B = 28$が得られ，畳み込み演算後の画像のサイズは入力画像と同じで，28×28となる．用いる

[*9]　もともと，MNISTで提供されているのは，学習用が60000パターン，テスト用が10000パターンである．本実験では，その中からそれぞれ10000パターン，8000パターンを抽出して用いた．本データの詳細は [改訂版] の付録A.4を参照されたい．

フィルタ数を M とすると，28×28 の畳み込み画像が M 種得られる．これら
が畳み込み層のデータである．これらの畳み込み画像に対しては，活性化関数
としてシグモイド関数を用いた非線形変換が施される．さらに，非線形変換
が施された各画像に対して，プーリング処理が施される．プーリングは 2×2
（$H = 2$）のフィルタが適用されるので，式 (8.18) より $G = 14$ が得られ，プー
リング画像のサイズは 14×14 となる．これらの画像がプーリング層のデータ
である．プーリング層のデータに対しては活性化関数は適用されることなく，
そのまま出力層に重みの全結合の形で伝達される．出力層では，それらに対し
て活性化関数としてソフトマックス関数が適用され，各クラスの確からしさを
表す確率として出力される．

　入力層では，$28 \times 28 = 784$ 次元のベクトル，畳み込み層では $784 \times M$ 次
元のベクトル，プーリング層では，$14 \times 14 \times M$ 次元のベクトル，出力層では
10次元のベクトルを扱うことになる．各層では，これと同数のユニットが必要
となる．

　学習によって得られたニューラルネットワークを用いてテストパターンを識
別する実験を行う．実験は，8.5 節と同様，3層の畳み込みニューラルネット
ワークCNN3と，比較ため従来型の3層ニューラルネットワークNNW3 に対
して実施した．これまでと同様，CNN3に対しては，畳み込みフィルタ数 M
を1，2，4，8，16と5通り変化させ，NNW3に対しては，中間層のユニット
数 Q を式 (8.19) に従い，196，392，784，1568，3136 に設定してCNN3に対
応させた．結果を**図 8.23**に示す．図の見方は**図 8.17**と同じであり，実線，破
線がそれぞれCNN3，NNW3を表している．

　一部例外はあるものの，フィルタ数 M，ユニット数 Q の増大とともに
CNN3およびNNW3のエラー率がそれぞれ低下しており，妥当な結果となっ
ている．また，$M = 1$（$Q = 196$）を除いてCNN3がNNW3より低いエラー率
を示しており，CNN3の優位性が確認できる．ただし，その差は**図 8.17**ほど
大きくはない．本実験では背景ノイズがなく，8.5 節の実験で見られたような，
極端な過学習が発生しなかったのがその理由と考えられる．

　次に，位置ずれに対する識別系の頑健性を調べるための実験について述べ
る．本実験用に，学習パターンに位置ずれを施したテストパターンを5セッ
ト用意する．各セットのパターン数は，学習パターンと同様，合計10 000パ

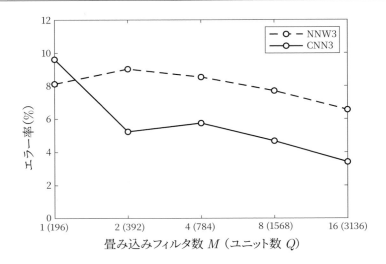

図 8.23　手書き数字パターンを用いた識別実験

ターンであり，それらの例を**図 8.24**に示す．位置ずれの方向はランダムに設定し，位置ずれの大きさは1画素から5画素まで5段階に変化させ，各段階ごとに計10 000パターンを用意して1セットとした．図で各行のパターンは，同じ大きさの位置ずれを有するパターンの例であり，左端の数字が位置ずれの大きさ（画素）を示している．最上段のパターンは位置ずれがゼロ，すなわち元の学習パターンの例である．ここでも，CNN3とNNW3の比較を試みることとし，学習時に，CNN3では$M = 4$，NNW3ではそれに対応すべく$Q = 784$にそれぞれ設定して学習を行ったところ，いずれもエラー数ゼロで収束した．識別時には，テストパターンとして**図 8.24**で示した各セット10 000パターンの位置ずれパターンを用いた．実験結果を**図 8.25**に示す．図の横軸は，位置ずれの大きさを表し，縦軸はエラー率を％で表している．また，**図 8.17**と同様，実線，破線がそれぞれCNN3，NNW3を表している．横軸の位置ずれ0でのエラー率は，学習パターンそのものを識別した結果であるので，両ネットワークとも0％である．いずれのネットワークも，位置ずれの増大とともにエラー率が増大している．ただし，CNN3の方がNNW3に比べて増大のカーブが緩く，位置ずれに対してより頑健であるといえる．

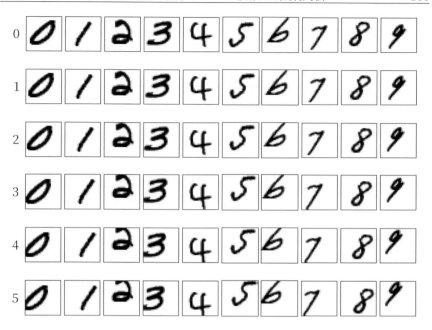

図 8.24 位置ずれを施した文字パターン

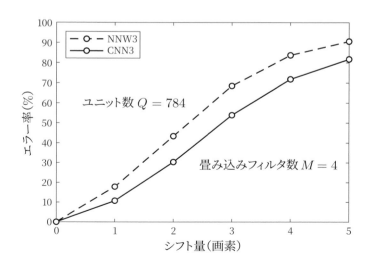

図 8.25 位置ずれに対する頑健性の評価

coffee break _____

❖ 夢の実現でチューリング賞

　パターン認識系は，前処理部，特徴抽出部，識別部より構成されると1.1節で述べた．パターン認識の研究が活況を呈していた1970年代当時，特徴抽出は認識性能を左右する極めて重要な処理と位置づけられていた．しかし，特徴抽出部の設計は人間が経験と直観を頼りに試行錯誤を繰り返すという状況で，とても学問として体系付けられている状況ではなかった．学習パターンを与えれば，識別部だけでなく特徴抽出部も自動設計できるような学習法こそ取り組むべき研究テーマではないかと誰しも考えたものである．しかし，当時は「そのような技術は夢物語で，考案できたらそれこそノーベル賞ものだ」との冷めた見方が大勢を占めていた．

　すでに見てきたように，本節の文字認識実験，前節の画像認識実験では，学習時にはいずれも原パターンを直接入力しており，従来のようにあらかじめ人間が考案した特徴抽出法を適用してはいない．すなわち，所属クラスが既知の学習パターンさえ与えれば，前処理部，特徴抽出部，識別部を含む認識系全体を自動設計できるようになりつつある．このような取り組みは，ルカンらの開発した畳み込みニューラルネットワークをはじめとする深層学習の技術によって初めて可能になったといえる．

　この画期的な技術により，ルカンはヒントン，ベンジオ（Yoshua Bengio）とともに，2018年にチューリング賞を受賞した．当時夢とされていた技術を開発したルカンらの功績は極めて大きく，まさしく計算機科学のノーベル賞といわれるチューリング賞の受賞にふさわしい快挙である．

_____

8.7　多チャネル化と多層化

　これまで，実験に用いた畳み込みニューラルネットワークは，従来型のニューラルネットワークと比較するため，3層の構造に限定していた．より高度で実用的な畳み込みニューラルネットワークを実現するには，多層化することが必須である．多層化した畳み込みニューラルネットワークの構造は，5層の例を**図8.1**に模式図として示した．畳み込み層とプーリング層の具体的処理内容を**図8.6**に示しており，これを**図8.1**に従って複数段重ねれば多層化が可

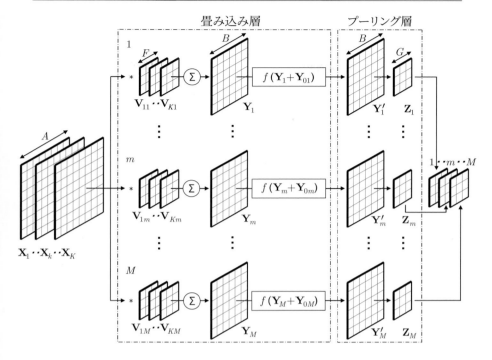

図 8.26　畳み込みニューラルネットワークの多チャネル化と多層化

能である．より高度な畳み込みニューラルネットワークにするには，さらに機能の拡充が必要である．

これまで取り上げてきた畳み込みニューラルネットワークでは，**図 8.6** に示したように畳み込み層への入力は，画像が 1 枚のみで，チャネル数 $K = 1$ であった．一般に $K\ (> 1)$ チャネルの画像を処理するための，畳み込みニューラルネットワークの処理は**図 8.26** のようになる．

入力画像は K チャネルであるので，これまでの $\mathbf{X}$ ではなく，$\mathbf{X}_1, \ldots, \mathbf{X}_K$ となる．また，M 種の畳み込み演算により，畳み込み画像 $\mathbf{Y}_1, \ldots, \mathbf{Y}_M$ が得られる点はこれまでと同様であるが，その算出方法は少し異なる．図で示したように，m 番目の畳み込み演算では，入力のチャネル数と同数の畳み込みフィルタ，$\mathbf{V}_{1m}, \ldots, \mathbf{V}_{Km}$ を用意する（$m = 1, \ldots, M$）．畳み込み画像 $\mathbf{Y}_m$ は，式 (8.11)

の代わりに次式で求められる.

$$\mathbf{Y}_m = \sum_{k=1}^{K} \mathbf{X}_k * \mathbf{V}_{km} \qquad (m = 1, \ldots, M) \tag{8.40}$$

プーリング層への入力画像 $\mathbf{Y}'_m$ の求め方は,式 (8.13) と同じであり,これにより M 種のプーリング画像 $\mathbf{Z}_1, \ldots, \mathbf{Z}_M$ が得られる.すなわち,それぞれ $A \times A$ の大きさを持つ K チャネルの入力画像が,畳み込み層,プーリング層を経て,それぞれ $G \times G$ の大きさを持つ M チャネル分の出力画像として次の層へ送られる.次の層では,この画像を M チャネルの入力画像とみなし,同様の処理を繰り返す.

coffee break

❖ モダリティの壁を越えて

　画像を扱うパターン認識の分野では "feature" という用語を「特徴」と訳していたが,自然言語処理の分野ではこの単語を全く同じ意味で「素性(そせい)」と訳していた.しかも,使っている訳語が違うということを両分野の研究者が知らなかったのである.自然言語処理に本格的な統計学習が導入されはじめた 2000 年ごろのことである.

　この事例でもわかるように,かつて画像,音声,自然言語という三つのモダリティ(modality)間に立ちはだかる壁は高く,特に画像と自然言語間でその傾向が著しかった.画像と音声との間には,画像と自然言語ほどの距離はなかったが,それでも画像と音声は明確に異なる研究分野として扱われ,両分野の研究者が交流することはほとんどなかったといってよい.

　ところが,118 ページの coffee break でも紹介したように,文書処理にサポートベクトルマシンを適用した 1998 年のヨアキムスの研究 [Joa98b] を機に,状況は一変した.すなわち,2000 年ごろから統計的機械学習技術が自然言語処理分野でも盛んに使われるようになり,分野,モダリティの壁は徐々に低くなっていった.画像と言語の融合研究の先駆けといえるのが画像からのキャプション生成,あるいは,説明文を手がかりとした画像検索であろう.

　一方,深層学習も,モダリティの壁を取り除く上で同じ役割を果たしてきた.その結果,2010 年以降の深層学習の発展とともに,画像,音声,自然言語間の壁は極めて低くなった.画像分野で研究が進んだ畳み込みニューラルネットワークは,音声分野でも使われるようになったし,機械翻訳の研究で開発されたトランスフォーマー(transformer)[VSP$^+$17] のような技術が画像でも使われ始めている.

　サポートベクトルマシン，カーネル法，深層学習は，パターン認識，機械学習の歴史上画期的な技術であり，これらの技術の最大の貢献の一つは，モダリティの壁を取り除き，マルチモーダルな研究分野の活性化を促進したことである．モダリティの壁が取り除かれ，画像，音声，自然言語の分野間で，技術的交流，人的交流が促進されることにより，パターン認識，機械学習の研究が今後ますます発展することを大いに期待したい．

演習問題

8.1　　式 (8.34) の畳み込み定理を証明せよ．

付録 A
補足事項

A.1　パルツェン窓

〔1〕　確率密度関数の推定

　式 (2.14) で示したように，各クラスの確率密度関数 $p(\boldsymbol{x} \mid \omega_i)$ がわかれば，ベイズ識別関数を設計できる．ここで以下に示すような場合が想定される．

(1)　確率密度関数が完全に既知の場合
(2)　確率密度関数の形は既知であるが，そのパラメータが未知の場合
(3)　確率密度関数が完全に未知の場合

　上記 (1) では，識別関数の設計は容易である．また (2) の例としては，分布が多次元正規分布であることはわかっているが，その平均ベクトル，共分散行列が未知の場合が該当する．この場合は，未知パラメータを観測データ，すなわち学習パターンより推定することによって確率密度関数を求めることができる．このように，確率密度関数のパラメータを学習パターンより推定する手法を，**パラメトリックな学習**（parametric learning）という．

　しかし，現実のパターン認識の問題において，上記 (1)，(2) は期待できない．したがって，実際に直面する問題は上記 (3) と考えてよい．

　そこで，以下では確率密度関数を完全に未知と仮定し，それを推定する手法について述べる．本手法では，確率密度関数の形をあらかじめ想定することはなく，学習パターンのみに基づいて推定を行う．パラメータの推定を伴わない手法という意味で，本手法を**ノンパラメトリックな学習**（nonparametric learning）と呼ぶ．

　いま d 次元空間上に，確率密度関数 $p(\boldsymbol{x})$ に従って分布する n 個のパターン，

$x_1, \ldots, x_n$ が観測されたとする．ノンパラメトリックな学習では，これら n 個のパターンから確率密度関数 $p(x)$ を推定する．パターン x が領域 $\mathcal{R}$ 内に存在する確率 P は

$$P = \int_{\mathcal{R}} p(x') dx' \tag{A.1.1}$$

で表される．ここで，n 個のパターンのうち，領域 $\mathcal{R}$ 内に存在するパターンが m 個であったとする．もし n が十分大きければ，

$$P \approx \frac{m}{n} \tag{A.1.2}$$

と考えてよい．式 (A.1.1) において，$\mathcal{R}$ が十分小さく，この領域内で $p(x)$ がほぼ一定とみなせるなら

$$P = p(x) \int_{\mathcal{R}} dx' = p(x) \cdot V \tag{A.1.3}$$

と書ける．ここで x は領域 $\mathcal{R}$ 内のパターンであり，V は $\mathcal{R}$ の体積を表している．式 (A.1.2)，(A.1.3) より

$$p(x) \approx \frac{m}{nV} \tag{A.1.4}$$

が得られる．

　上式で表された $p(x)$ は，領域 $\mathcal{R}$ 内で求めた，いわば平均的な値であり，$\mathcal{R}$ 内では一定とみなされる．そこで，式 (A.1.4) によって $p(x)$ を推定するにあたっては，以下の二つの条件を満たす必要がある．

条件1　確率密度関数 $p(x)$ の推定精度を高めるには，領域 $\mathcal{R}$ 内のパターン数 m ができるだけ大きくなくてはならない．

条件2　確率密度関数 $p(x)$ の微細構造まで明らかにするには，$p(x)$ を x に関して高い分解能で求める必要があり，そのためには $\mathcal{R}$ をできるだけ小さく設定しなくてはならない．

推定に使用されるパターン数は n 個と有限であるので，**条件2** を満たすため，$V \to 0$ とすると必然的に $m \to 0$ となり，**条件1** に反することになる．上に挙げた二つの条件は相反する関係であり，結局 V の値としては両条件の妥協点を

模索することになる.

　以後の議論を容易にするため，d次元ベクトル

$$\mathbf{u} = (u_1, \ldots, u_d)^t \tag{A.1.5}$$

を変数とする関数$\varphi(\mathbf{u})$を，以下のように定義する.

$$\varphi(\mathbf{u}) = \begin{cases} 1 & (|u_j| \leq 1/2, \text{ for all } j) \\ 0 & (\text{otherwise}) \end{cases} \tag{A.1.6}$$

上式の$\varphi(\mathbf{u})$は，原点を中心とし一辺の長さが1の**超立方体**（hypercube）を表しており，$\mathbf{u}$がその中にあれば1を，それ以外は0をとる関数である．関数$\varphi(\mathbf{u})$に対しては，

$$\varphi(\mathbf{u}) \geq 0 \tag{A.1.7}$$

$$\int \varphi(\mathbf{u})\, d\mathbf{u} = 1 \tag{A.1.8}$$

が成り立つので，$\varphi(\mathbf{u})$は確率密度関数としての特性を備えている.

　いま，d次元空間のパターン$\boldsymbol{x}$を中心とし，一辺の長さがhの超立方体で定まる領域を$\mathcal{R}_x$と記す．任意のパターン$\boldsymbol{x}_k$に対して下式が成り立つことは明らかである.

$$\varphi\left(\frac{\boldsymbol{x} - \boldsymbol{x}_k}{h}\right) = \begin{cases} 1 & (\boldsymbol{x}_k \in \mathcal{R}_x) \\ 0 & (\text{otherwise}) \end{cases} \tag{A.1.9}$$

上式の$\varphi((\boldsymbol{x} - \boldsymbol{x}_k)/h)$は，パターン$\boldsymbol{x}_k$が領域$\mathcal{R}_x$内にあるときのみ1をとる関数である．したがって，$n$個のパターン$\boldsymbol{x}_1, \ldots, \boldsymbol{x}_n$のうち，領域$\mathcal{R}_x$内に含まれるパターンの数$m$は式 (A.1.9) を用いて

$$m = \sum_{k=1}^{n} \varphi\left(\frac{\boldsymbol{x} - \boldsymbol{x}_k}{h}\right) \tag{A.1.10}$$

と書ける．領域$\mathcal{R}_x$の体積Vは

$$V = h^d \tag{A.1.11}$$

であるので，式 (A.1.10), (A.1.11) を式 (A.1.4) に代入することにより$p(\boldsymbol{x})$の

推定式 $\hat{\mathrm{p}}(\boldsymbol{x})$ として

$$\hat{\mathrm{p}}(\boldsymbol{x}) = \frac{1}{n} \cdot \frac{1}{h^d} \sum_{k=1}^{n} \varphi\left(\frac{\boldsymbol{x} - \boldsymbol{x}_k}{h}\right) \tag{A.1.12}$$

が得られる．上式より

$$\int \hat{\mathrm{p}}(\boldsymbol{x}) \, d\boldsymbol{x} = \frac{1}{n} \cdot \frac{1}{h^d} \sum_{k=1}^{n} \int \varphi\left(\frac{\boldsymbol{x} - \boldsymbol{x}_k}{h}\right) \, d\boldsymbol{x} \tag{A.1.13}$$

であり，上式右辺の積分は領域 $\mathcal{R}_x$ の体積であるので，式 (A.1.11) を用いると，上式は

$$\int \hat{\mathrm{p}}(\boldsymbol{x}) \, d\boldsymbol{x} = \frac{1}{n} \cdot \frac{1}{h^d} \sum_{k=1}^{n} h^d = 1 \tag{A.1.14}$$

となり，推定式 $\hat{\mathrm{p}}(\boldsymbol{x})$ は確率密度関数としての条件を満たしている．

式 (A.1.7), (A.1.8) を満たす関数としては，式 (A.1.6) 以外にも考えられる．その一つとして，次式のようなガウス関数がある．

$$\varphi(\mathbf{u}) = (2\pi)^{-d/2} \exp\left[-\frac{1}{2}\|\mathbf{u}\|^2\right] \tag{A.1.15}$$

これらの関数を**窓関数**（window function）という．特に，これらを確率密度関数の推定に用いるときには，パルツェン窓という．

〔2〕 パルツェン窓の実験

以下では，パルツェン窓を用い，確率密度関数の推定実験を行う．単純な例として，一次元の確率密度関数（$d = 1$）を取り上げる．推定対象とする確率密度関数は，以下に示す混合ベータ分布である．

$$p(x) = \frac{2}{5} \cdot \mathrm{Be}(x; 3, 9) + \frac{3}{5} \cdot \mathrm{Be}(x; 12, 6) \tag{A.1.16}$$

ここで，$\mathrm{Be}(x; \alpha, \beta)$ は α, β をパラメータとする**ベータ分布**（beta distribution）であり，次式で表される．

$$\mathrm{Be}(x; \alpha, \beta) = \frac{x^{\alpha-1}(1-x)^{\beta-1}}{B(\alpha, \beta)} \qquad (0 \le x \le 1) \tag{A.1.17}$$

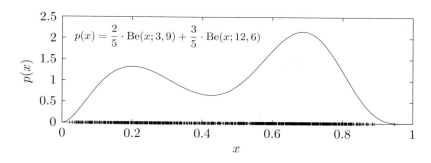

図 A.1　混合ベータ分布

上式の分母の $B(\alpha, \beta)$ を**ベータ関数**（beta function）と呼ぶ．本項は，ベータ分布 $\mathrm{Be}(x; \alpha, \beta)$ を積分した結果が 1 となるために必要な正規化項であり，次式で表される．

$$B(\alpha, \beta) = \int_0^1 v^{\alpha-1}\,(1-v)^{\beta-1}\,dv \qquad (\alpha > 0,\ \beta > 0) \tag{A.1.18}$$

ベータ分布の値域は $[0, 1]$ である．**図 A.1** に式 (A.1.16) の混合ベータ分布を示す．以下では，推定式 (A.1.12) によって式 (A.1.16) の混合ベータ分布を推定した結果を示す．推定に使用したパターンは，式 (A.1.16) に従って発生させた 1 000 パターン（$n = 1000$）であり，それらを**図 A.1** の x 軸上にプロットした．

　推定にあたって，式 (A.1.6) の $\varphi(u)$ を用いた結果を**図 A.2** に示す．図では，推定すべき確率密度関数 $p(x)$ を細線で，推定によって得られた確率密度関数 $\hat{\mathrm{p}}(x)$ を太線で示している．ここでは，窓関数の広がりを表す h の効果を確認するため，$h = 0.03,\ 0.10,\ 0.30$ の 3 通りについてプロットした．使用した関数 $\varphi(u/h)$ の形状を，それぞれグラフの中央に灰色線で示している．この図で $h = 0.03$ の場合は，平滑化不足で確率密度関数の構造が正しく再現できない．また $h = 0.30$ に設定すると，過度の平滑化により確率密度関数の微細な構造が再現できない．両者の中間である $h = 0.10$ としたとき，元の構造が最も忠実に再現できており，240 ページで述べた条件 1，2 の妥協点であることが確かめられる．しかし，使用した関数 $\varphi(u)$ が不連続点を持つため，推定したいずれのグラフも滑らかさに欠ける．そこで，このような不連続点を含ま

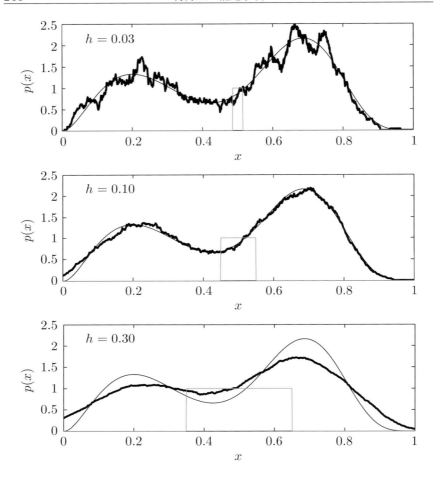

図 A.2　混合ベータ分布の推定（方形波）

ない関数として，式 (A.1.15) の $\varphi(u)$ を用いた結果を**図 A.3** に示す．本図では，$h = 0.01,\ 0.05,\ 0.10$ の 3 通りについてプロットした．前図と同様に，使用した関数 $\varphi(u/h)$ の形状を，それぞれグラフの中央に灰色線で示している．

　この図でも，$h = 0.01$ の場合は平滑化不足であり，$h = 0.10$ の場合は過度の平滑化により変化に十分追随できないグラフとなっている．両者の中間であ

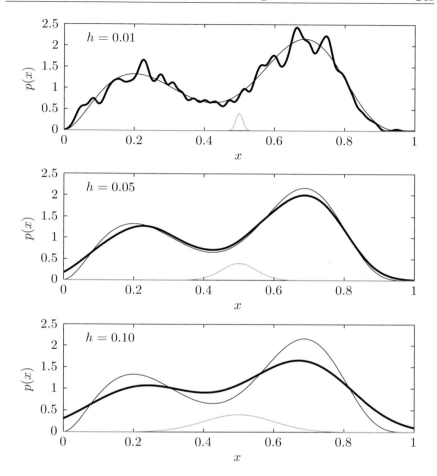

図 A.3 混合ベータ分布の推定（ガウス関数）

る $h = 0.05$ としたとき，よい推定結果が得られており，**図 A.2** と同じような傾向が観察できる．**図 A.3** は，**図 A.2** に比べて滑らかなグラフとなっており，式 (A.1.15) のガウス関数を用いた効果が確認できる．

A.2 不等式制約下での最適化問題

以下では，サポートベクトルマシンの解法に必要となる不等式制約下での最適化問題を取り上げる．まず，d次元ベクトル$\boldsymbol{x}$を変数とし，最適化の対象となる関数を$f(\boldsymbol{x})$とする．最適化とは$f(\boldsymbol{x})$を最小化あるいは最大化することであるが，最大化は$-f(\boldsymbol{x})$の最小化と等価であるので，以後最適化とは最小化のこととして議論を進めることにする．次に，制約条件を設定する関数としてm個の関数$g_i(\boldsymbol{x})$ $(i = 1, \ldots, m)$ を定める．関数$f(\boldsymbol{x})$，$g_i(\boldsymbol{x})$ は，いずれも$\boldsymbol{x}$に関して微分可能であるとする．不等式制約下での最適化問題は次のように記すことができる．

最適化問題 A.1 ベクトル$\boldsymbol{x}$が条件

$$g_i(\boldsymbol{x}) \leq 0 \qquad (i = 1, \ldots, m) \tag{A.2.1}$$

を満たすとき，$f(\boldsymbol{x})$を最小化する$\boldsymbol{x}$ $(= \boldsymbol{x}^*)$，およびその最小値$f(\boldsymbol{x}^*)$を求める．

ここで，関数$f(\boldsymbol{x})$を**目的関数**（objective function），$g_i(\boldsymbol{x})$を**制約関数**（constraint function）という．上記の最適化問題は，関数$f(\boldsymbol{x})$，$g_i(\boldsymbol{x})$がすべて線形（一次関数）の場合は**線形計画問題**（linear programming problem）となり，$f(\boldsymbol{x})$，$g_i(\boldsymbol{x})$のいずれかが非線形の場合は**非線形計画問題**（nonlinear programming problem）となる．式 (A.2.1) の制約条件を満たす$\boldsymbol{x}$の集合を**実行可能領域**（feasible region）という．

ここで次式のような**ラグランジュ関数**（Lagrangian function）$L(\boldsymbol{x}, \boldsymbol{\lambda})$を導入する．

$$L(\boldsymbol{x}, \boldsymbol{\lambda}) = f(\boldsymbol{x}) + \sum_{i=1}^{m} \lambda_i g_i(\boldsymbol{x}) \tag{A.2.2}$$

ただし，

$$\boldsymbol{\lambda} = (\lambda_1, \ldots, \lambda_m)^t \tag{A.2.3}$$

である．**最適化問題 A.1** に挙げた問題の解 $\boldsymbol{x}^*$ が存在するための必要十分条件は，$\boldsymbol{x} = \boldsymbol{x}^*$ において次式が成り立つ $\boldsymbol{\lambda} = \boldsymbol{\lambda}^* = (\lambda_1^*, \ldots, \lambda_m^*)^t$ が存在することである．

$$\frac{\partial L}{\partial \boldsymbol{x}} = \boldsymbol{0} \tag{A.2.4}$$

$$g_i(\boldsymbol{x}) \leq 0 \tag{A.2.5}$$

$$\lambda_i \geq 0 \tag{A.2.6}$$

$$\lambda_i \cdot g_i(\boldsymbol{x}) = 0 \tag{A.2.7}$$

$$(i = 1, \ldots, m)$$

ベクトルの微分 $\partial L / \partial \boldsymbol{x}$ は

$$\frac{\partial L}{\partial \boldsymbol{x}} = \left(\frac{\partial L}{\partial x_1}, \ldots, \frac{\partial L}{\partial x_d} \right)^t \tag{A.2.8}$$

と定義する．また，式 (A.2.4) の $\boldsymbol{0}$ は，すべての要素がゼロである列ベクトルを表している．ベクトルの微分については，[改訂版] の付録 A.2 を参照されたい．

　上記条件は**カルーシュ・キューン・タッカー条件**（Karush-Kuhn-Tucker condition），略して **KKT 条件**（KKT condition）として知られている [金谷 05]．この KKT 条件の中で，特に注目すべきは，**相補性条件**（complementarity condition）と呼ばれている式 (A.2.7) である．以下では，この式の示す内容について述べる．

　式 (A.2.5) で表される m 種の制約のうち，i 番目の制約 $g_i(\boldsymbol{x}) \leq 0$ を取り上げよう．本制約は，最適解 $\boldsymbol{x}^*$ が制約を満たす領域の内部に存在する場合 $g_i(\boldsymbol{x}^*) < 0$ と，領域の境界上に存在する場合 $g_i(\boldsymbol{x}^*) = 0$ の二つに分けて考えることができる．

　もし $g_i(\boldsymbol{x}^*) < 0$ ならば，式 (A.2.7) より $\lambda_i^* = 0$ でなくてはならない．その場合には式 (A.2.2) より，この i 番目の制約は最適解 $\boldsymbol{x}^*$ の計算には影響しないので，無視できる．このような制約を**非有効な制約**（inactive constraint）という．

　もし $g_i(\boldsymbol{x}^*) = 0$ ならば，式 (A.2.7) より $\lambda_i^* > 0$ とすることができ，式 (A.2.2) のラグランジュ関数に反映されるので，この制約を**有効な制約**（active constraint）という．

　すなわち，相補性条件によれば，最適解 $\boldsymbol{x}^*$, λ_i^* は

$$\lambda_i^* > 0 \quad \text{かつ} \quad g_i(\boldsymbol{x}^*) = 0 \tag{A.2.9}$$

$$\lambda_i^* = 0 \quad \text{かつ} \quad g_i(\boldsymbol{x}^*) < 0 \tag{A.2.10}$$

$$(i = 1, \ldots, m)$$

のいずれかを満たしていることになる．

　以上は一般的な関数 $f(\boldsymbol{x})$, $g_i(\boldsymbol{x})$ に対して成り立つ．ここで，次のような場合を考えよう．すなわち，制約関数 $g_i(\boldsymbol{x})$ が線形で，目的関数 $f(\boldsymbol{x})$ が二次関数の場合である．このような最適化問題を**二次計画問題**（quadratic programming problem）という．二次計画問題は次のように記すことができる．

最適化問題 A.2　ベクトル $\boldsymbol{x}$ が条件

$$g_i(\boldsymbol{x}) = a_{i0} + \mathbf{a}_i^t \boldsymbol{x} \leq 0 \qquad (i = 1, \ldots, m) \tag{A.2.11}$$

を満たすとき

$$f(\boldsymbol{x}) = \frac{1}{2}\boldsymbol{x}^t \mathbf{Q}\boldsymbol{x} + \mathbf{v}^t \boldsymbol{x} \tag{A.2.12}$$

を最小化する $\boldsymbol{x}\,(= \boldsymbol{x}^*)$ およびその最小値 $f(\boldsymbol{x}^*)$ を求める．

　ここで，$\mathbf{a}_i$, $\mathbf{v}$ は d 次元列ベクトル，a_{i0} はスカラー，$\mathbf{Q}$ は $d \times d$ の行列である．一般に，二次計画問題では大域的最適解が存在するとは限らない．しかし，行列 $\mathbf{Q}$ が半正定値の場合は $f(\boldsymbol{x})$ が**凸関数**（convex function）となるので，大域的最適解が存在する[*1]．このような二次計画問題を**凸二次計画問題**（convex quadratic programming problem）といい，その解法を**凸二次計画法**（convex

---

[*1]　関数 $f(\boldsymbol{x})$ が凸関数であるための必要十分条件は，(i, j) 成分が $\partial^2 f(\boldsymbol{x})/\partial x_i \partial x_j$ となる，大きさ $d \times d$ の**ヘッセ行列**（Hessian）が半正定値であることである．式 (A.2.12) で表される $f(\boldsymbol{x})$ のヘッセ行列は $\mathbf{Q}$ に等しい．したがって，$f(\boldsymbol{x})$ が凸関数であるための必要十分条件は，行列 $\mathbf{Q}$ が半正定値であることである．詳細は，[続編] の付録A.1 を参照されたい．

quadratic programming）という．行列の正定値性については，**付録 A.3〔2〕**を参照されたい．

　サポートベクトルマシンで扱う最適化問題は，まさしく**最適化問題 A.2**において行列 $\mathbf{Q}$ を半正定値とした凸二次計画問題に他ならない．すなわち，SVM が凸二次計画問題に帰着することが大域的最適解を保証し，84 ページで述べた SVM の長所をもたらしているといえる．

　そこで凸二次計画問題として，関数 $f(\boldsymbol{x})$，$g_i(\boldsymbol{x})$ を具体的に設定した次の例題をとりあげよう．

例題 A.1　　いま d 次元空間上の変数 $\boldsymbol{x} = (x_1, \ldots, x_d)^t$ が m 個の不等式

$$g_i(\boldsymbol{x}) = a_{i0} + \sum_{j=1}^{d} a_{ij} x_j \leq 0 \qquad (i = 1, \ldots, m) \tag{A.2.13}$$

を満たす領域に存在するとき，

$$f(\boldsymbol{x}) = \frac{1}{2} \sum_{j=1}^{d} (x_j - c_j)^2 \tag{A.2.14}$$

を最小化する $\boldsymbol{x} = \boldsymbol{x}^*$ および最小値 $f(\boldsymbol{x}^*)$ を求めよ．ただし，a_{ij}，c_j は定数である．

　次のような d 次元列ベクトル $\mathbf{a}_i$，$\mathbf{c}$ を定義する．

$$\mathbf{a}_i \stackrel{\text{def}}{=} (a_{i1}, \ldots, a_{id})^t \qquad (i = 1, \ldots, m) \tag{A.2.15}$$

$$\mathbf{c} \stackrel{\text{def}}{=} (c_1, \ldots, c_d)^t \tag{A.2.16}$$

これらを用いると，式 (A.2.13)，(A.2.14) は，それぞれ

$$g_i(\boldsymbol{x}) = a_{i0} + \mathbf{a}_i^t \boldsymbol{x} \leq 0 \qquad (i = 1, \ldots, m) \tag{A.2.17}$$

$$f(\boldsymbol{x}) = \frac{1}{2} \|\boldsymbol{x} - \mathbf{c}\|^2 = \frac{1}{2} (\boldsymbol{x} - \mathbf{c})^t (\boldsymbol{x} - \mathbf{c}) \tag{A.2.18}$$

$$= \frac{1}{2} \boldsymbol{x}^t \boldsymbol{x} - \mathbf{c}^t \boldsymbol{x} + \frac{1}{2} \|\mathbf{c}\|^2 \tag{A.2.19}$$

と書ける．**最適化問題 A.2**の式と比較すると，式 (A.2.17) は式 (A.2.11) と一致

している．また，式 (A.2.19) の定数項 $\|\mathbf{c}\|^2/2$ は $f(\boldsymbol{x})$ の大小には関係しないので無視し，式 (A.2.12) において $\mathbf{Q} = \mathbf{I}_d$, $\mathbf{v} = -\mathbf{c}$ とすると式 (A.2.19) に一致する．ここで $\mathbf{I}_d$ は d 次元の単位行列であるので正定値である．したがって，本例題は凸二次計画問題であることがわかる．

　本例題に対するラグランジュ関数は，式 (A.2.17) および式 (A.2.18) を式 (A.2.2) に代入することにより

$$L(\boldsymbol{x}, \boldsymbol{\lambda}) = \frac{1}{2}(\boldsymbol{x} - \mathbf{c})^t(\boldsymbol{x} - \mathbf{c}) + \sum_{i=1}^{m} \lambda_i(a_{i0} + \mathbf{a}_i{}^t\boldsymbol{x}) \tag{A.2.20}$$

と書ける．上式と式 (A.2.4) より

$$\frac{\partial L(\boldsymbol{x}, \boldsymbol{\lambda})}{\partial \boldsymbol{x}} = \boldsymbol{x} - \mathbf{c} + \sum_{i=1}^{m} \lambda_i\mathbf{a}_i = \mathbf{0} \tag{A.2.21}$$

が成り立ち，これより

$$\boldsymbol{x}^* = \mathbf{c} - \sum_{i=1}^{m} \lambda_i\mathbf{a}_i \tag{A.2.22}$$

が得られる．上式を式 (A.2.20) に代入して，ラグランジュ関数を $\boldsymbol{\lambda}$ のみの関数 $L(\boldsymbol{\lambda})$ として表すと

$$\begin{aligned}
L(\boldsymbol{\lambda}) &= \frac{1}{2}\left(\sum_{i=1}^{m} \lambda_i\mathbf{a}_i{}^t\right)\left(\sum_{j=1}^{m} \lambda_j\mathbf{a}_j\right) \\
&\quad + \sum_{i=1}^{m} \lambda_i a_{i0} + \left(\sum_{i=1}^{m} \lambda_i\mathbf{a}_i{}^t\right)\left(\mathbf{c} - \sum_{j=1}^{m} \lambda_j\mathbf{a}_j\right) \\
&= \frac{1}{2}\sum_{i=1}^{m}\sum_{j=1}^{m} \lambda_i\lambda_j\mathbf{a}_i{}^t\mathbf{a}_j + \sum_{i=1}^{m} \lambda_i a_{i0} + \sum_{i=1}^{m} \lambda_i\mathbf{a}_i{}^t\mathbf{c} - \sum_{i=1}^{m}\sum_{j=1}^{m} \lambda_i\lambda_j\mathbf{a}_i{}^t\mathbf{a}_j \\
&= -\frac{1}{2}\sum_{i=1}^{m}\sum_{j=1}^{m} \lambda_i\lambda_j\mathbf{a}_i{}^t\mathbf{a}_j + \sum_{i=1}^{m} \lambda_i(a_{i0} + \mathbf{a}_i{}^t\mathbf{c}) \tag{A.2.23}
\end{aligned}$$

が得られる．ここで

$$h_{ij} = \mathbf{a}_i{}^t\mathbf{a}_j \qquad (i, j = 1, \ldots, m) \tag{A.2.24}$$

と置き，(i, j) 成分が h_{ij} である $m \times m$ の行列 $\mathbf{H} = (h_{ij})$ を定義する．また，i 番目（$i = 1, \ldots, m$）の成分が $a_{i0} + \mathbf{a}_i{}^t\mathbf{c}$ であるベクトル $\mathbf{q}$ を定義する．すなわち

$$\mathbf{q} = \begin{pmatrix} a_{10} + \mathbf{a}_1{}^t\mathbf{c} \\ \vdots \\ a_{m0} + \mathbf{a}_m{}^t\mathbf{c} \end{pmatrix} \tag{A.2.25}$$

とする．これらを用いると，式 (A.2.23) は下式のように表せる．

$$L(\boldsymbol{\lambda}) = -\frac{1}{2}\boldsymbol{\lambda}^t\mathbf{H}\boldsymbol{\lambda} + \boldsymbol{\lambda}^t\mathbf{q} \tag{A.2.26}$$

このようにして，**例題 A.1** の最小化問題は，以下の最大化問題に帰着される[*2]．

$$\left.\begin{array}{l} \text{Maximize} \quad L(\boldsymbol{\lambda}) = -\dfrac{1}{2}\boldsymbol{\lambda}^t\mathbf{H}\boldsymbol{\lambda} + \boldsymbol{\lambda}^t\mathbf{q} \\[2mm] \text{subject to} \quad \boldsymbol{\lambda} \geq \mathbf{0} \end{array}\right\} \tag{A.2.27}$$

　この問題の解 $\boldsymbol{\lambda} = \boldsymbol{\lambda}^* = (\lambda_1^*, \ldots, \lambda_m^*)^t$ を式 (A.2.22) に代入すれば $\boldsymbol{x}^*$ が求められ，さらに式 (A.2.18) より $f(\boldsymbol{x}^*)$ が求められる．　　　　　**（解答終）**

　例題 A.1 を，凸二次計画問題**主問題**（primal problem）といい，それに対して式 (A.2.27) を**双対問題**（dual problem）という．主問題における最小化が，双対問題では最大化となる理由は，次のように説明できる．

　これまでの定義より，下式が成り立つ．

$$L(\boldsymbol{\lambda}) = L(\boldsymbol{x}^*, \boldsymbol{\lambda}) = \min_{\boldsymbol{x}} L(\boldsymbol{x}, \boldsymbol{\lambda}) \tag{A.2.28}$$

$$\leq L(\boldsymbol{x}, \boldsymbol{\lambda}) = f(\boldsymbol{x}) + \sum_{i=1}^{m} \lambda_i g_i(\boldsymbol{x}) \tag{A.2.29}$$

$$\leq f(\boldsymbol{x}) \tag{A.2.30}$$

上の式 (A.2.29) と式 (A.2.30) の関係は，式 (A.2.5)，式 (A.2.6) より明らかである．上式は次のことを示している．すなわち，双対問題における $L(\boldsymbol{\lambda})$ の最

[*2]　この記法は，$\boldsymbol{\lambda} \geq \mathbf{0}$ という条件の下で（subject to），$L(\boldsymbol{\lambda})$ を最大化する（Maximize）ことを表している．

大値は $f(\boldsymbol{x})$ の下界を与え，主問題における $f(\boldsymbol{x})$ の最小値は $L(\boldsymbol{\lambda})$ の上界を与える．主問題の解が $\boldsymbol{x}^*$ であり，かつ双対問題の解が $\boldsymbol{\lambda}^*$ となるための必要充分条件は

$$f(\boldsymbol{x}^*) = L(\boldsymbol{\lambda}^*) \tag{A.2.31}$$

であることが知られている．詳細は [金谷 05] および [今野 87] を参照されたい．双対問題は，変数が非負であることのみが制約条件となり，一般にその解法は主問題より簡単になる．

　次に，**例題 A.1** に具体的な数値を与えた以下の例題を解いてみよう．本例題は，式 (A.2.7) で示した相補性条件を理解するのに役立つ．

例題 A.2　2次元空間上の $\boldsymbol{x} = (x_1, x_2)^t$ が，三つの不等式

$$g_1(\boldsymbol{x}) = x_1 + x_2 - 4 \le 0 \tag{A.2.32}$$

$$g_2(\boldsymbol{x}) = -2x_1 + x_2 - 4 \le 0 \tag{A.2.33}$$

$$g_3(\boldsymbol{x}) = x_1 - 5x_2 + 2 \le 0 \tag{A.2.34}$$

を満たす範囲に存在するとき，

$$f(\boldsymbol{x}) = \frac{1}{2}\left((x_1 - 2)^2 + (x_2 - 4)^2\right) \tag{A.2.35}$$

を最小化する $\boldsymbol{x} = \boldsymbol{x}^*$ および最小値 $f(\boldsymbol{x}^*)$ を求めよ．

　本例題では，$d = 2$，$m = 3$ と設定したことになり，その内容を**図 A.4** に示した．式 (A.2.32)〜(A.2.34) の三つの不等式を満たす領域，すなわち実行可能領域を図の灰色で示している．図では，最小化すべき関数 $f(\boldsymbol{x})$ の等高線を，$(2, 4)$ を中心とする同心円として描いており，内側の同心円ほど $f(\boldsymbol{x})$ の値は小さい．図では中心座標を×印で示している．

　例題で与えられた数値は以下である．

$$\left.\begin{array}{lll} \mathbf{a}_1 = (1, 1)^t, & \mathbf{a}_2 = (-2, 1)^t, & \mathbf{a}_3 = (1, -5)^t \\ a_{10} = -4, & a_{20} = -4, & a_{30} = 2 \\ & \mathbf{c} = (2, 4)^t & \end{array}\right\} \tag{A.2.36}$$

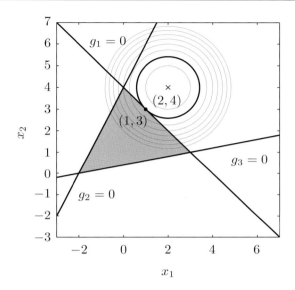

図 A.4 不等式制約問題の最適化 (1)

これらの値と式 (A.2.24), (A.2.25) より

$$\mathbf{H} = \begin{pmatrix} 2 & -1 & -4 \\ -1 & 5 & -7 \\ -4 & -7 & 26 \end{pmatrix} \tag{A.2.37}$$

$$\mathbf{q} = (2, \ -4, \ -16)^t \tag{A.2.38}$$

となる．これらを用いて式 (A.2.27) の双対問題を解くと[*3]

$$\boldsymbol{\lambda}^* = (1, \ 0, \ 0)^t$$

$$\text{すなわち} \quad \lambda_1^* = 1, \quad \lambda_2^* = \lambda_3^* = 0 \tag{A.2.39}$$

が得られる．したがって，式 (A.2.22) より

[*3] 二次計画問題を解くためのライブラリは種々用意されており，本書では MATLAB の quadprog を用いた．

$$\boldsymbol{x}^* = \mathbf{c} - \lambda_1^* \mathbf{a}_1$$
$$= (2,\ 4)^t - (1,\ 1)^t$$
$$= (1,\ 3)^t \tag{A.2.40}$$

であり，最小値は

$$f(\boldsymbol{x}^*) = f(1,3) = \frac{1}{2}(1^2 + 1^2) = 1 \tag{A.2.41}$$

と求められる．　　　　　　　　　　　　　　　　　　　　　　　　　**（解答終）**

　以上の結果を，**図 A.4** の上で確認してみよう．関数 $f(\boldsymbol{x})$ を最小にする $\boldsymbol{x} = \boldsymbol{x}^*$ は，灰色の領域に存在する $\boldsymbol{x}$ のうち，半径が最小の同心円上にある $\boldsymbol{x}$ である．したがって，求めるべき $\boldsymbol{x}^*$ は，直線 $g_1(\boldsymbol{x}) = 0$ と，図の太線で示した円との接点 $(1, 3)$ であり，図では黒点で示している．この結果は，式 (A.2.40) と一致する．

　この結果から，本最適化問題は，制約条件 $g_1(\boldsymbol{x}) = 0$ の下で，関数 $f(\boldsymbol{x})$ を最小化する問題と等価であることがわかる．そのことを示したのが，式 (A.2.39) である．すなわち，KKT条件の一つである相補性条件の式 (A.2.7) について説明したように，$g_1(\boldsymbol{x}) \leq 0$ は有効な制約であり，$g_2(\boldsymbol{x}) \leq 0$ および $g_3(\boldsymbol{x}) \leq 0$ は非有効な制約である．したがって，$g_2(\boldsymbol{x})$，$g_3(\boldsymbol{x})$ に対する制約は無視できる．

　次に，**例題 A.2** の一部を変更した次の例題を取り上げる．

例題 A.3　2 次元空間上の $\boldsymbol{x} = (x_1, x_2)^t$ が，**例題 A.2** で示した三つの不等式 (A.2.32)〜(A.2.34) を満たす範囲に存在するとき，

$$f_1(\boldsymbol{x}) = \frac{1}{2}\left((x_1 - 5)^2 + (x_2 - 1)^2\right) \tag{A.2.42}$$

$$f_2(\boldsymbol{x}) = \frac{1}{2}\left((x_1 - 1)^2 + (x_2 - 1)^2\right) \tag{A.2.43}$$

を最小化する $\boldsymbol{x} = \boldsymbol{x}^*$ および最小値 $f_1(\boldsymbol{x}^*)$，$f_2(\boldsymbol{x}^*)$ をそれぞれ求めよ．

　本例題の内容を**図 A.5** と**図 A.6** にそれぞれ示す．

　まず，$f_1(\boldsymbol{x})$ の最小化を取り上げる．本問題は，これまでと同様の方法で，

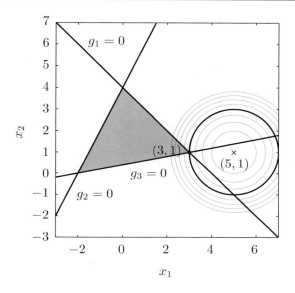

図 A.5　不等式制約問題の最適化 (2)

式 (A.2.27) の双対問題に変換することができる．行列 $\mathbf{H}$ は式 (A.2.37) と同じ
で，ベクトル $\mathbf{q}$ は式 (A.2.38) の代わりに

$$\mathbf{q} = (2, \ -13, \ 2)^t \tag{A.2.44}$$

となる．この双対問題を解くと

$$\boldsymbol{\lambda}^* = \left(\frac{5}{3}, \ 0, \ \frac{1}{3} \right)^t$$

すなわち　$\lambda_1^* = \frac{5}{3}, \quad \lambda_2^* = 0, \quad \lambda_3^* = \frac{1}{3} \tag{A.2.45}$

が得られる．式 (A.2.22) を用いることにより

$$\begin{aligned}
\boldsymbol{x}^* &= \mathbf{c} - \lambda_1^* \mathbf{a}_1 - \lambda_3^* \mathbf{a}_3 \\
&= (5, \ 1)^t - \frac{5}{3}(1, \ 1)^t - \frac{1}{3}(1, \ -5)^t \\
&= (3, \ 1)^t
\end{aligned} \tag{A.2.46}$$

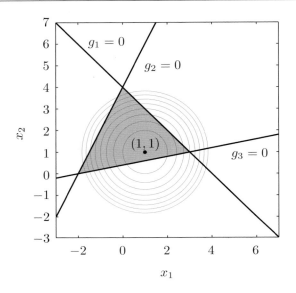

図 A.6　不等式制約問題の最適化 (3)

であり，最小値は

$$f(\boldsymbol{x}^*) = f(3, 1) = \frac{1}{2}(2^2 + 0^2) = 2 \tag{A.2.47}$$

と求められる．

　この場合は，$g_1(\boldsymbol{x}) \le 0$ および $g_3(\boldsymbol{x}) \le 0$ が有効な制約であり，$g_2(\boldsymbol{x}) \le 0$ は非有効な制約であることがわかる．すなわち，$g_2(\boldsymbol{x})$ に対する制約は無視できる．したがって，最適解 $\boldsymbol{x}^*$ は $g_1(\boldsymbol{x}) = 0$ と $g_3(\boldsymbol{x}) = 0$ の交点（図の黒点）であり，この交点を通る円（図の太線）が最小値をとる $f_1(\boldsymbol{x})$ に対応している．

　同様の方法で，$f_2(\boldsymbol{x})$ の最小化については

$$\mathbf{q} = (-2,\ -5,\ -2)^t \tag{A.2.48}$$

であることを用いて双対問題を解くと

$$\boldsymbol{\lambda}^* = (0,\ 0,\ 0)^t$$

$$すなわち \quad \lambda_1^* = \lambda_2^* = \lambda_3^* = 0 \tag{A.2.49}$$

となり，与えられた制約はすべて非有効な制約となる．したがって，制約なしの問題となるので，式 (A.2.22) より以下の結果が得られる．

$$\boldsymbol{x}^* = \mathbf{c} = (1,1)^t \tag{A.2.50}$$

$$f(\boldsymbol{x}^*) = 0 \tag{A.2.51}$$

　図 A.6 を見ると，最適解 $\boldsymbol{x}^*$ は灰色で示した実行可能領域の内部にあるため，与えられた制約はすべて非有効で，制約なしの問題となることが確かめられる． **(解答終)**

A.3　特異値分解

〔1〕　特異値分解とは

　以下で扱う行列はすべて実行列とする．

　大きさが $m \times n$ の任意の行列 $\mathbf{X}$ は，三つの行列 $\mathbf{U}$, $\mathbf{V}$, $\boldsymbol{\Lambda}^{1/2}$ の積として

$$\mathbf{X} = \mathbf{U}\boldsymbol{\Lambda}^{1/2}\mathbf{V}^t \tag{A.3.1}$$

と表すことができる．ここで $\mathbf{U}$ は，行列 $\mathbf{X}\mathbf{X}^t$ の非零の固有値 $\lambda_1, \ldots, \lambda_r$ に対応する固有列ベクトル $\mathbf{u}_1, \ldots, \mathbf{u}_r$ より成る $m \times r$ の行列，$\mathbf{V}$ は，行列 $\mathbf{X}^t\mathbf{X}$ の非零の固有値 $\lambda_1, \ldots, \lambda_r$ に対応する固有列ベクトル $\mathbf{v}_1, \ldots, \mathbf{v}_r$ より成る $n \times r$ の行列である．行列 $\mathbf{X}\mathbf{X}^t$ と $\mathbf{X}^t\mathbf{X}$ の非零の固有値はいずれも $\lambda_1, \ldots, \lambda_r$ であり，一致する．また，$\boldsymbol{\Lambda}^{1/2}$ は，上記 r 個の固有値の平方根を対角成分として持つ $r \times r$ の対角行列である．すなわち，$\mathbf{U}$, $\mathbf{V}$, $\boldsymbol{\Lambda}^{1/2}$ は下式で表される．

$$\mathbf{U} = (\mathbf{u}_1, \ldots, \mathbf{u}_r) \tag{A.3.2}$$

$$\mathbf{V} = (\mathbf{v}_1, \ldots, \mathbf{v}_r) \tag{A.3.3}$$

$$\boldsymbol{\Lambda}^{1/2} = \begin{pmatrix} \sqrt{\lambda_1} & & & 0 \\ & \sqrt{\lambda_2} & & \\ & & \ddots & \\ 0 & & & \sqrt{\lambda_r} \end{pmatrix} \qquad (A.3.4)$$

行列 $\mathbf{X}$ を式 (A.3.1) のように表すことを**特異値分解**（singular decomposition）といい，$\sqrt{\lambda_1}, \ldots, \sqrt{\lambda_r}$ を**特異値**（singular value）という．

〔2〕 必要な線形代数

　特異値分解を理解するには，線形代数の基本的な概念および定理が必要になるので，以下にその概要を簡潔に記しておく．証明や導出方法などの詳細は，文献 [斎藤 66][金谷 18] を参照されたい．

定理 A.1　大きさ $n \times n$ の正方行列 $\mathbf{A}$ の n 個の固有ベクトルが正規直交基底となるためには，$\mathbf{A}$ が対称行列であることが必要十分な条件である．

　行列 $\mathbf{A}$ の固有値と固有ベクトルを，それぞれ λ_i，$\mathbf{u}_i$ とすると

$$\mathbf{A}\mathbf{u}_i = \lambda_i \mathbf{u}_i \qquad (i = 1, \ldots, n) \qquad (A.3.5)$$

である．行列 $\mathbf{A}$ が対称行列なら，**定理 A.1** より，$\mathbf{u}_1, \ldots, \mathbf{u}_n$ を正規直交基底とすることができ，下式が成り立つ[*4]．

$$\mathbf{u}_i^t \mathbf{u}_j = \begin{cases} 1 & (i = j) \\ 0 & (i \neq j) \end{cases} \qquad (A.3.6)$$

定理 A.2　大きさが $n \times n$ の対称行列 $\mathbf{A}$ の n 個の固有値がすべて非負であるためには，$\mathbf{A}$ が半正定値であることが必要十分な条件である．

[*4]　式 (A.3.5) より明らかなように，$\mathbf{u}_i$ が固有ベクトルなら，それに定数 $a\,(\neq 0)$ を乗じた $a\mathbf{u}_i$ も固有ベクトルである．式 (A.3.6) の下式は常に成り立つが，上式を満たすには $\|\mathbf{u}_i\| = 1$ となるよう，正規化する必要がある．

大きさが$n \times n$の行列$\mathbf{A}$が半正定値であるとは, 125ページで述べたように, $\mathbf{A}$が対称行列で, かつ$\boldsymbol{y} \neq \mathbf{0}$なる任意の$n$次元列ベクトル$\boldsymbol{y}$に対し,

$$\boldsymbol{y}^t \mathbf{A} \boldsymbol{y} \geq 0 \tag{A.3.7}$$

が成り立つことである.

定理 A.3 大きさが$n \times n$の半正定値行列$\mathbf{A}$のn個の固有値のうち, 非零の固有値の数は, 行列$\mathbf{A}$のランクに等しい.

大きさが$m \times n$の任意の行列$\mathbf{X}$に対し, $\mathbf{X}$の線形独立な列ベクトルの最大数は, 線形独立な行ベクトルの最大数と等しく, これらを$\mathbf{X}$の**階数**, または**ランク**(rank) と呼ぶ.

大きさが$n \times n$の半正定値行列$\mathbf{A}$のランクがrなら, $\mathbf{A}$のn個の固有値のうち, $(n - r)$個は0となる.

〔3〕 特異値分解の式導出

大きさが$m \times n$の行列$\mathbf{X}$が与えられたとき, $m \times m$の行列$\mathbf{X}\mathbf{X}^t$は半正定値となる. なぜなら, $\mathbf{X}\mathbf{X}^t$は対称行列であり, 式 (A.3.7)において$\mathbf{A} = \mathbf{X}\mathbf{X}^t$とおくと

$$\begin{aligned}
\boldsymbol{y}^t \mathbf{X}\mathbf{X}^t \boldsymbol{y} &= (\mathbf{X}^t \boldsymbol{y})^t \mathbf{X}^t \boldsymbol{y} \\
&= \|\mathbf{X}^t \boldsymbol{y}\|^2 \geq 0
\end{aligned} \tag{A.3.8}$$

となるからである.

行列$\mathbf{X}\mathbf{X}^t$の固有値を大きい順に$\lambda_1, \ldots, \lambda_m$とし, 対応する$m$次元の固有列ベクトルを$\mathbf{u}_1, \ldots, \mathbf{u}_m$とする. 行列$\mathbf{X}\mathbf{X}^t$のランクを$r$とすると, $\mathbf{X}\mathbf{X}^t$は半正定値であるので, **定理 A.2**, **定理 A.3**より, 固有値$\lambda_1, \ldots, \lambda_r$が正で, 他の固有値はすべて0である. したがって, 非零の固有値を用いて

$$\mathbf{X}\mathbf{X}^t \mathbf{u}_i = \lambda_i \mathbf{u}_i \qquad (i = 1, \ldots, r) \tag{A.3.9}$$

と書ける. ただし, $\mathbf{u}_i$は, 式 (A.3.6)を満たすよう, 正規化されているものとする.

　ここで，式 (A.3.9) の両辺に左から $\mathbf{X}^t$ を乗ずると

$$\mathbf{X}^t\mathbf{X}\mathbf{X}^t\mathbf{u}_i = \lambda_i\mathbf{X}^t\mathbf{u}_i \qquad (i = 1, \ldots, r) \tag{A.3.10}$$

となり

$$\mathbf{v}_i = \frac{1}{\sqrt{\lambda_i}}\,\mathbf{X}^t\mathbf{u}_i \tag{A.3.11}$$

と置くと，式 (A.3.10) は

$$\mathbf{X}^t\mathbf{X}\mathbf{v}_i = \lambda_i\mathbf{v}_i \qquad (i = 1, \ldots, r) \tag{A.3.12}$$

となる．上式の $\mathbf{X}^t\mathbf{X}$ は，$n \times n$ の行列であり，$\mathbf{X}\mathbf{X}^t$ と同様，半正定値行列であることが簡単に確かめられる．また，式 (A.3.12) の形から明らかなように，n 次元の列ベクトル $\mathbf{v}_i$ は $\mathbf{X}^t\mathbf{X}$ の固有ベクトルであり，対応する非零の固有値 $\lambda_1, \ldots, \lambda_r$ は，$\mathbf{X}\mathbf{X}^t$ の固有値と一致している．また，式 (A.3.11), (A.3.9), (A.3.6) より

$$
\begin{aligned}
\mathbf{v}_i^t\mathbf{v}_j &= \frac{\mathbf{u}_i^t\mathbf{X}\mathbf{X}^t\mathbf{u}_j}{\sqrt{\lambda_i\lambda_j}} = \frac{\mathbf{u}_i^t \cdot \lambda_j\mathbf{u}_j}{\sqrt{\lambda_i\lambda_j}} = \sqrt{\frac{\lambda_j}{\lambda_i}}\,\mathbf{u}_i^t\mathbf{u}_j \\
&= \begin{cases} 1 & (i = j) \\ 0 & (i \neq j) \end{cases}
\end{aligned}
\tag{A.3.13}
$$

が成り立つので，$\mathbf{v}_1, \ldots, \mathbf{v}_r$ も正規直交基底である．

　式 (A.3.11) を書き直すと下式が得られる．

$$\mathbf{X}^t\mathbf{u}_i = \sqrt{\lambda_i}\,\mathbf{v}_i \qquad (i = 1, \ldots, r) \tag{A.3.14}$$

上式の両辺に左から $\mathbf{X}$ を乗じて式 (A.3.9) を用いると

$$\mathbf{X}\mathbf{v}_i = \sqrt{\lambda_i}\,\mathbf{u}_i \qquad (i = 1, \ldots, r) \tag{A.3.15}$$

が得られる．

　式 (A.3.15) を満たす $\mathbf{X}$ は

$$\mathbf{X} = \sqrt{\lambda_1}\,\mathbf{u}_1\mathbf{v}_1^t + \cdots + \sqrt{\lambda_r}\,\mathbf{u}_r\mathbf{v}_r^t \tag{A.3.16}$$

と書けることは明らかである．

　式 (A.3.16) を行列表記すると，式 (A.3.1) が得られる．

A.4 パターン行列を用いた数式表現

　一般に，n個のd次元特徴ベクトルは$n \times d$の行列として表現することができる．行列によるデータ表現は，さまざまな統計量や計算を行列とベクトルを用いて簡潔に整理，記述できるという点で都合がよい．ここでは，本書で多用したものを中心にまとめた．以下で用いる記号は，本書の**記号一覧**にまとめてあるので，参照していただきたい．

　すべての要素が1のl次元列ベクトルを$\mathbf{1}_l = (1, \ldots, 1)^t$とすると，すべての要素が1である$l \times m$の行列$\mathbf{1}_{lm}$は

$$\mathbf{1}_{lm} = \mathbf{1}_l \mathbf{1}_m^t \tag{A.4.1}$$

と表すことができる．さらに，n個のパターンの特徴ベクトル

$$\boldsymbol{x}_i = (x_{i1}, \ldots, x_{id})^t \qquad (\in \mathbf{R}^d, \quad i = 1, \ldots, n) \tag{A.4.2}$$

を，並べて表した行列

$$\mathbf{X} = (\boldsymbol{x}_1, \ldots, \boldsymbol{x}_n)^t \quad (\in \mathbf{R}^{n \times d}) \tag{A.4.3}$$

をパターン行列と呼ぶことは，すでに式 (2.26) で示した[*5]．パターン行列を**データ行列**（data matrix），**計画行列**（design matrix）などと呼ぶこともある[*6]．

　ここで，d次元空間上のm $(< d)$ 個の線形独立なベクトル$\mathbf{a}_1, \ldots, \mathbf{a}_m$ によって張られる部分空間を考える．この部分空間への射影を表す**射影行列**（projection matrix）$\mathbf{P}$ $(\in \mathbf{R}^{d \times d})$ を求めてみよう．ベクトル$\mathbf{a}_1, \ldots, \mathbf{a}_m$を列とする行列を$\mathbf{A} = (\mathbf{a}_1, \ldots, \mathbf{a}_m)$ $(\in \mathbf{R}^{d \times m})$ とする．元のd次元空間上の任意のベクトル$\mathbf{b}$を，この部分空間に射影し，その射影点を$\boldsymbol{x}$とすると

$$\boldsymbol{x} = \mathbf{Pb} \tag{A.4.4}$$

と表せる．**図 A.7**は$d = 3$，$m = 2$の例を示している．射影点$\boldsymbol{x}$は部分空間上

[*5] 式 (2.26) では，$\boldsymbol{x}_i$を拡張特徴ベクトルとしているので，$\mathbf{X}$の型は$n \times (d+1)$である．

[*6] 式 (A.4.3) の転置行列$\mathbf{X}^t = (\boldsymbol{x}_1, \ldots, \boldsymbol{x}_n)$をパターン行列と定義している書もあるので注意が必要である．

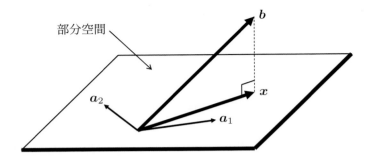

図 A.7　部分空間への射影（$d = 3,\ m = 2$）

にあるので，$\mathbf{a}_1, \ldots, \mathbf{a}_m$ の線形結合として下式のように表せる.

$$x = \sum_{j=1}^{m} q_j \mathbf{a}_j = \mathbf{A}\hat{x} \tag{A.4.5}$$

ただし，上式の $\hat{x}$ は

$$\hat{x} = (q_1, \ldots, q_m)^t \tag{A.4.6}$$

で定義される．射影点の定義より，ベクトル $(\mathbf{b} - x)$ は部分空間と直交するので，ベクトル $\mathbf{a}_1, \ldots, \mathbf{a}_m$ と直交する．すなわち，下式が成り立つ.

$$\mathbf{A}^t(\mathbf{b} - x) = \mathbf{0} \tag{A.4.7}$$

上式に式 (A.4.5) を代入することにより

$$\mathbf{A}^t(\mathbf{b} - \mathbf{A}\hat{x}) = \mathbf{0} \tag{A.4.8}$$

が得られ，上式より

$$\hat{x} = (\mathbf{A}^t\mathbf{A})^{-1}\mathbf{A}^t\mathbf{b} \tag{A.4.9}$$

となる．上式を式 (A.4.5) に代入すると

$$x = \mathbf{A}(\mathbf{A}^t\mathbf{A})^{-1}\mathbf{A}^t\mathbf{b} \tag{A.4.10}$$

となる．式 (A.4.4) で示したように，求めるべき射影行列 $\mathbf{P}$ は，$\mathbf{b}$ から x への

変換行列であるので

$$\mathbf{P} = \mathbf{A}(\mathbf{A}^t\mathbf{A})^{-1}\mathbf{A}^t \qquad (\text{A}.4.11)$$

となる([改訂版]の式 (6.67) 参照).

射影行列 $\mathbf{P}$ に対しては下式が成り立つ.

$$\mathbf{P}^t = \mathbf{A}\left((\mathbf{A}^t\mathbf{A})^{-1}\right)^t\mathbf{A}^t = \mathbf{A}\left((\mathbf{A}^t\mathbf{A})^t\right)^{-1}\mathbf{A}^t = \mathbf{A}(\mathbf{A}^t\mathbf{A})^{-1}\mathbf{A}^t$$
$$= \mathbf{P} \qquad (\text{A}.4.12)$$

すなわち, $\mathbf{P}$ は対称行列である. また, 下式も成り立つ.

$$\mathbf{P}^2 = \mathbf{A}\left((\mathbf{A}^t\mathbf{A})^{-1}\mathbf{A}^t\mathbf{A}\right)(\mathbf{A}^t\mathbf{A})^{-1}\mathbf{A}^t$$
$$= \mathbf{A}\,\mathbf{I}_d\,(\mathbf{A}^t\mathbf{A})^{-1}\mathbf{A}^t$$
$$= \mathbf{P} \qquad (\text{A}.4.13)$$

さらに, $\mathbf{a}_1, \ldots, \mathbf{a}_m$ が張る部分空間の**直交補空間** (orthogonal complement) への射影を表す射影行列を $\mathbf{P}^\perp (\in \mathbf{R}^{d \times d})$ とすると

$$\mathbf{b} - \boldsymbol{x} = \mathbf{b} - \mathbf{P}\mathbf{b} = (\mathbf{I}_d - \mathbf{P})\mathbf{b} = \mathbf{P}^\perp\mathbf{b} \qquad (\text{A}.4.14)$$

であるので, 下式が成り立つ.

$$\mathbf{P}^\perp = \mathbf{I}_d - \mathbf{P} \qquad (\text{A}.4.15)$$

ここで, ベクトル $\mathbf{1}_n$ が張る空間への射影行列を $\mathbf{P}_n (\in \mathbf{R}^{n \times n})$, その直交補空間が張る空間への射影行列を $\mathbf{P}_n^\perp (\in \mathbf{R}^{n \times n})$ とすると, 式 (A.4.11), (A.4.15) より下式が得られる.

$$\mathbf{P}_n = \mathbf{1}_n(\mathbf{1}_n^t\mathbf{1}_n)^{-1}\mathbf{1}_n^t = \frac{1}{n}\mathbf{1}_{nn} = \begin{pmatrix} 1/n & 1/n & \cdots & 1/n \\ \vdots & & \ddots & \vdots \\ 1/n & 1/n & \cdots & 1/n \end{pmatrix} \qquad (\text{A}.4.16)$$

$$\mathbf{P}_n^\perp = \mathbf{I}_n - \mathbf{P}_n = \mathbf{I}_n - \frac{1}{n}\mathbf{1}_{nn}$$

$$= \begin{pmatrix} 1-1/n & -1/n & \cdots & -1/n \\ -1/n & 1-1/n & \cdots & -1/n \\ \vdots & & \ddots & \vdots \\ -1/n & -1/n & \cdots & 1-1/n \end{pmatrix} \tag{A.4.17}$$

　なお，第6章では，上記の$\mathbf{P}_n^\perp$の代わりに，より単純な表記として$\mathbf{J}_n$を用いている（144ページの脚注）.

　パターン$\boldsymbol{x}_i\,(i=1,\ldots,n)$に関する基本統計量をパターン行列を用いて記述してみよう. まず，n個のパターンの平均ベクトル$\bar{\boldsymbol{x}}$は

$$\bar{\boldsymbol{x}} = \frac{1}{n}\sum_{i=1}^{n}\boldsymbol{x}_i = \frac{1}{n}\mathbf{X}^t\mathbf{1}_n \tag{A.4.18}$$

となる. また，パターン$\boldsymbol{x}_i$から平均ベクトルを引いた$\boldsymbol{x}_i-\bar{\boldsymbol{x}}$をパターン行列の形で表した行列を**平均偏差行列**（mean deviation matrix）と呼ぶ. この平均偏差行列を$\mathbf{X}_M\,(\in \mathbf{R}^{n\times d})$とすると，下式が得られる.

$$\mathbf{X}_M = (\boldsymbol{x}_1-\bar{\boldsymbol{x}},\ldots,\boldsymbol{x}_n-\bar{\boldsymbol{x}})^t \tag{A.4.19}$$

$$= \mathbf{X} - \frac{1}{n}\mathbf{1}_{nn}\mathbf{X} \tag{A.4.20}$$

$$= \mathbf{P}_n^\perp\mathbf{X} \tag{A.4.21}$$

　式 (A.4.12)，(A.4.13) は任意の射影行列に対して成り立つので，$\mathbf{P}_n^\perp$に対しても$(\mathbf{P}_n^\perp)^t = \mathbf{P}_n^\perp$，$(\mathbf{P}_n^\perp)^2 = \mathbf{P}_n^\perp$が成り立つ. この関係式を用いることにより，$n$個のパターンから計算される共分散行列$\mathbf{C}_X\,(\in \mathbf{R}^{d\times d})$は，$\mathbf{X}$を用いて以下のように記述することができる.

$$\mathbf{C}_X = \frac{1}{n}\sum_{i=1}^{n}(\boldsymbol{x}_i-\bar{\boldsymbol{x}})(\boldsymbol{x}_i-\bar{\boldsymbol{x}})^t \tag{A.4.22}$$

$$= \frac{1}{n}\mathbf{X}_M^t\mathbf{X}_M \tag{A.4.23}$$

$$= \frac{1}{n}\mathbf{X}^t(\mathbf{P}_n^\perp)^t\mathbf{P}_n^\perp\mathbf{X} \tag{A.4.24}$$

$$= \frac{1}{n}\mathbf{X}^t\mathbf{P}_n^\perp\mathbf{X} \tag{A.4.25}$$

$$= \frac{1}{n}(\mathbf{X}^t\mathbf{X} - \mathbf{X}^t\mathbf{P}_n\mathbf{X}) \tag{A.4.26}$$

一方，その (i, j) 成分が，$\boldsymbol{x}_i$ と $\boldsymbol{x}_j$ の内積 $\boldsymbol{x}_i^t\boldsymbol{x}_j$ となる $n \times n$ の行列を $\mathbf{X}$ の**内積行列** (inner product matrix) と呼ぶことにする．この内積行列を $\mathbf{Q}_X$ ($\in \mathbf{R}^{n \times n}$) とすると，

$$\mathbf{Q}_X = \mathbf{X}\mathbf{X}^t \tag{A.4.27}$$

となる[*7]．さらに，$\mathbf{X}_M$ に対する内積行列 $\mathbf{Q}_{X_M}$ は，上記の関係式から

$$\mathbf{Q}_{X_M} = \mathbf{X}_M\mathbf{X}_M^t \tag{A.4.28}$$

$$= (\mathbf{X} - \frac{1}{n}\mathbf{1}_{nn}\mathbf{X})(\mathbf{X} - \frac{1}{n}\mathbf{1}_{nn}\mathbf{X})^t \tag{A.4.29}$$

$$= (\mathbf{I}_n - \frac{1}{n}\mathbf{1}_{nn})\mathbf{X}\mathbf{X}^t(\mathbf{I}_n - \frac{1}{n}\mathbf{1}_{nn}) \tag{A.4.30}$$

$$= \mathbf{P}_n^\perp\mathbf{Q}_X\mathbf{P}_n^\perp \tag{A.4.31}$$

と表せることがわかる．

[*7] $\frac{1}{n}\mathbf{Q}_X = \frac{1}{n}\mathbf{X}\mathbf{X}^t$ を**双対共分散行列** (dual covariance matrix) と呼ぶ．

むすび

構想20年

　パターン認識についての初学者向け教科書として，『わかりやすいパターン認識』を上梓したのが1998年であった．幸い多くの読者を得て通称「わかパタ」として知られるようになり，2019年には加筆修正を行った第2版を出版した．まえがきにおいて述べたように，初版では取り込むことができなかったサポートベクトルマシン（SVM）など，2000年以降の技術的進展を教科書としてどのようにまとめていくかはかねてからの課題でもあった．最新の話題は時宜を得た解説として多くの読者を得られるであろうが，教科書の内容として取り込むかどうかは歴史的な評価を待つ方がよい場合も少なくない．さらに，2010年以降，深層学習（deep learning）とその関連技術が世の中を席巻し，GAN，Transformerなどの新しい技術が次々に生まれている．そしてこれらの技術は，単なる学問的な流行を超えて，その実用性の高さがいろいろな形で実証されている．

　このような中で執筆を行ったのが本書である．執筆にあたっては，いたずらに流行を追うのではなく，10年後にも役に立つ思考方法，学術的知識とは何かを熟慮し，トピックの厳選を行った．さらに，それぞれの手法におけるアイデアの源泉がどこにあるのかを技術史的な視座から解説することにも力点を置いた．かつてのSVMブームから20年以上が経過をしている中で，本書では，他のパターン認識技術との関連に注意を払い，双対性という視点からSVMを捉え直すことを試みた．類書にはないユニークな参考書として本書を楽しんでいただければ幸いである．

未来を支える人材の育成に向けて

　振り返ってみると，2000年ごろ「機械学習」という技術用語を一般の人に説明するのはなかなか大変だった．それが瞬く間に人口に膾炙し，今では普通の企業の経営者が「機械学習」という単語を使うようになった．社長が「うちも

機械学習を使わなくてよいのか？」などとつぶやいたりすると，周囲の幹部が
あわてて右往左往するわけである．

　昨今の機械学習を中心とした人工知能（AI）技術の進展とその社会に与え
ている影響の大きさは特に凄まじく，今，産業革命以来の大きな技術の転回期
を迎えているともいえる．政府は2019年，「Society 5.0の実現を通じて世界
規模の課題の解決に貢献するとともに，我が国自身の社会課題も克服するため
に，今後のAIの利活用の環境整備・方策を示すこと」を目的として，「AI戦略
2019〜人・産業・地域・政府全てにAI〜」をまとめた．その中では人材育成も
重要な柱となっており，大学のカリキュラムに対して「数理・データサイエン
ス・AI教育プログラム」の認証制度が設けられ，高等学校においても「情報
Ⅰ」「情報Ⅱ」の科目が導入されている．

　現代版人工知能に対する関心の高まりと，深層学習に代表される機械学習技
術の重要性が高まる中，産業界では人材不足の状況にあるとともに，本分野を
学ぼうとする社会人も増えている．若い学生にとって重要な点は，即戦力とし
て社会の期待に応えることだけではなく，技術のはやりすたりが一段落する
10年後にも頼られる人材となることであろう．したがって，執筆にあたっては
10年先でも読む価値が残るような教科書となることを考えてきた．本書で取
り上げた内容が本書1冊で理解できるよう，できるだけ基本的なところにも立
ち帰って説明をするよう心がけたが，パターン認識・機械学習に関する基礎知
識を前提とした部分もある．そうした点を補うためには，著者らによる

- 『わかりやすいパターン認識（第2版）』[石井19][改訂版]

- 『続・わかりやすいパターン認識』[石井14][続編]

をお薦めしたい．本書においても上記2書との関連項目がわかるよう注意した．
本書を含めたこれら3冊の教科書は，その構成と内容において独自の工夫がな
されており，似たようなタイトルの類書にはない価値をもつと自負している．
また，パターン認識の基礎となる線形代数，数理最適化を学ぶ初学者向けのよ
い教科書として

- 『データサイエンスのための数学』（椎名洋他著）[椎名19]

- "Introduction to Applied Linear Algebra: Vectors, Matrices, and Least

Squares"（S. Boyd,『ベクトル・行列からはじめる最適化数学』）[BV18]
をお薦めする.

さらに深く学ぶために

近年の機械学習技術への関心の高まりもあり，新しいアルゴリズムの解説記事がインターネット上にあふれているし，ソースコードも公開されていることが多い．したがって技術の習得は昔に比べて，はるかに容易になった．だが，いうまでもなく，ソースコードをコピーしてプログラムをただ単に動かすことと，アルゴリズムを理解して自ら実装することとは意味が異なる．技術の進展が著しく速いだけに，それぞれの新しい技術の肝を正しく理解することは，むしろ大変になっている．だからこそ，基本をきちんと学ぶことと，歴史的な流れの中での各技術の位置づけをつかむことが大切なのであり，理解の助けにもなるであろう.

パターン認識，機械学習分野において世界的によく読まれ，定評のある代表的な教科書として，原著の出版年順に以下の4冊を挙げておく.

- "Pattern Classification (2nd Edition)"（R. O. Duda *et al.*,『パターン識別』）[DHS00]

- "Pattern Recognition and Machine Learning"（C. M. Bishop,『パターン認識と機械学習』（上・下））[Bis06]

- "The Elements of Statistical Learning: Data Mining, Inference and Prediction"（T. Hastie *et al.*,『統計的学習の基礎―データマイニング・推論・予測―』）[HTF09]

- "Probabilistic Machine Learning: An Introduction"（K. P. Murphy）[Mur22]

また，深層学習については,

- "Deep Learning"（I. J. Goodfellow *et al.*,「深層学習」）[GBC16]

が評価が高い.

これらの教科書を手に取る際に注意したいことがいくつかある．まず第

一に，どの著作も，かなりのページ数であるとともに，内容も高度であり，1冊読み通すのは大変であるという点である．しかも高価である．しかし幸いなことに，かつては考えられないことではあったが，これら著作のほとんどにおいて，原著の電子（PDF）版が無料公開されている．改訂版の執筆中にそのドラフトが公開されていることもある．特定の項目について調べるときは，これら複数の参考書を読み比べてみることをお薦めしたい．それぞれ著者がもつ学問的背景などによって，各技術の取り扱い方や説明の流れが異なるため，より俯瞰的に技術をとらえ理解を深めることができるであろう．

第二に，その多くは日本語翻訳版が出版されているが，翻訳の質がよくない書もあるという点である．専門家からみて適切でない表現がとられていることもあれば，明らかに推敲が不十分な場合もある．原著の世界的評価が高いだけに非常に残念なことであり，増刷時などに改善されていることを期待したい．もちろん，丁寧な仕事がなされている翻訳書も少なくない．購入する場合にはその点にも留意するとともに英語版を手元においておくとよい．

また，深層学習を学ぼうとするすべての人にぜひ一読をお薦めしたいのが

- "The Deep Learning Revolution"（T. J. Sejnowski,『ディープラーニング革命』）[Sej18]
- "Quand la machine apprend: La revolution des neurones artificiels et de l'apprentissage profond (in French)"（Y. Le Cun,『ディープラーニング　学習する機械　ヤン・ルカン，人工知能を語る』）[LeC19]

である．最初の書 [Sej18] は，半世紀にわたる研究者たちの苦闘をそのただ中にいた著者が記した物語である．数式は一切登場しないが，思想と技術との両方の流れを掴むことができる．第二の書 [LeC19] は，第二次ニューラルネットワークブームが下火になった1990年代に MNIST データを使って基礎的な研究を続けてきた研究者による著作である．深層学習に代表される AI 技術は近年急速な発展を続けており，その技術的，思想的な全体象を掴むことが著しく難しくなっているが，

- 『AI 技術の最前線　これからの AI を読み解く先端技術 73』（岡野原大輔著）[岡野原 22]

は，そのための手がかりを提供してくれるだろう．

　サポートベクトルマシンに関する研究報告は，AT&T Bell Labs. に在籍していたヴァプニックらのグループによる [BGV92][GBV92] が初出である．この2本の論文はCOLT（Conference on Learning Theory）と NIPS（現NeurIPS, Conference on Neural Information Processing Systems）という機械学習関連の代表的な国際会議で発表された研究成果である．これらは学術論文のお手本ともいえる論文であり，現在でも一読の価値がある．本書の執筆においても大変参考になった．

　ポテンシャル関数法について日本語で読むことができる丁寧な解説に，[ABR70][志村70][上坂71] があるが，残念ながら現在すべて絶版である．カーネル法については，[赤穂08] [福水10] [小西10] [前田10] [瀬戸21] などがある．中でも [小西10] は，機械学習の研究者ではなく統計学の専門家がカーネル法を扱ったという点でユニークな教科書である．同様に，統計学の立場から高次元を扱った [青嶋19] も一読の価値がある．さらに，カーネル法の背景にある数学的構造は関数解析と深い関係があり，初学者向けに書かれた参考書として [瀬戸21] をお薦めする．

　そのほかインターネット上には，個人のブログ記事，講演スライド，大学の講義資料などが存在し，さまざまな解説を日本語で読むことができる．しかし，中には，記述が不十分もしくは不適切である場合もあるので注意が必要である．比較的信頼性の高いWikipediaではあるが，日本語版に比べて情報量が格段に多い英語版Wikipediaにも目を通しておくとよい．

　情報処理技術の進歩と変化は激しさを増しており，全体像をフォローすることが難しくなっている．これは，GitHubやarXiv（アーカイヴ）に象徴される学問のオープン化と，GPUに代表されるハードウェアの進歩と大衆化がその大きな要因となっている．このような環境変化の中で，今後の本分野のさらなる発展に本書が少しでも貢献することができれば，筆者にとってこの上ない喜びである．

　最後に，執筆にあたり貴重なコメントおよび助言をいただいた長年の共同研究者である上田修功，村瀬洋の両氏に感謝申し上げる．

参考文献

[ABR64] M. A. Aizerman, E. M. Braverman, and L.I. Rozonoer. Theoretical foundations of the potential function method in pattern recognition learning. *Automation and Remote Control*, No. 25, pp. 821–837, 1964.

[ABR70] M. A. Aizerman, E. M. Braverman, and L. I. Rozonoer. *Potential Function Method in the Theory of Machine Learning. Moscow, Russia (in Russian)*. Nauka, 1970.
北川敏男, 林順雄 共訳, パターン認識と学習制御—機械学習理論におけるポテンシャル関数法—, 共立出版 (1978).

[Aka01] S. Akaho. A kernel method for canonical correlation analysis. In *Proceedings of the International Meeting of the Psychometric Society 2001 (IMPS2001)*, 2001.

[BA00] G. Baudat and F. Anouar. Generalized discriminant analysis using a kernel approach. *Neural Computation*, Vol. 12, pp. 2385–2404, 2000.

[BGV92] B. E. Boser, I. M. Guyon, and V. N. Vapnik. A training algorithm for optimal margin classifiers. In *Proceedings of the 5th Annual ACM Workshop on Computational Learning Theory*, pp. 144–152, 1992.

[BHMM19] M. Belkin, D. Hsu, S. Ma, and S. Mandal. Reconciling modern machine-learning practice and the classical bias–variance trade-off. In *Proceedings of the National Academy of Sciences*, Vol. 116, No. 32, pp. 15849–15854, 2019.

[Bis06] C. M. Bishop. *Pattern Recognition and Machine Learning*. Springer-Verlag, 2006.
元田浩, 栗田多喜夫, 樋口知之, 松本裕治, 村田昇 監訳, パターン認識と機械学習 (上) (下), 丸善出版 (2007).

[BJ03] F. R. Bach and M. I. Jordan. Kernel independent component analysis. *J. Mach. Learn. Res.*, Vol. 3, pp. 1–48, 2003.

[BN02] M. Belkin and P. Niyogi. Laplacian eigenmaps for dimensionality reduction and data representation. *Neural Computation*, Vol. 15, No. 6, pp. 1373–1396, 2002.

[BV18] S. Boyd and L. Vandenberghe. *Introduction to Applied Linear Algebra: Vectors, Matrices, and Least Squares*. Cambridge University Press, 2018.
玉木徹 訳, ベクトル・行列からはじめる最適化数学, 講談社 (2021).

[CD01] M. Collins and N. Duffy. Convolution kernels for natural language. In *Advances in Neural Information Processing Systems 14*, pp. 625–632. MIT Press, 2001.

[Cov] T. M. Cover. Classification and generalization capabilities of linear threshold units. *Rome Air Development Center technical documentary report*, No. RADC-TDR-64-32, 1964.

[CV95] C. Cortes and V. Vapnik. Support vector networks. *Machine Learning*, Vol. 20, pp. 273–297, 1995.

[DH73] R. O. Duda and P. E. Hart. *Pattern Classification and Scene Analysis*. John Wiley & Sons, Inc., 1973.

[DHS00] R. O. Duda and P. E. Hart, and D. G. Stork. *Pattern Classification (2nd Edition)*. Wiley-Interscience, 2000.
尾上守夫 監訳, パターン識別, アドコムメディア（2001）.

[Fuk80] K. Fukushima. Neocognitron: A self-organizing neural network model for a mechanism of pattern recognition unaffected by shift in position. *Biological Cybernetics*, Vol. 36, pp. 193–202, 1980.

[Fun89] K. Funahashi. On the approximate realization of continuous mappings by neural networks. *Neural Networks*, Vol. 2, No. 3, pp. 183–192, 1989.

[GBC16] I. Goodfellow, Y. Bengio, and A. Courville. *Deep Learning*. MIT Press, 2016.
岩澤有祐, 鈴木雅大, 中山浩太郎, 松尾豊 監訳, 深層学習, アスキードワンゴ（2018）.

[GBV92] I. Guyon, B. Boser, and V. Vapnik. Automatic capacity tuning of very large vc-dimension classifiers. In *Proceedings of the NIPS 1992*, pp. 147–155, 1992.

[Har68] P. E. Hart. The condensed nearest neighbor rule. *IEEE Transaction on Information Theory*, Vol. IT-14, pp. 515–516, 1968.

[Hau99] D. H. Haussler. Convolution kernels on discrete structures. Technical Report UCS-CRL-99-10, UC Santa Cruz, 1999.

[HDY+12] G. Hinton, L. Deng, D. Yu, George E. Dahl, A.-r. Mohamed, N. Jaitly, A. Senior, V. Vanhoucke, P. Nguyen, T. N. Sainath, and B. Kingsbury. Deep neural networks for acoustic modeling in speech recognition: The shared views of four research groups. *IEEE Signal Processing Magazine*, Vol. 29, No. 6, pp. 82–97, 2012.

[HLMS04] J. Ham, D. D. Lee, S. Mika, and B. Schölkopf. A kernel view of the dimensionality reduction of manifolds. In *Proceedings of the 21st International Conference on Machine learning (ICML'04)*, pp. 369–376, 2004.

[HTF09] T. Hastie, R. Tibshirani, and J. Friedman. *The elements of statistical learning: data mining, inference and prediction (2nd edition)*. Springer, 2009.
杉山将, 井手剛, 神嶌敏弘, 栗田多喜夫, 前田英作 監訳, 統計的学習の基礎―データマイニング・推論・予測―, 共立出版 (2014).

[Joa98a] T. Joachims. Making large-scale svm learning practical. LS8-Report 24, Universität Dortmund, LS VIII-Report, 1998.

[Joa98b] T. Joachims. Text categorization with support vector machines: Learning with many relevant features. In *European Conference on Machine Learning (ECML)*, pp. 137–142, 1998.

[Joa02] T. Joachims. *Learning to Classify Text Using Support Vector Machines — Methods, Theory, and Algorithms*. Kluwer/Springer, 2002.

[KSH12] A. Krizhevsky, I. Sutskever, and G. E. Hinton. Imagenet classification with deep convolutional neural networks. In *Proceedings of the NIPS 2012*, pp. 1097–1105, 2012.

[KTI03] H. Kashima, K. Tsuda, and A. Inokuchi. Marginalized kernels between labeled graphs. In *Proceedings of the 20th International Conference on Machine Learning (ICML'03)*, pp. 321–328, 2003.

[L+89] Y. LeCun, B. Boser, J. S. Denker, D. Henderson, R. E. Howard, W. Hubbard, and L. D. Jackel. Backpropagation applied to handwritten zip code recognition. *Neural Computation*, Vol. 1, pp. 541–555, 1989.

[Lat68] B. P. Lathi. *Communication Systems*. John Wiley & Sons, Inc., 1968. 山中惣之助, 宇佐美興一 訳, 通信方式, マグロウヒル好学社（1977）.

[LeC19] Y. LeCun. *Quand la machine apprend: La révolution des neurones artificiels et de l'apprentissage profond（in French）*. Odile Jacob, 2019. 松尾豊 監訳／小川浩一 訳, ディープラーニング 学習する機械 ヤン・ルカン, 人工知能を語る, 講談社（2021）.

[LF00] P. L. Lai and C. Fyfe. Kernel and nonlinear canonical correlation analysis. In *Proceedings of the IEEE-INNS-ENNS International Joint Conference on Neural Networks (IJCNN'00)*, Vol. 4, pp. 614–619, 2000.

[LSST+02] H. Lodhi, C. Saunders, J. S.-Taylor, N. Cristianini, and C. Watkins. Text classification using string kernels. *Journal of Machine Learning Research*, Vol. 2, pp. 419–444, 2002.

[McC90] J. McCarthy. Chess as the drosophila of ai. In T. Anthony Marsland and Jonathan Schaeffer (eds.), *Computers, Chess, and Cognition*, pp. 227–237, Springer, 1990.

[Mer09] J. Mercer. Functions of positive and negative type and their connection with the theory of integral equations. *Philosophical Transactions of the Royal Society of London, Series A*, Vol. 209, pp. 415–446, 1909.

[MKB79] K. V. Mardia, J. T. Kent, and J. M. Bibby. *Multivariate Analysis*. Academic Press, 1979.

[MRW+99] S. Mika, G. Rätsch, J. Weston, B. Schölkopf, and K. Müller. Fisher discriminant analysis with kernels. In *Proceedings of the IEEE Neural Networks for Signal Processing Workshop IX (NNSP'99)*, pp. 41–48, 1999.

[Mur22] K. P. Murphy. *Probabilistic Machine Learning: An introduction*. MIT Press, 2022.

[Nil65] N. J. Nilsson. *Learning Machines*. McGraw-Hill, 1965. 渡邊茂 訳, 学習機械, コロナ社（1967）.

[Oja83] E. Oja. *Subspace Methods of Pattern Recognition*. Research Studies Press Ltd., 1983.
小川英光, 佐藤誠 訳, パターン認識と部分空間法, 産業図書 (1986).

[RDS+15] O. Russakovsky, J. Deng, H. Su, J. Krause, S. Satheesh, S. Ma, Z. Huang, A. Karpathy, A. Khosla, M. S. Bernstein, A. C. Berg, and F.-F. Li. Imagenet Large Scale Visual Recognition Challenge. *International Journal of Computer Vision*, Vol. 115, pp. 211–252, 2015.

[RK76] A. Rosenfeld and A. Kak. *Digital Picture Processing*. Academic Press, 1976.
長尾真 監訳, ディジタル画像処理, 近代科学社 (1978).

[RS00] S. T. Roweis and L. K. Saul. Nonlinear dimensionality reduction by locally linear embedding. *Science*, Vol. 290, No. 5500, pp. 2323–2326, 2000.

[Sch00] B. Schölkopf. The kernel trick for distances. In *Proceedings of the NIPS 2000*, pp. 301–307, 2000.

[Sej18] T. J. Sejnowski. *The Deep Learning Revolution*. MIT Press, 2018.
銅谷賢治 監訳, ディープラーニング革命, ニュートンプレス (2019).

[SHK+14] N. Srivastava, G. E. Hinton, A. Krizhevsky, I. Sutskever, and R. Salakhutdinov. Dropout: A simple way to prevent neural networks from overfitting. *Journal of Machine Learning Research*, Vol. 15, pp. 1929–1958, 2014.

[SL00] H. S. Seung and D. D. Lee. Cognition: The manifold ways of perception. *Science*, Vol. 290, No. 5500, pp. 2268–2269, 2000.

[SLY11] F. Seide, G. Li, and D. Yu. Conversational speech transcription using context-dependent deep neural networks. In *INTERSPEECH*, pp. 437–440, International Speech Communication Association, 2011.

[SRS03] L. K. Saul, S. T. Roweis, and Y. Singer. Think globally, fit locally: Unsupervised learning of low dimensional manifolds. *Journal of Machine Learning Research*, Vol. 4, pp. 119–155, 2003.

[SSM98] B. Schölkopf, A. Smola, and K.-R. Müller. Nonlinear component analysis as a kernel eigenvalue problem. *Neural Computation*, Vol. 10, No. 5, pp. 1299–1319, 1998.

[TdSL00] J. B. Tenenbaum, V. de Silva, and J. C. Langford. A global geometric framework for nonlinear dimensionality reduction. *Science*, Vol. 290, No. 5500, pp. 2319–2323, 2000.

[VSP+17] A. Vaswani, N. Shazeer, N. Parmar, J. Uszkoreit, L. Jones, A. N. Gomez, L. Kaiser, and I. Polosukhin. Attention is all you need. In *Proceedings of the NIPS 2017*, pp. 6000–6010, 2017.

[Wat69] S. Watanabe. *Knowing & Guessing — Quantitative Study of Inference and Information*. John Wiley & Sons, Inc., 1969.
村上陽一郎, 丹治信春 訳, 知識と推測, 東京図書 (1975).

[青嶋19] 青嶋誠, 矢田和善, 高次元の統計学, 共立出版 (2019).

[赤穂08] 赤穂昭太郎，カーネル多変量解析―非線形データ解析の新しい展開―，岩波書店（2008）．

[飯島89] 飯島泰蔵，パターン認識理論，森北出版（1989）．

[池田83] 池田正幸，田中英彦，元岡達，手書き文字認識における投影距離法，情処学論，Vol. 24, pp. 106–112（1983）．

[石井14][続編] 石井健一郎，上田修功，続・わかりやすいパターン認識―教師なし学習入門―，オーム社（2014）．

[石井19][改訂版] 石井健一郎，上田修功，前田英作，村瀬洋，わかりやすいパターン認識（第2版），オーム社（2019）．

[井上97] 井上聡，若林哲史，鶴岡信治，木村文隆，三宅康二，競合自己想起回路による手書き数字認識，信学技報，Vol. PRMU96-207, pp. 113–118（1997）．

[上坂71] 上坂吉則，パターン認識と学習の理論，総合図書（1971）．

[内田19] 内田裕介，山下隆義，物体認識のための畳み込みニューラルネットワークの研究動向，信学論，Vol. 1J102-D, No. 3, pp. 203–225（2019）．

[岡野原22] 岡野原大輔，AI技術の最前線　これからのAIを読み解く先端技術73，日経BP（2022）．

[岡谷22] 岡谷貴之，深層学習（改訂第2版），講談社（2022）．

[金谷05] 金谷健一，これなら分かる最適化数学，共立出版（2005）．

[金谷18] 金谷健一，線形代数セミナー，共立出版（2018）．

[小西10] 小西貞則，多変量解析入門―線形から非線形へ―，岩波書店（2010）．

[今野87] 今野浩，線形計画法，日科技連（1987）．

[斎藤66] 斎藤正彦，線型代数入門，東京大学出版会（1966）．

[椎名19] 椎名洋，姫野哲人，保科架風，データサイエンスのための数学，講談社（2019）．

[篠田17] 篠田浩一，音声言語処理における深層学習：総説，日本音響学会誌，Vol. 73, No. 1, pp. 25–30（2017）．

[志村70] 志村正道，パターン認識と学習機械，昭晃堂（1970）．

[瀬戸21] 瀬戸道生，伊吹竜也，畑中健志，機械学習のための関数解析入門　ヒルベルト空間とカーネル法，内田老鶴圃（2021）．

[瀧17] 瀧雅人，これならわかる深層学習，講談社（2017）．

[田村22] 田村秀行，斎藤英雄 編著，コンピュータ画像処理（改訂2版），オーム社（2022）．

[津田99] 津田宏治，ヒルベルト空間における部分空間法，信学論（D-II），Vol. J82-DII, No. 4, pp. 592–599（1999）．

[福島79] 福島邦彦，位置ずれに影響されないパターン認識機構の神経モデル―ネオコグニトロン―，信学論（A），Vol. J62-A, No. 10, pp. 658–665（1979）．

[福水10] 福水健次，カーネル法入門―正定値カーネルによるデータ解析―，朝倉書店（2010）．

[前田99] 前田英作，村瀬洋，カーネル非線形部分空間法によるパターン認識，信学論，Vol. 82-DII, No. 4, pp. 600–612（1999）．

[前田10] 前田英作，カーネル情報処理入門―非線形の魅惑―，コンピュータビジョン最先端ガイド 第2巻，アドコム・メディア（2010）．

著者略歴

石井 健一郎（いしい　けんいちろう）

1972年，東京大学工学部計数工学科卒業．1974年，同大学院修士課程修了．
同年，日本電信電話公社（現NTT）に入社．1979年より1年間，米国Purdue
大学客員研究員．文字認識，画像処理の研究・実用化に従事．NTTコミュニ
ケーション科学基礎研究所を経て，2003年4月，名古屋大学大学院情報科学研
究科教授，2012年4月，名古屋大学名誉教授．工学博士．
（1章〜4章，7章を担当．5章の一部，8章の一部，付録の一部を担当．）

前田 英作（まえだ　えいさく）

1984年，東京大学理学部生物学科卒業．1986年，同大学院修士課程修了．同
年，NTTに入社．1995年より1年間，英国Cambridge大学客員研究員．パ
ターン認識，神経生理学などの研究に従事．NTTコミュニケーション科学基
礎研究所を経て，2017年9月，東京電機大学教授．博士（工学）．2021年2月
よりJST未来社会創造事業運営統括兼務．
（6章を担当．5章の一部，8章の一部，付録の一部を担当．）

索 引

続々・わかりやすいパターン認識
　－線形から非線形へ－

2022 年 11 月 25 日　　第 1 版第 1 刷発行

著　　者　　石井健一郎・前田英作
発 行 者　　村上和夫
発 行 所　　株式会社　オーム社
　　　　　　郵便番号　101-8460
　　　　　　東京都千代田区神田錦町 3-1
　　　　　　電話　03(3233)0641（代表）
　　　　　　URL　https://www.ohmsha.co.jp/

© 石井健一郎・前田英作 2022

組版　Green Cherry　　印刷・製本　三美印刷
ISBN978-4-274-22947-3　　Printed in Japan

本書の感想募集 https://www.ohmsha.co.jp/kansou/
本書をお読みになった感想を上記サイトまでお寄せください．
お寄せいただいた方には，抽選でプレゼントを差し上げます．

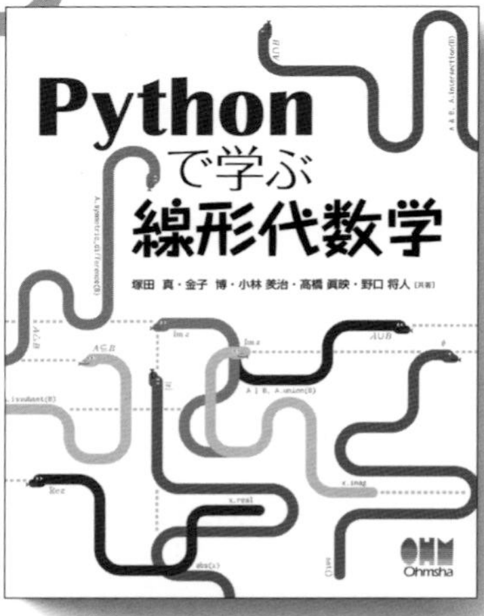
Python
で学ぶ
線形代数学
塚田 真・金子 博・小林 羑治・髙橋 眞映・野口 将人［共著］
OHM
Ohmsha